대학 기초

물리학 실험 I

Physics Experiments

황성태 | 김상현 지음

북스힐

머리말

4차 산업 혁명 시대를 살아갈 학생들은 물리학의 개념들을 학습하고 명료하게 이해해 놓는 것이 매우 중요합니다. 물리학은 현대 문명의 초석이기 때문입니다. 물리학의 원리와 법칙들을 정확하게 이해하지 못하면 미래의 기술문명 또한 불확실해질 수밖에 없습니다. 이 기초를 잘 닦아 놓을 수 있는 가장 좋은 방법은 실험을 통하여 자연에 숨겨져 있는 원리와 법칙들을 이해해 보는 것입니다.

본 물리학 실험 저서는 대학에서 다년간 수업을 진행해본 경험을 바탕으로 제작하였습니다. 일반적으로 대학교에서 기초물리학을 배울 때, 1학기 과정에서는 뉴턴 역학을 중심으로 유체의 운동과 열적 현상 그리고 진동과 파동에 대하여 학습합니다. 본 저서도 이러한 학업 과정을 고려하여 편찬하였고 처음 물리학을 배우는 학생들에게 실험을 통하여 필요한 원리와 법칙을 간결하고 명료하게 이해할 수 있도록 구성하였습니다.

물리학에서 발견된 자연의 원리를 이해하기 위해서는 자연을 대체한 실험을 수행해 보는 것은 필수사항입니다. 실험을 이해하기 위해서는 실험 절차와 분석 방법이 합리적이어야 합니다. 본 교재에서는 이해를 도모하기 위하여 실험 사진을 많이 준비하여 서술형 설명의 부족한 부분을 대체하였습니다. 학습 목표와 이론 부분도 요약정리하여 시각화시켰습니다. 자유롭게 실험을 구상해 보는 부분도 준비해 놓았습니다. 교재의 전반적인 구성 또한 절차대로 과정을 수행해나가면 직관적으로 자연의 원리를 이해할 수 있도록 편성해 놓았습니다.

본 저서는 네 개의 단원으로 구성되어 있습니다. 첫 단원은 물리학 실험을 배우기 위한 기초 지식 학습 부분입니다. 보고서를 작성하는 방법, SI 단위, 유효숫자, 측정오차 계산 방법 등을 소개합니다. 두 번째 단원은 역학에 대한 부부입니다. 역학에 관한 많은 실험 방법들 중에서 뉴턴의 법칙, 에너지 보존 법칙, 충돌, 회전, 각운동량 등 역학의 핵심 개념을 이해하기 위한 대표실험들로 발췌하여 구성하였습니다. 세 번째 단원은 유체와 열 그리고 진동과 파동에 대한 부분입니다. 이 단원에서는 고체의 비중, 선팽창계수, 조화 운동, 진동수 측정 등 유체와 열적 현상 그리고 진동과 파동 현상을 직관적으로 이해해 볼 수 있는 실험들로 구성하였습니다. 네 번째 단원은 물리학 실험에서 많이 사용되는 기초상수 등을 모아 놓았습니다.

시대가 급격하게 변하고 있습니다. 그동안 인류가 경험해 보지 못한 속도로 새로운 시대가 다가오고 있습니다. 지금 자라나는 학생들에게는 새로운 모험을 찾아서 떠나 볼 수 있는 좋은 기회가 아닐까 합니다. 즐거운 여정의 되길 바랍니다.

앞으로 더 개선된 교재를 집필하여 배움의 길에 서 있는 학생들에게 조금이나마 도움을 주고자 합니다. 본 교재 관련 건의 및 수정사항을 아래 메일로 보내 주시면 감사하겠습니다. 본 저서를 출판하는 과정에서 여러모로 도움을 주신 북스힐 관계자분들께 심심한 감사를 드립니다.

sthwang@hansung.ac.kr
22년 봄의 문턱에서 저자

차 례

PART I 서론 : 기초 지식

PART II 역학

PART III 유체와 열 및 진동과 파동

PART IV 부록

PART I

서론 : 기초 지식

1. 물리학 실험의 목적과 준비사항은 무엇인가?
2. 보고서는 어떻게 써야하는가?
3. SI 단위란 무엇인가?
4. 접두어란 무엇인가?
5. 유효숫자 계산은 어떻게 해야 하는가?
6. 측정오차 계산은 어떻게 해야 하는가?

1. 물리학 실험의 목적과 준비사항은 무엇인가?

물리학은 자연에서 일어나는 모든 현상의 근원이 되는 원리와 법칙을 실험과 이론을 통해서 찾아내는 학문이다. 따라서 물리학은 객관적 실증성과 수학적인 엄밀성을 지니고 있다. 그러므로 물리학은 다른 과학 분야와 공학 분야에 기초가 되는 중요한 학문이다. 이러한 물리학은 실험적인 관측과 정량적인 측정에 기초를 두고 있다.

1.1 물리학 실험을 배우는 목적

물리학에서 실험이 차지하는 비중은 막대하다. 대학에서 기초교과목으로 물리학 실험을 수행하는 목적을 아래와 같이 요약할 수 있다.

첫째, 이론에서 배운 기본 원리와 법칙을 실험을 통해 확인한다.
둘째, 실험 보고서 작성법을 익힌다.

1.2 실험 계획 수립

어떤 물리량을 측정하거나 현상을 확인하기 위하여 실험을 계획하는 경우, 그 방법과 장치가 정해져 있지 않을 뿐만 아니라 결과도 모르고 있는 경우가 보통이다. 따라서 실험자 본인이 타당한 방법과 알맞은 장치를 선정해야 하는데, 실험을 계획할 때는 아래 사항을 고려해야 한다.

첫째, 최종적으로 어떤 양을 측정하면 되는 것인지 고찰하고 측정대상을 명백히 한다.
둘째, 그러기 위해서는 어떤 물리량을 어느 정도 정확하게 측정하여야 할 것인가를 분명히 정한다.
셋째, 이 목적을 위해서는 어떠한 측정법을 채택할 것인지, 그리고 어떠한 측정 장비가 필요한가를 고찰한다.

1.3 실험을 시작하기 전에 알아두어야 할 사항

대학에서 진행하는 물리학 실험 수업 있어서 실험목적과 실험방법 그리고 실험장비가 미리 정해져 있기는 하나, 실험에 있어서 어떤 이유로 이와 같은 방법과 장치가 채택되었는지 고찰해 보는 것을 잊어서는 안 된다. 이와 같은 고찰이 없는 실험은 소용없는 것임을 강조해 둔다.

1) 실험실에서 지켜야 할 태도

처음 물리학 실험실에 들어서서 각종 장치와 기구들을 보면 매우 생소한 느낌이 드는 것은 당연하다. 이러한 느낌을 극복하고 적극적으로 실험에 참여하여 좋은 실험 결과를 얻기 위해서는 다음의 순서에 따라서 실험을 수행하는 것이 좋다.

첫째, 한 학기 동안 각 조별로 수행할 실험의 목차는 첫 시간에 대개 주어지므로 다음 주에 수행할 실험의 내용을 교재에서 찾아서 자세히 읽어 본다.

둘째, 실험을 수행하기 전에 실험 내용에 대하여 같은 조원들이 서로 협의 한다.

셋째, 실험 장치를 작동하기 전에 사용상 주의 사항에 대하여 자세히 읽어 본다.

넷째, 작동 방법이 이해가 되지 않는 부분은 당당교수님께 문의하고 함부로 조작하지 않는다.

다섯째, 별도의 실험 노트를 준비하여 실험에 관련된 사항과 조원들과의 토의 사항, 실험 결과 등을 자세히 기록해 둔다.

여섯째, 실험이 완료되면 결과보고서 양식에 측정 결과를 정리하고, 결과가 이상하면 다시 실험을 수행한다.

2) 실험실에서 지켜야 할 안전 수칙

- 전원 장치에 연결되어있는 피복이 노출된 전선 및 금속 부위를 맨손으로 만지지 말아야 한다. 물리학 실험에서는 안전을 위하여 낮은 전류와 전압을 사용하나 일부 실험에서는 1000V에 가까운 전압을 사용한다. 따라서 안전을 위하여 설치한 아크릴 박스를 임의로 열고 장치를 함부로 조작하는 행위는 절대 금지다.
- 실험이 완료되면 장비의 스위치를 끄고, 콘센트에서 실험 장치에 연결된 플러그를 뽑아 둔다.

2. 보고서는 어떻게 써야하는가?

2.1 실험 보고서 양식과 작성 요령

실험 보고서를 쓰는 이유는 실험 결과를 다른 사람에게 알리기 위해서이다. 우수한 실험 보고서를 작성하기 위해서는 아래 사항을 고려해야 한다.

첫째, 최소의 지면에 최대의 정보가 포함되어 있어야 한다.
둘째, 논리적으로 알기 쉽게 작성되어야 한다.
셋째, 수정 및 교정과정을 반드시 거쳐야 한다.

최소의 지면에 필요한 정보가 다 포함되어 있어야 한다는 것은 최소의 단어가 필요한 정보를 설명하는 것을 말하며 글씨를 적게 써서 지면을 줄이는 것은 뜻하는 것은 아니다.

좋은 실험 보고서를 작성한다는 것은 힘든 일이다. 전문적인 학술지에 실려 있는 연구논문들도 학술지에 실리기 전에, 최소의 지면에 간결하며 읽고 이해하기 쉽게 작성되었다고 할 때까지 여러 번 수정하는 것이 보통이다. 대학 물리실험에서는 전문적인 학술지에 실릴 수 있는 연구논문 정도의 보고서를 요구하는 것은 아니나, 적어도 알맞은 방법으로 실험 보고서가 작성되어야 한다.

실험 보고서를 작성할 때에 특히 유의해야 할 점은 실험분석이 완전히 끝난 후에 보고서를 작성해야 한다는 것이다. 분석이 되고 있는 과정에서 작성된 보고서를 종종 볼 수 있는데, 이런 보고서들은 최종 실험 보고서라기보다는 기록 노트와 같은 인상을 준다. 그래프, 도표, 계산 등의 모든 것이 기록된 노트에는 잘못된 것도 있을 것이고, 또 삭제해야 할 부분도 있을 것이므로 분석이 완전히 끝난 후에 필요한 실험 자료, 그래프, 도표, 계산 등을 정리해서 실험 보고서를 작성해야 한다. 대학 물리실험에서 물리량을 측정하는 시간은 보통 1~2시간이지만 여기서 얻어진 결과를 분석하는 데는 좀 더 많은 시간이 필요하다는 것을 알아야 한다. 실제 연구실험에 있어서는 2~3개월 동안에 얻어진 측정 결과를 분석하는 데 일 년 이상이 걸리는 경우도 많다.

2.2 실험 보고서 양식에 들어갈 사항

실험 보고서는 일정한 양식을 따른다면 작성되고 읽혀지기도 쉽다. 하지만 공통 양식은 없으며, 양식은 연구소, 학교, 사람, 과목에 따라 상당히 다르다. 따라서 대부분 대학 물리실험에서 흔히 사용하고 있으며 읽기 쉽게 실험 보고서를 작성하는 다음과 같은 양식을 권장한다.

〈서론〉

실험목적과 결과를 한 문단으로 간단하게 작성한다.

〈본론〉

① 이론

실험에 관한 이론 또는 원리를 요약해서 작성한다.

- 사용되는 방정식들을 모두 유도할 필요는 없다. 문제의 윤곽과 실험과 관련되어 사용되는 기본 방정식들을 요약한다.
- 수식에 의한 오차가 있다면 기술한다.
- 이론 또는 원리에 필요하다면 그림을 그려 설명하는 것도 좋다.

② 실험 기구 및 장치

실험 장치의 원리와 동작 및 사용법을 명료하게 기록한다. 그림을 그려서 설명하는 것이 효과적이다.

- 어떠한 기구 및 장치들이 어떻게 사용되는가를 설명한다.
- 사용되는 기계·기구 및 재료의 이름은 물론 측정에 도움이 되는 장치에 대한 지식을 적는다.
- 실험에서 장치가 어떻게 설치되었으며 유용한 측정값을 얻기 위한 장치의 사용 기술은 무엇인가를 설명한다.

③ 실험방법

실험 보고서를 작성한 사람에게는 분명하게 보이는 측정방법들이 보고서를 읽는 독자에게는 명백하게 이해되지 않는 경우가 많다. 따라서 읽는 사람들은 실험이나 실험 기구에

익숙해 있지 않다는 가정하에 실험방법을 작성해야 한다.

④ 실험 결과

- 측정값

  실험이 어떻게 수행되었으며 각각의 물리량들이 어떻게 측정되었고, 여러 가지 오차를 줄이거나 제거하기 위해서 어떻게 했는가를 요약해서 쓴다. 필요한 계산의 요약과 도표들을 포함 시킬 수 있다.

- 실험값 계산

  실험 과정에서 행하여진 계산과 오차를 기록한다. 실험식과 그래프 등을 이 항목에 넣을 수 있다.

⑤ 결과분석 및 토의

이 항목의 내용으로 실험의 가치가 결정된다고 할 정도로 중요한 부분이다. 실험 결과를 실험자 스스로가 어떠한 편견이나 선입견을 버리고 냉철하게 객관적으로 분석 비판해서 작성한다.

〈결론〉

실험 보고서를 처음부터 읽지 않고서도 이 실험 결과란 만을 읽고서 실험 결과를 이해하고 판단할 수 있도록 실험의 요지와 결과를 간단하고 명확하게 요약해서 작성한다.

〈참고 문헌〉

실험을 수행할 때 필요해서 인용한 각종의 표준값과 문헌의 출처를 적는다.

3. SI 단위란 무엇인가?

◆ 개정된 SI 단위

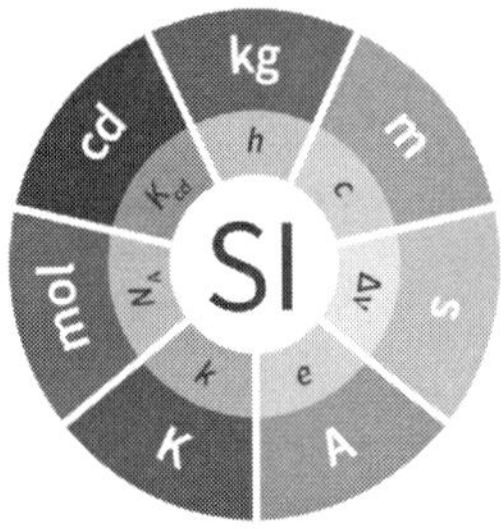

[BIPM 제공]
www.bipm.org/en/si-download-area/graphics-files.html

물리량	명칭	기호
길이	미터(meter)	m
시간	초(second)	s
질량	킬로그램(kilogram)	kg
전류	암페어(ampere)	A
열역학적 온도	켈빈(kelvin)	K
물질의 량	몰(mol)	mol
광도	칸델라(candela)	cd

- 초(s): 1초는 온도가 0K인 세슘-133 원자의 바닥 상태에 있는 두 초미세 준위 사이의 전이에 대응하는 복사선의 9 192 631 770 주기의 지속 시간이다.
- 미터(m): 1미터는 빛이 진공에서 1/299 792 458 초 동안 진행한 경로의 길이이다.
- 킬로그램(kg): 1킬로그램은 질량의 단위이며 플랑크 상수h 가 정확히 6.626 070 15×10^{-34} J·s (J = kg·m^2·s^{-2})이 되도록 하는 값이다.

[참조 :위키백과, 표준과학원]

SI란 불어 Le Systeme International d'Unites에서 온 약어로 "국제단위계"를 나타낸다. 이는 현재 세계 대부분의 국가에서 채택하여 국제공동으로 사용되고 있는 단위계이며, 우리가 "미터계"(또는 "미터법")라고 부르고 사용해 온 단위계가 현대화된 것이라고 생각하면 된다. "국제단위계"라는 명칭과 그 약칭 "SI"는 1960년 제11차 국제도량형총회(CGPM)에서 채택 결정된 것이다.

이러한 역사를 가지고 있는 SI 단위는 2018년 11월 16일 프랑스 베르사유에서 개최된 제26차 국제도량형총회에서 네 가지 기본단위가 재정의 되었다. 재정의 된 기본 단위는 킬로그램(kg), 암페어(A), 켈빈(K), 몰(mol)이고, 세계측정의 날(WMD, World Metrology Day)인 2019년 5월 20일부터 공식 시행된다. 세계측정의 날이란 프랑스 파리에서 1875년 5월 20일 17개국이 미터협약을 체결한 것을 기념하여 지정한 날로, 매년 각국의 표준기관들이 세계측정의 날에 단위와 표준의 중요성을 알리고자 행사를 개최하고 있다.

제26차 국제도량형총회(2018년 11월 16일, 프랑스 베르사유) 기본단위 중
킬로그램(kg), 암페어(A), 켈빈(K), 몰(mol) 등 단위에 대해 최종 의결함
[사진 제공: 한국표준과학 연구원]

3.1 SI 단위

기본단위의 정의는 한국표준과학연구원(www.kriss.re.kr)의 정의를 따랐다.

1) 시간의 단위 (초, 기호: s)

초(기호: s)은 시간의 SI 단위이다. 초는 세슘-133 원자의 섭동이 없는 바닥상태의 초미세 전이주파수 Δv_{Cs}를 Hz 단위로 나타낼 때 그 수치를 9 192 631 770으로 고정함으로써 정의된다. 여기서 Hz는 s^{-1}과 같다.

2) 길이의 단위 (미터, 기호: m)

미터(기호: m)은 길이의 SI 단위이다. 미터는 진공에서 빛의 속력 c를 $m \cdot s^{-1}$단위로 나타낼 때 그 수치를 299 792 458로 고정함으로써 정의된다. 여기서 초(기호: s)는 세슘 전이 주파수 Δv_{Cs}를 통하여 정의된다.

3) 질량의 단위(킬로그램, 기호: kg)

▷ 새로 제정된 정의

킬로그램(기호: kg)은 질량의 SI 단위이다. 킬로그램은 플랑크상수 h를 J·s단위로 나타낼 때 그 수치를 $6.626\,070\,15 \times 10^{-34}$으로 고정함으로써 정의된다. 여기서 J·s는 $kg \cdot m^2 \cdot s^{-1}$과 같고, 미터(기호: m)와 초(기호: s)는 c와 Δv_{Cs}를 통하여 정의된다.

4) 전류의 단위(암페어, 기호: A)

▷ 새로 제정된 정의

암페어(기호: A)는 전류의 SI 단위이다. 암페어는 기본전하 e를 C 단위로 나타낼 때 그 수치를 $1.602\,176\,634 \times 10^{-19}$으로 고정함으로써 정의된다. 여기서 C는 A·s와 같고, 초(기호: s)는 Δv_{Cs}를 통하여 정의된다.

5) 열역학적 온도의 단위(켈빈, 기호: K)

▷ 새로 제정된 정의

캘빈(기호: K)은 열역학 온도의 SI 단위이다. 켈빈은 볼츠만 상수 k를 $J \cdot K^{-1}$단위로 나타낼 때 그 수치를 $1.380\,649 \times 10^{-23}$으로 고정함으로써 정의된다. 여기서 $J \cdot K^{-1}$은 $m^2 \cdot s^{-2} \cdot K^{-1}$과 같고, 킬로그램(기호: kg), 미터(기호, m)와 초(기호, s)는 h, c와 Δv_{Cs}를 통하여 정의된다.

6) 물질량의 단위(몰, 기호: mol)

▷ 새로 제정된 정의

몰(기호: mol)은 물질량의 SI 단위이다. 1 몰은 정확히 $6.022\,140\,76 \times 10^{23}$개의 구성요소를 포함한다. 이 숫자는 mol^{-1} 단위로 표현된 아보가드로 상수 N_A의 고정된 수치로서 아보가드로수라고 부른다. 어떤 계의 물질량(기호: n)은 명시된 구성요소의 수를 나타내는 척도이다. 구성요소란 원자, 분자, 이온, 전자, 그 외의 입자 또는 명시된 입자들의 집합체가 될 수 있다.

7) 광도의 단위(칸델라, 기호: cd)

칸델라(기호: cd)는 어떤 주어진 방향에서 광도의 SI 단위이다. 칸델라는 주파수가 540×10^{12} Hz인 단색광의 시감효능 K_{cd}를 $\mathrm{lm\cdot W^{-1}}$ 단위로 나타낼 때 그 수치를 638로 고정함으로써 정의된다. 여기서 $\mathrm{lm\cdot W^{-1}}$는 $\mathrm{cd\cdot sr\cdot W^{-1}}$ 또는 $\mathrm{cd\cdot sr\cdot kg^{-1}\cdot m^{-2}\cdot s^{3}}$과 같고, 킬로그램(기호: kg), 미터(기호, m)와 초(기호, s)는 h, c와 Δv_{Cs}를 통하여 정의된다.

표 1 SI 기본단위

물리량	명칭	기호
길이	미터(meter)	m
시간	초(second)	s
질량	킬로그램(kilogram)	kg
전류	암페어(ampere)	A
열역학적 온도	켈빈(kelvin)	K
물질의 량	몰(mol)	mol
광도	칸델라(candela)	cd

표 2 SI의 7개 정의 상수와 그들이 정의하는 7개 단위

정의 상수	기호	수치	단위
세슘의 초미세 전이 주파수	Δv_{Cs}	9 192 631 770	Hz
진공에서의 빛의 속력	c	299 792 458	$\mathrm{m\cdot s^{-1}}$
플랑크 상수	h	$6.626\,070\,15\times10^{-34}$	$\mathrm{J\cdot s}$
기본전하	e	$1.602\,176\,634\times10^{-19}$	C
볼츠만 상수	k	$1.380\,649\times10^{-23}$	$\mathrm{J\cdot K^{-1}}$
아보가드로 상수	N_A	$6.022\,140\,76\times10^{23}$	$\mathrm{mol^{-1}}$
시감효능	K_{cd}	683	$\mathrm{lmW^{-1}}$

3.2 SI 보조단위(무차원 단위)

SI 단위계에는 2개의 보조단위가 있는데 라디안(rad)과 스테라디안(sr)이다. 이 2개의 단위는 기하학적으로 정의된 단위로 무차원 단위이다. 표 3에 보조단위의 명칭과 기호를 정리해 놓았다.

1) 라디안 (rad)

라디안(radian)는 한 원의 원둘레에서 그 원의 반지름과 같은 길이를 가지는 호의 길이에 대한 중심각이다. 다시 말해서 원의 반지름과 같은 길이의 원둘레에 대한 중심각이다. 예를 들어 직각은 $\pi/2$ rad이 되는데 원둘레는 반지름의 2π배이기 때문이다. 원 전체의 각은 2π rad이 된다.

2) 스테라디안 (sr)

스테라디안(steradian)은 반지름이 r인 구의 표면에서 r^2인 면적에 해당하는 입체각이다. 즉 공의 반경의 제곱과 같은 넓이를 가진 공의 표면에 대한 중심 입체각이다. 따라서 공의 전 표면적은 반지름 제곱의 4π배이므로 구 전체의 입체각은 4π sr이 된다.

표 3 SI 보조단위

물리량	SI 보조단위	
	명칭	기호
평면각	라디안	rad
입체각	스테라디안	sr

3.3 SI 유도단위

물리학에서는 경우에 따라 많은 유도단위를 만들 수 있으며 표 4와 같이 기본단위로만으로 표현된 경우와 표 5와 같이 보조단위를 사용한 경우 그리고 표 6과 같이 특별한 명칭을 가진 유도단위를 사용한 경우로 분류할 수 있다.

표 4 기본단위로 표시한 유도단위

물리량	SI 유도단위	
	명칭	기호
넓이	제곱미터	m^2
부피	세제곱미터	m^3
속력, 속도	미터 매 초	m/s
밀도, 질량밀도	킬로그램 매 세제곱미터	kg/m^3

표 5 보조단위로 표시한 유도단위

물리량	SI 유도단위	
	명칭	기호
각속도	라디안 매 초	rad/s
각가속도	라디안 매 초제곱	rad/s^2
복사도	와트 매 스테라디안	W/sr

표 6 특별한 명칭으로 표시된 유도단위

물리량	SI 유도단		
	명칭	기호	기본이나 보조단위 또는 다른 유도단위로 표시
힘의 모멘트	뉴턴 미터	N · m	$m^2 \cdot kg \cdot s^{-2}$
표면장력	뉴턴 매 미터	N/m	$kg \cdot s^{-2}$
열용량, 엔트로피	줄 매 켈빈	J/K	$m^2 \cdot kg \cdot s^{-2} \cdot K^{-1}$
전자기장의 세기	볼트 매 미터	V/m	$m \cdot kg \cdot s^{-3} \cdot A^{-1}$

4. 접두어란 무엇인가?

측정을 하다보면 엄청 큰 수 또는 작은 수를 만나게 된다. 이 경우 10의 거듭제곱을 이용하면 편리하다. 예를 들어 '나노과학' 이라는 용어에서 나노(nano)는 10의 거듭제곱을 나타내는 접두어이다. 즉 10^{-9}을 뜻한다. 표 7에 10의 거듭제곱에 관한 접두어와 약자들을 나열하였다.

표 7 SI 단위의 접두어

크기	접두어	기호	크기	접두어	기호
10^{24}	요타(yotta)	Y	10^{-24}	욕토(yocto)	y
10^{21}	제타(zetta)	Z	10^{-21}	젭토(zepto)	z
10^{18}	엑사(exa)	E	10^{-18}	아토(atto)	a
10^{15}	페타(peta)	P	10^{-15}	펨토(femto)	f
10^{12}	테라(tera)	T	10^{-12}	피코(pico)	p
10^{9}	기가(giga)	G	10^{-9}	나노(nano)	n
10^{6}	메가(mega)	M	10^{-6}	마이크로(micro)	μ
10^{3}	킬로(kilo)	k	10^{-3}	밀리(milli)	m
10^{2}	헥토(hecto)	h	10^{-2}	센티(centi)	c
10^{1}	데카(deka)	da	10^{-1}	데시(deci)	d

5. 유효숫자(Significant Figures) 계산은 어떻게 해야 하는가?

5.1 유효숫자 계산

• 숫자를 계산할 때는 아래 규칙을 따라야 한다.

i) 모든 자리의 숫자가 0이 아닌 경우 모든 숫자는 유효숫자다.
ii) 0이 아닌 숫자로 둘러싸인 0도 유효숫자다.
iii) 소수점 아래 0이 아닌 숫자 뒤의 0은 유효숫자이다.
iv) 소수점을 포함하지 않는 수에서 끝의 0은 유효숫자인지 알 수 없다.
v) 0.0000과 같이 모든 자리 숫자가 0이면 실제 측정값보다 불확실성이 크기 때문에 유효가 없는 숫자이다.
vi) 과학적 기수법(scientific notation)에서는 자릿수는 십의 지수로 표현하고, 10n에 곱하는 수로 유효숫자를 표기한다.
vii) 빛의 속력과 같은 과학적 상수와 물건의 개수를 센 것의 유효숫자는 무한대이므로 측정값끼리의 계산 결과에 영향을 주지 않는다.

6. 측정오차 계산은 어떻게 해야 하는가?

그림 1과 같이 길이를 잰다고 하자. 이 측정데이터를 기록하는데 있어서 우리는 실제의 측정값을 나타내는 만큼의 적절한 자릿수를 취하다. 그림 1의 (a)는 분해능이 cm 이므로 13 cm 로 기록해야 한다. 그림 1의 (b)와 같은 경우에는 분해능이 mm 이므로 13.8 cm 로 기록해야 한다. 이와 같이 측정값을 기록할 때는 마지막 자릿수가 믿을 수 있을 만한 눈어림 측정값이어야 한다. 이 마지막 자릿수를 불확실한 자릿수라 하며 데이터를 구하거나 다룰 때 그 첫 번째 불확실한 자릿수를 포함한 모든 자릿수들을 유효숫자라 한다.

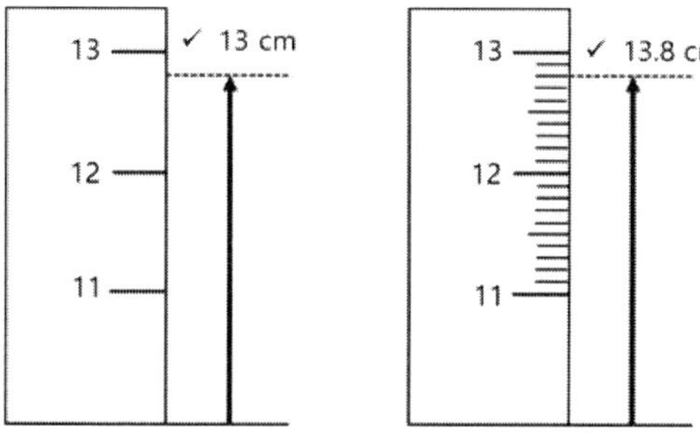

(a) 분해능이 cm인 자　　(b) 분해능이 mm인 자

그림 1 측정오차

6.1 측정오차

많은 문제에서 이론값(참값)을 모르는 상황에서 오차를 계산해야 하는 경우가 있다. 이와 같은 경우 두 측정값 간의 퍼센트 차이를 구해야 하는데 다음과 같이 주어진다.

$$\text{측정오차} = \frac{|\text{두 값의 차이}|}{\text{평균값}} \times 100\%$$

예를 들어 어떤 막대의 길이를 두 번 측정한 값이 100.8 cm와 101.8 cm라고 하면 이때의 측정한 값의 오차는

$$\text{측정오차} = \frac{|101.8 - 100.8|}{\left(\frac{101.8 + 100.8}{2}\right)} \times 100\% = 0.9872\%$$

가 된다.

6.2 상대오차

일반적으로 측정된 값의 정밀도는 이미 결정되어있는 이론값(참값)과 측정값과의 비교에 의하여 결정된다. 이때 실험값의 상대오차(relative error)라는 계산법을 사용하는데 다음과 같이 주어진다.

$$\text{상대오차} = \frac{|\text{이론값} - \text{실험값}|}{\text{이론값}} \times 100\%$$

예를 들어 이론값이 100.0 cm인 막대의 길이가 100.6 cm로 측정되었다고 하면, 이때의 상대오차는

$$\text{상대오차} = \frac{|100.0 - 100.6|}{100.0} \times 100\% = 0.6\%$$

이다.

6.3 1회만 측정할 때

어떤 경우에는 비교할 이론값도 없는데 단 1회의 측정밖에 할 수 없는 경우가 있다. 예를 들어 그림 2에서 그 선분의 길이가 0.1 cm까지 측정되었다면 그 측정값은 6.4 cm일 것이고, 따라서 확률 퍼센트 오차는 $\frac{0.1}{6.4} \times 100\% = 2\%$가 된다. 그러나 그 길이가 0.01 cm까지 측정되었다면, 그 선분의 길이는 6.38 cm로 기록될 것이고 그때의 측정값 오차, 상대오차 등을 기록할 때는 여러 자릿수가 나오더라도 최대유효숫자 한자리만 기록한다.

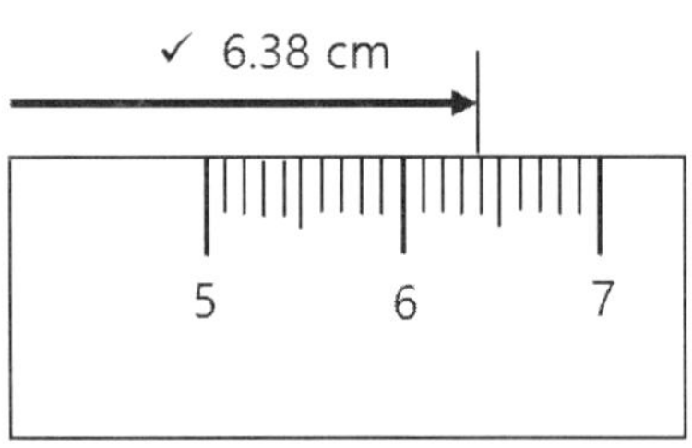

그림 2 측정과 오차

PART
Ⅱ

역학

실험 01 측정 장비

1. 실험 목표

실험에서 자주 사용되는 측정 장비의 사용 방법을 알아본다. 길이를 정밀하게 재는데 필요한 버니어 캘리퍼스와 마이크로미터의 사용 방법을 알아보고, 구면계를 이용하여 볼록렌즈와 오목렌즈의 곡률반경을 측정해본다. 또한 광센서를 활용한 장비 중에서 포토게이트의 구조와 사용법 및 측정하는 방법에 대해서 알아본다.

2. 학습 목표

◆ 학습목표 : 측정장비에 대한 이해

❖ 아래 내용에 대한 개념을 정리해 보고, 실험을 구상해 보세요.

- 버니어 캘리퍼스의 사용법에 대해서 조사해 보고 길이를 측정해 본다.
- 마이크로미터와 구면계의 사용법에 대해서 조사해 보고 길이를 측정해 본다.
- 포토게이트의 작동원리를 알아보고 사용밥법을 조사해 본다.
- 실험에 많이 사용되는 다른 측정장비를 조사해 보고 특성을 토론해 본다.
- 관련 실험을 구상해 본다.

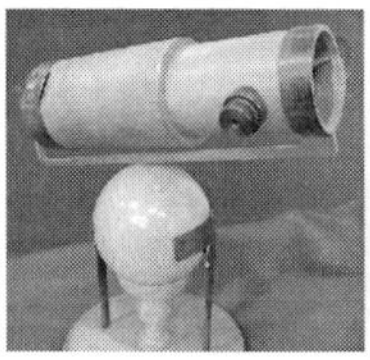

[뉴턴 망원경, 1672]

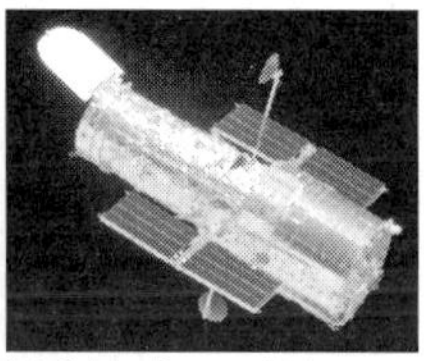

[Hubble Space Telescope 2009]

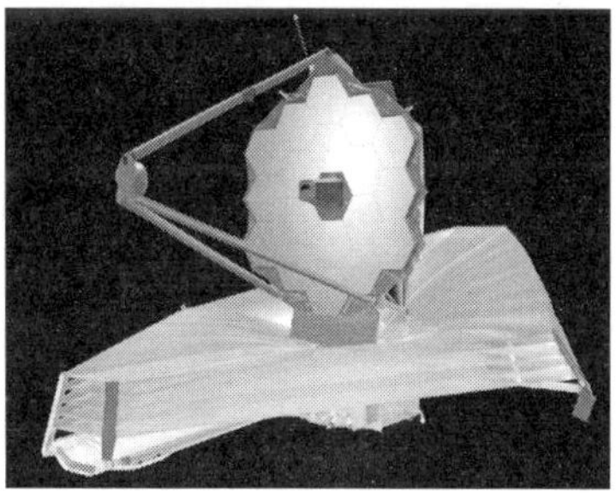

[James Webb Space Telescope 2021년 12월 25일]

3. 기본개념에 대한 이해

◆ 물리량과 측정 ◆ 오차 계산

	기본물리량	SI 단위 기본단위
	길이	m
역학	질량	kg
	시간	s
열현상	온도	K
	물질의 양	mol
전자기학 회로이론	전류	A
	광도	cd

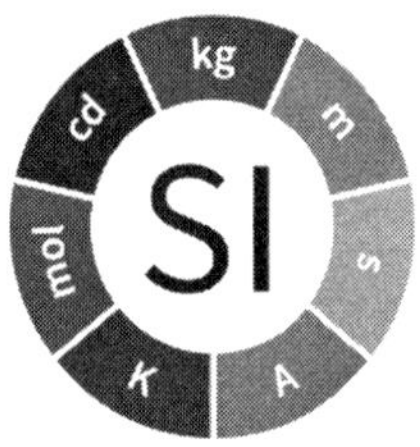

|SI Illustration (BIPM 제공)

i) $$측정오차 = \frac{|두\ 값의\ 차이|}{평균값} \times 100\%$$

✓ 어떤 막대의 길이를 두 번 측정한 값이 100.8 cm와 101.8 cm라고 하면 이때의 측정한 값의 오차는

$$측정오차 = \frac{|101.8 - 100.8|}{\left(\frac{101.8 + 100.8}{2}\right)} \times 100\% = 0.9872\%$$

ii) $$상대오차 = \frac{|이론값 - 실험값|}{이론값} \times 100\%$$

✓ 이론값이 100.0 cm인 막대의 길이가 100.6 cm로 측정되었다고 하면, 이때의 상대 오차는

$$상대오차 = \frac{|100.0 - 100.6|}{100.0} \times 100\% = 0.6\%$$

❖ **심화학습**
측정과 유효 숫자에 대해서 조사해 보고 토론해 보자.

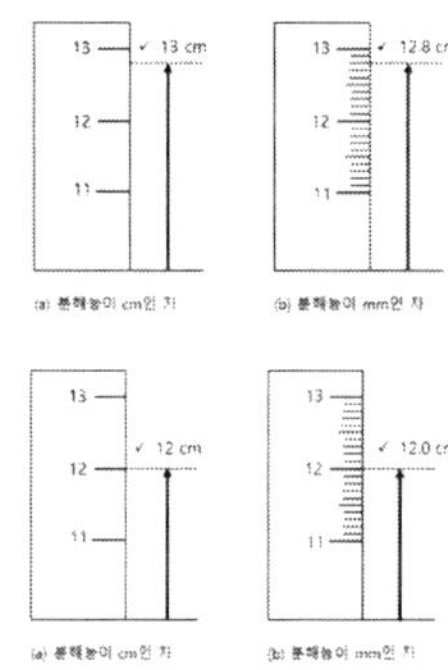

4. 이론 및 원리

4.1 버니어 캘리퍼스(vernier calliper) 사용 방법

버니어 캘리퍼스는 그림 1과 같이 버니어(부척)가 달린 캘리퍼스로 1631년 이를 발명한 Pierre Vernier의 이름을 딴 측정 장비이다. 버니어 캘리퍼스는 물체의 외부 지름, 내부

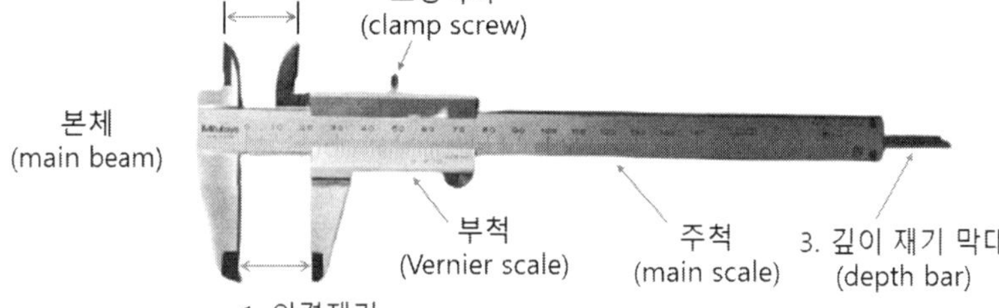

그림 1 버니어 캘리퍼스의 각부 명칭과 기능

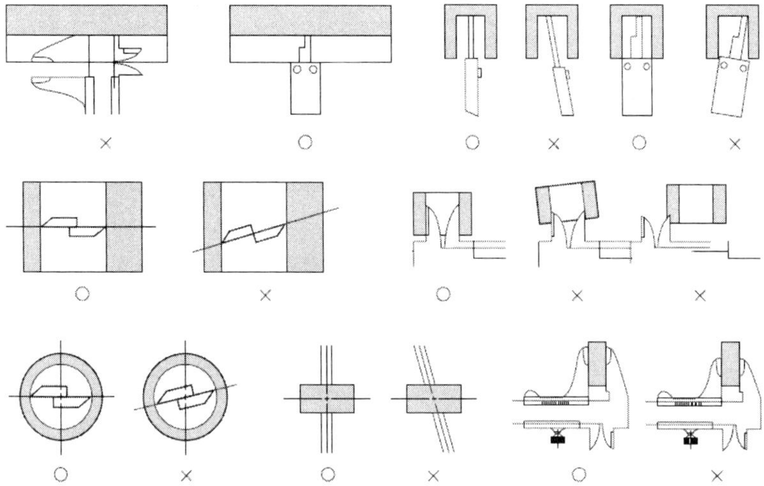

그림 2 버니어 캘리퍼스의 올바른 사용법

지름, 깊이를 측정할 수 있는 간편하면서 편리한 측정장비이다(그림 2). 버니어 캘리퍼스를 사용하여 길이를 측정할 때는 올바른 사용법에 유의해서 분해능에 합당한 측정값을 구해야 한다. 버니어 캘리퍼스로 길이를 측정한 경우 눈금 읽는 법을 알아보자.

1) 방법 1

본 자료에서 설명할 버니어(부척)는 주척의 1 mm를 20등분하도록 만든 것으로 주척의 눈금을 20등분하여, 부척의 한 눈금은 주척의 눈금보다 1/20(=0.05 mm)만큼 짧게 되어 있다. 따라서 부척의 첫 번째 눈금이 주척의 두 번째 눈금과 일치하면 부척은 주척에 대해 0.05 mm만큼 이동하게 된다. 이와 같은 원리로 부척의 n번째 눈금이 주척의 눈금과 일치하고 있으면, 주척의 눈금에 $n \times 0.05$ mm만큼 더해 주어야 한다. 예를 들어 부척의 0 눈금이 주척의 23 눈금을 약간 넘어있고 부척의 네 번째 눈금이 주척의 눈금과 일치했다면 전체 눈금은

$$23 + 4 \times 0.05 = 23.20 \text{ mm}$$

로 읽는다.

2) 방법 2

그림 3과 같이 주척과 부척의 눈금을 직접 읽을 수 있다. 우선 그림 5의 ①과 같이 부척의 0인 눈금을 기준으로 주척의 눈금을 읽는다. 그리고 그림 5의 ②와 같이 주척과 부척의 눈을 비교하여 서로 일치하는 눈금을 읽은 후,

$$5.00\,\mathrm{mm} + 0.40\,\mathrm{mm} = 5.40\,\mathrm{mm}$$

와 같이 이 두 값을 단위를 고려하여 더하면 된다.

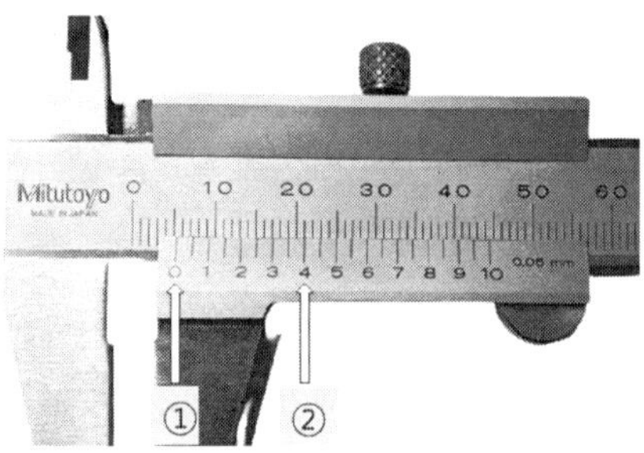

그림 3 버니어 캘리퍼스 읽는 방법

4.2 마이크로미터(micrometer) 사용 방법

마이크로미터의 각부 명칭은 그림 4와 같다. 씌움통을 한 바퀴 돌리면 축이 0.5 mm를 전진 또는 후진하게 되는데, 씌움통에는 눈금이 50등분 되어 있으므로 씌움통의 한 눈금은 0.01(= 0.5/50)mm를 나타낸다. 씌움통 한 눈금의 1/10까지 눈어림으로 눈금을 읽을 수 있으며 길이를 0.001 mm $(= 10^{-3}\,\mathrm{mm} = 10^{-5}\,\mathrm{m} = 1\,\mathrm{m})$까지 측정할 수 있다.

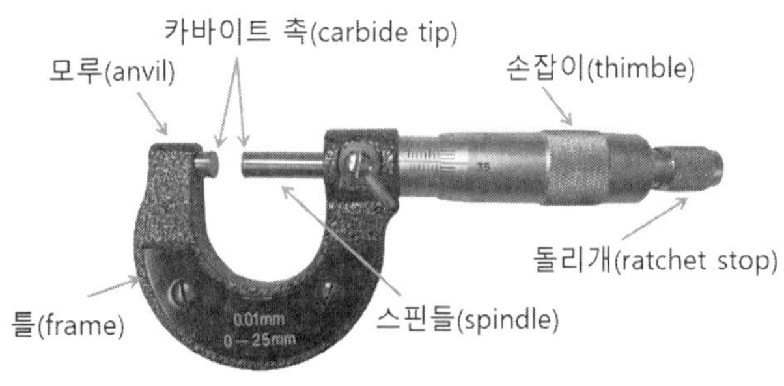

그림 4 마이크로미터의 각부명칭

1) 눈금 읽는 방법

그림 5와 같이 측정이 된 경우 원통 소매(sleeve) ①에서 5.500 mm를 먼저 읽은 후 씌움통 값을 읽으면 ②에서 0.320 mm이고 ③에서 0.005 mm이다. 여기서 ③ 값은 어림수이다. 자릿수를 고려하여 더해 주면

$$5.500\,\mathrm{mm} + 0.320\,\mathrm{mm} + 0.005\,\mathrm{mm} = 5.825\,\mathrm{mm}$$

이고 단위는 mm이다.

2) 측정에서 주의 사항

i) 마이크로미터의 영점은 물체를 끼우지 않은 상태에서 카바이드 촉이 닿을 때의 눈금이다.

ii) 일반적으로 이 면들의 마모로 인해 영점이 맞지 않은 경우가 있다.

iii) 영점이 맞지 않으면 보정을 해야 하는데, 측정값에서 영점 눈금을 대수적으로 빼야 한다.

iv) 반드시 측정 전후에 영점을 확인하고 여러 번 잰 값들의 평균값을 구하여 보정하도록 한다.

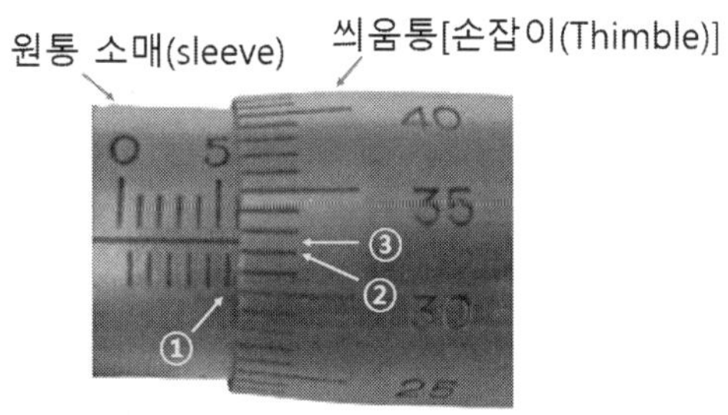

그림 5 마이크로미터의 눈금 읽는 방법

4.3 곡률반경 측정

구면계(spherometer)는 일종의 마이크로미터라 할 수 있다. 그림 6과 같이 정삼각형을 이루는 세 개의 다리가 있고, 이 정삼각형 ABC의 중심을 통하고 ABC 평면에 수직으로 움직이는 다이얼게이지 D가 있다. 다이얼 게이지 한 칸의 눈금은 0.01mm 이고, ABC

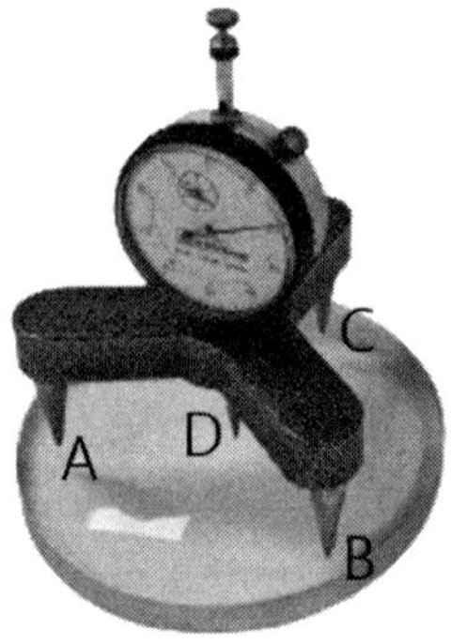

그림 6 구면계

평면과 D의 위치가 일치할 때가 기준점 0으로 설정되어 있다. 곡면의 볼록함과 오목함의 정도를 다이얼게이지 눈금을 읽음으로써 바로 높이 h를 산출해 낼 수 있다.

평면 볼록렌즈는 그림 7에서 보는 것처럼 큰 구의 일부분을 잘라낸 부분으로 생각할 수 있다. 이때 곡률반경은 이 큰 구의 반지름이 되는 것이다. 곡률반경 R은 그림 8에서부터 $\mathrm{DE}=h$, $\mathrm{EF}=2R-h$이므로

$$r^2 = h(2R-h) \qquad \because \left(\frac{r}{h}=\frac{2R-h}{r}\right) \tag{3.1}$$

$\triangle\mathrm{AEH}$에서 $\mathrm{AE}=r$, $\mathrm{EH}=\frac{r}{2}$, $\mathrm{AH}=\frac{a}{2}$이므로,

$$r^2 = \left(\frac{a}{2}\right)^2 + \left(\frac{r}{2}\right)^2 \qquad \therefore\ r^2 = \frac{a^2}{3} \tag{3.2}$$

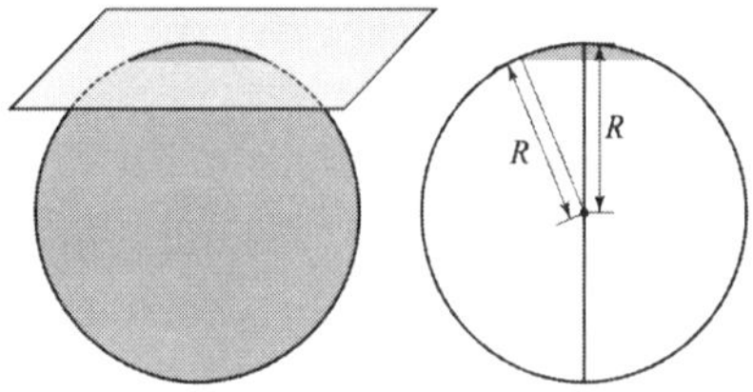

그림 7 평면 볼록렌즈의 구

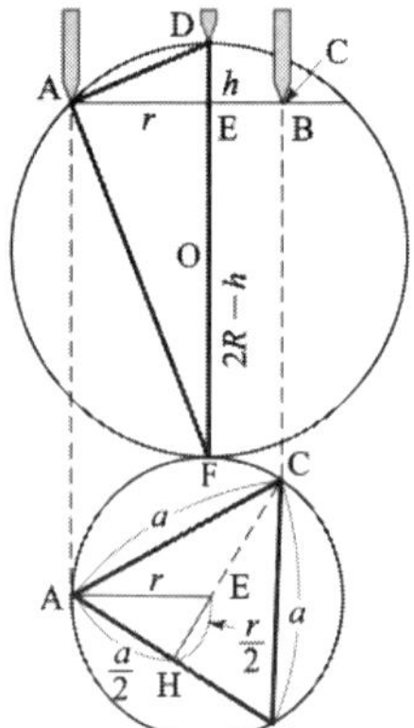

그림 8 구면계의 원리

식 (3.2)를 식 (3.1)에 대입하면

$$\frac{a^2}{3} = 2hR - h^2 \tag{3.3}$$

$$\therefore R = \frac{a^2}{6h} + \frac{h}{2} \tag{3.4}$$

즉, 곡률반경 R은 a와 h를 측정함으로써 구할 수 있다.

4.4 포토게이트 시스템

광센서의 원리를 이용하여 임의의 물체의 움직임을 측정할 수 있는 장비다. IC화된 설계와 memory 기능을 채택하여 5가지 측정모드(Time, Speed, Accel, Count, Test)와 19가지의 다양한 측정을 할 수 있다. Hand type의 인체공학적 설계로 측정이 용이하며, 일차원운동, 직선무마찰 실험, 회전운동 실험, 진자 운동 실험 등 다양한 역학 실험에 적용할 수 있다.

1) 규격 및 구성

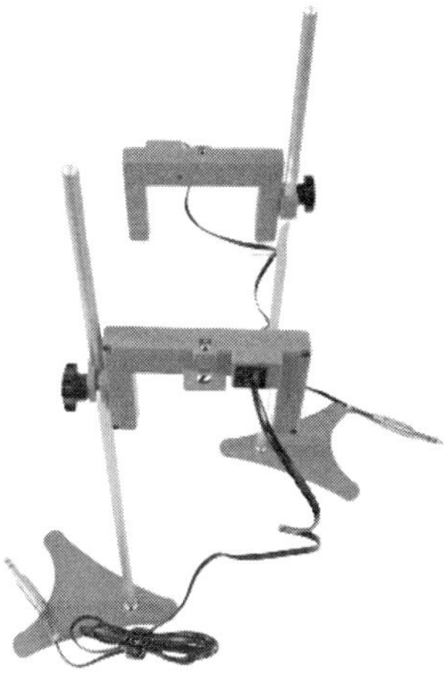

그림 9 포토게이트 센서

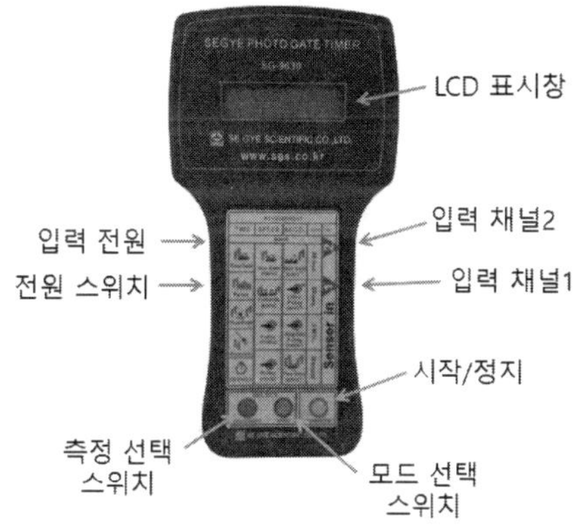

그림 10 포토게이트 타이머

표 1

제품명	규격	수량(EA)
세계포토게이트 타이머	정밀도: 일반→0.1 mS 스탑워치→0.01 S 출력전압: 5 Volt, 180 mA 입력전압: 9 V DC 입력 채널: 디지털 2채널 아답터: 9 V 300 mA	1
세계 포토게이트	포토센서 장착, 지지대, 106×67×17 mm	2

2) 사용법

① select measurement 버튼을 눌러 원하는 측정을 선택한다. 한번 누를 때마다 측정의 종류가 변하는 것을 액정으로 확인 가능하다.

② Select Mode 버튼을 눌러 원하는 모드를 선택한다.

③ start 버튼을 눌러 대기상태로 한다. 대기상태로 되면 액정에 " *" 표시가 나타난다.

④ 일반적으로 한번 측정이 되면 멈추게 된다. 같은 실험을 반복하고자 할 때에는 다시 start/stop 버튼을 눌러 대기상태로 한다.

⑤ 특정 측정모드에 따라 기록된 데이터를 확인하고자 할 때에는 select measurement 버튼이나 select mode 버튼을 눌러 확인할 수 있다.

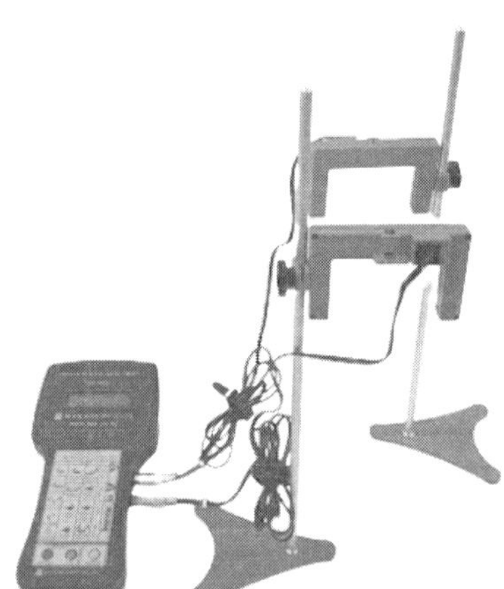

그림 11 포토게이트 실험 구성

3) 측정모드의 특성

측정선택에 따라, Time, Speed, Accel, Count, Test 모드로 나뉘어 진다.

▷ Time(시간)

측정 시간을 표시해 준다.

① One Gate: 처음 물체가 센서의 빛을 차단할 때 시작하고, 다시 센서의 빛을 차단할 때 멈춘다. 이 동안의 시간을 표시해 준다. 역학수레 등의 속도를 측정할 때 사용한다.

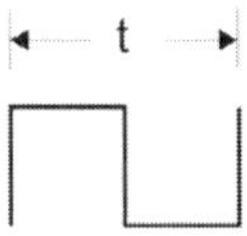

② Fence: 10개의 물체가 지나가는 동안의 각각의 시간을 측정한다. 시간은 누적된 시간으로 기록된다. 측정이 끝나면, 측정모드 버튼을 눌러서 기록된 값들을 확인할 수 있다.
피켓펜스 실험이나 수레의 가속도 측정 등에 사용된다.

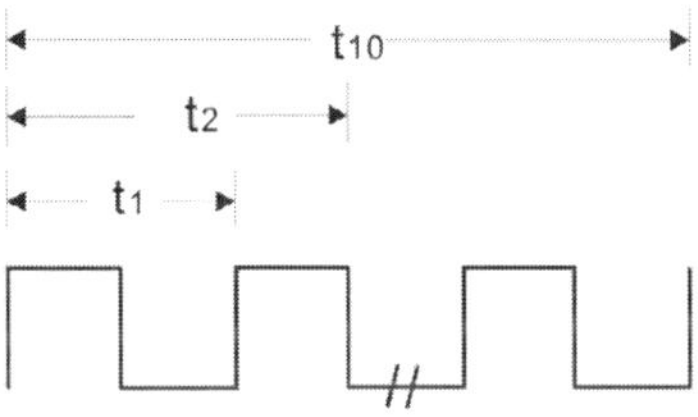

③ Two Gates: 물체가 두 개의 센서를 통과하는 동안의 시간을 표시한다. 1번 채널에서 시작하고, 2번 채널에서 멈춘다. 자유낙하 실험, 탄동진자 실험 등에 사용된다.

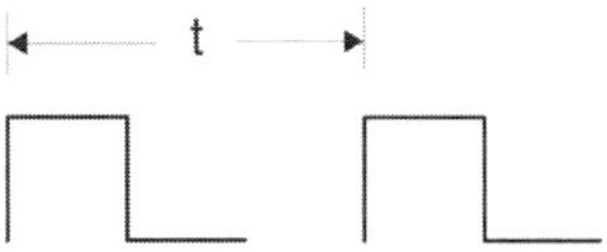

④ Pendulum: 처음 물체가 센서의 빛을 차단할 때 시작하고, 다시 세 번째 빛을 차단할 때 멈춘다.

진자의 주기를 측정할 때 사용한다.

30개 data까지 기억 가능하고 측정 후 확인 가능하다(측정 후 STOP 버튼 누른 후 MODE 스위치를 누르면 확인 가능).

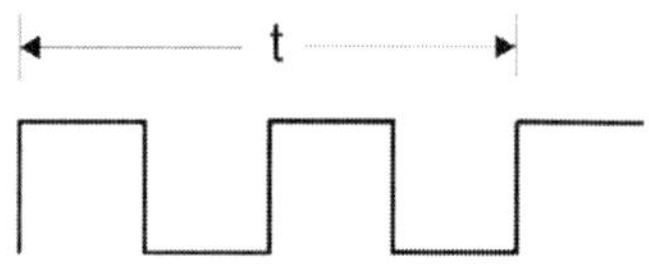

⑤ Stopwatch: 초시계 기능, start/stop 버튼을 한번 누르면 시작하고, 다시 한번 누르면 멈춘다.

▷ Speed(속도)

미리 지정된 거리에 대한 시간을 측정하여, 속도 값을 표시해 준다.

① One Gate: 액세서리로 제공되는 스마트 타이머 피켓펜스의 1cm flag의 속도를 측정할 때 사용한다. 즉 1cm의 거리를 가진 물체가 지나가는 시간을 측정하여, 속도를 구하여 표시해 준다.

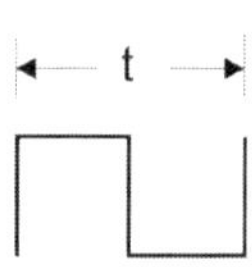

속도 = 1cm/t

② Collision: 두 개의 1cm flag가 두 개의 포토게이트 센서를 통과하여 충돌하였을 때 각각의 충돌 전후의 속도를 표시해 준다. 결괏값은 측정이 끝난 후 실험모드 버튼을 눌러 확인할 수 있다.

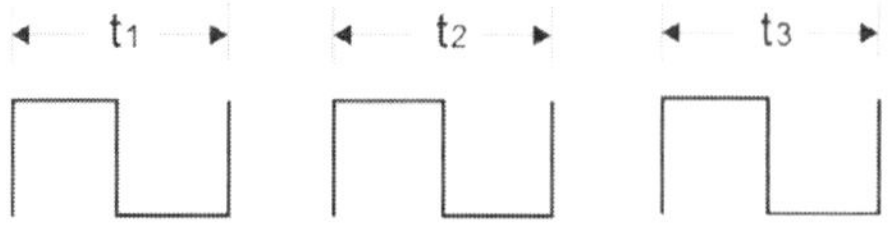

속도$_n$ = 1cm/t_n

③ Pulley(rad/s): 10개의 홈을 가진 도르래의 각속도를 radian 값으로 표시한다. 매 측정 후 1초 마다 새로 측정한다.

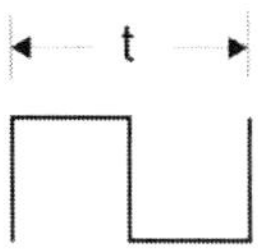

속도 = ((2*pi rad/rev))*0.1rev)/t

④ Pulley(rev/s): 10개의 홈을 가진 도르래의 회전속도를 초당 회전수로 표시해 준다. 매 측정 후 1초 마다 새로 측정한다. (측정 후 STOP 버튼 누른 후 MODE 스위치를 누르면 확인 가능)

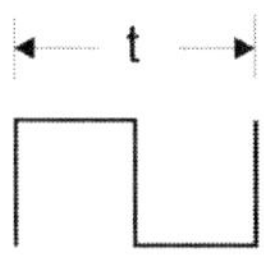

속도 = 0.1rev/t

▷ Accel(가속도)

미리 기억된 거리에 대한 가속도 값을 표시해 준다.

① One Gate : 피켓펜스가 처음 빛을 차단할 때 시작하여 두 번째 차단할 때까지의 속도와, 3번째 차단할 때까지의 속도 값을 이용하여 피켓펜스의 가속도를 산출한다. 이때 각 각의 거리는 1 cm이다.

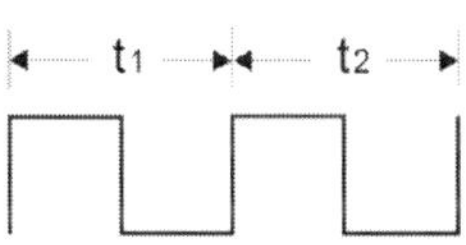

가속도 = $2*(5cm/t_1-5cm/t_2)/(t_1+t_2)$

② Linear Pulley : 도르래에 연결된 물체가 선형운동할 때, 10개의 홈으로 나누어진 도르래를 이용하여 선형 운동하는 물체의 가속도를 구한다.

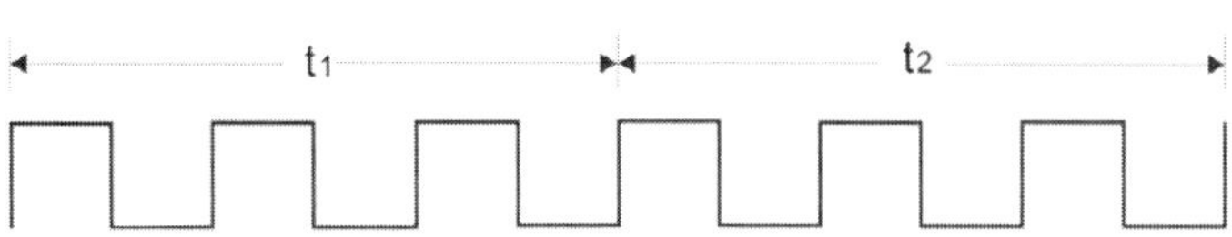

가속도 = $2*((0.4rev*15cm)/t_1-(0.4rev*15cm)/t_2)/(t_1-t_2)$

③ Angular Pulley: 도르래의 회전 각가속도를 측정한다.

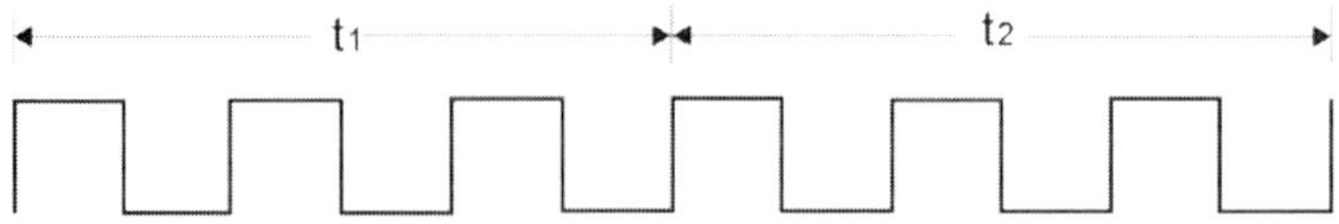

가속도 = 2*[0.4rev*2pi*((1/t1)-(1/t2))/(t1-t2)]

④ Two gates: 1cm flag가 두 개의 센서 사이를 통과할 때, 각 센서의 속도변화로 평균 가속도를 측정한다.

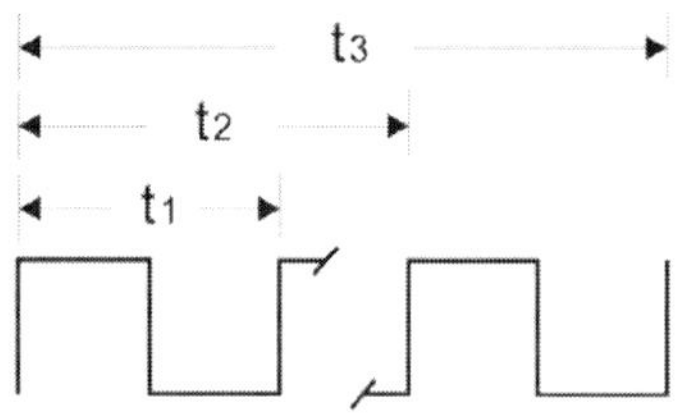

$dT_1=t_1$, $dT_2=t_3-t_2$
$dT_1=t_2+((t_3-t_2)/2-t_1/2)=(t_2+t_3-t_1)/2$
$v_1=1cm/dT_1$, $v_2=1cm/dT_2$, $dV=v_2-v_1$
$a=dV/dT$

▷ Count(횟수)

특정 시간 동안 센서의 빛을 차단한 횟수를 표시한다.

① 30 seconds: 30초 동안 센서의 빛을 차단한 횟수를 표시한다.
② 60 seconds: 60초 동안 센서의 빛을 차단한 횟수를 표시한다.
③ 5 minutes: 5분 동안 센서의 빛을 차단한 횟수를 표시한다.
④ Manual: 수동으로 센서의 빛을 차단한 횟수를 누적 표시한다.

5. 실험장비

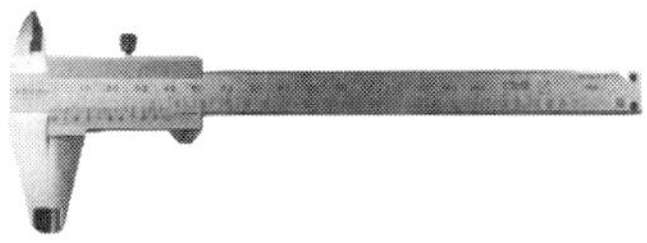	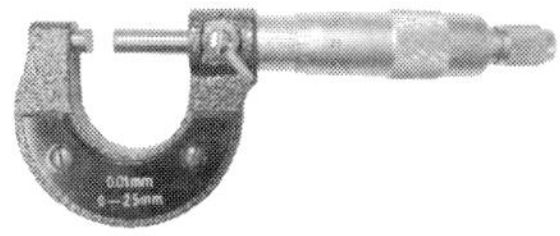
• 버니어 캘리퍼스	• 마이크로미터

• 구면계	• 포토게이트 타이머
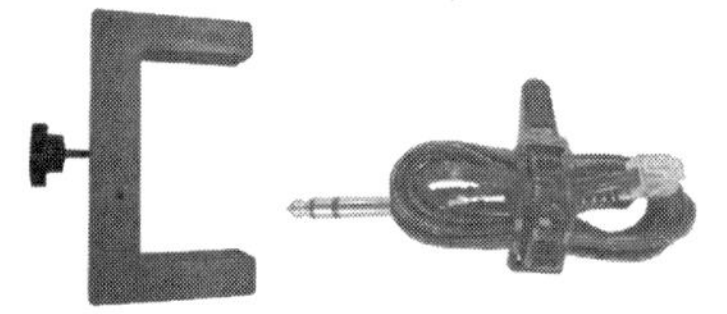	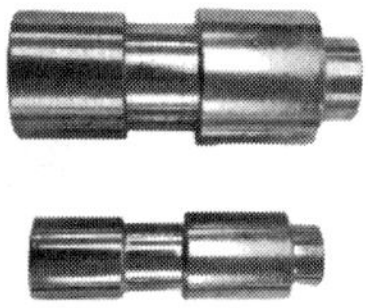
• 포토게이트 센서	• 길이 측정 시료
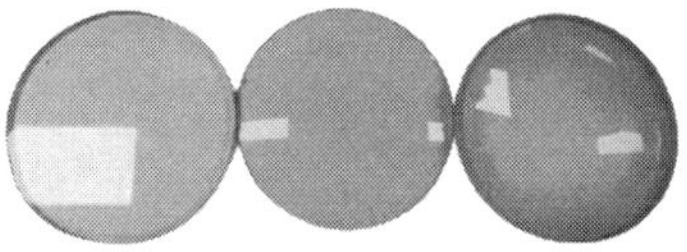	
• 구면계 시료(평면, 볼록, 오목렌즈)	

6. 실험방법

[실험 01 버니어 캘리퍼스 측정]

① 주어진 시료의 내부 지름, 깊이, 외부 지름 그리고 높이를 차례로 5회 측정하여 그들의 평균과 표준오차를 구한다.

② 측정이 끝나면 반드시 고정나사를 죄어 버니어를 고정시킨다.

그림 12 시료의 외경 측정

[실험 02 마이크로미터 측정]

① 주어진 시료와 종이의 두께를 차례로 5회 측정하고 영점을 보정하여 평균과 표준오차를 구한다.

② 측정이 끝난 후 고정 걸쇠를 잠근다.

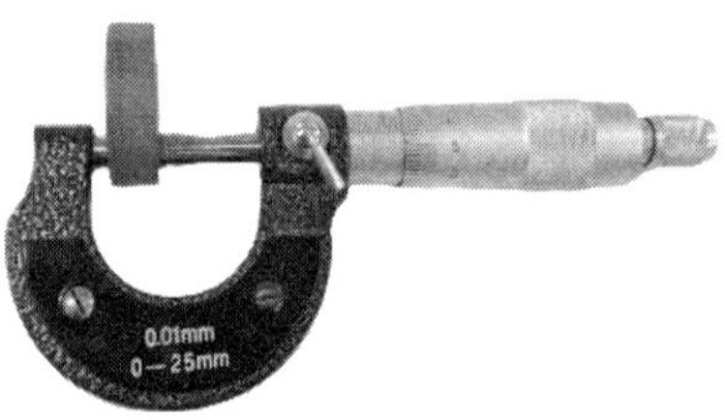

그림 13 물체의 두께 측정

[실험 03 구면계 측정]

① 구면계를 평면 유리판 위에 놓고 영점 조정을 한다. 다이얼게이지의 총 유동폭은 30mm이다. 즉 평면에 놓았을 때 다이얼게이지 눈금은 15.0mm를 가리키게 된다. 회전 눈금판을 회전시켜 눈금판의 0점이 큰 바늘 끝을 가리키도록 한다.

② 볼록렌즈 위에 구면계를 조심스럽게 올려놓고 높이 h를 1/100mm 단위까지 읽는다. 여기서 측정한 값에서 앞 과정의 영점의 눈금 값을 빼면 높이 h를 얻을 수 있다. 볼록렌즈는 음의 값을, 오목렌즈는 양의 값을 가지게 된다.

③ 다시 평면유리판 위에 놓고 영점 조절을 하고 앞의 ①~③의 과정을 5회 반복하여 평균값 h를 구한다.

④ 구면계를 평평한 백지 위에 놓고 가볍게 눌러 △ABC의 각 정점에서 자국을 낸다. 이 점을 꼭지점으로 하는 정삼각형의 한 변의 길이 a를 버니어 캘리퍼스로 측정한다. 5회 측정하여 평균값 a를 구한다.

⑤ 위의 측정값으로부터 이론 식을 사용하여 볼록렌즈, 오목렌즈의 곡률반경 R을 구한다.

그림 14 볼록렌즈의 곡률 측정

7. 다른 실험방법 구상

[실험구상 01　지구의 둘레 길이를 측정할 수 있는 실험방법을 구상해 본다.]

- 실험방법을 그림으로 표현해 본다.
- 실험방법을 설명해 본다.

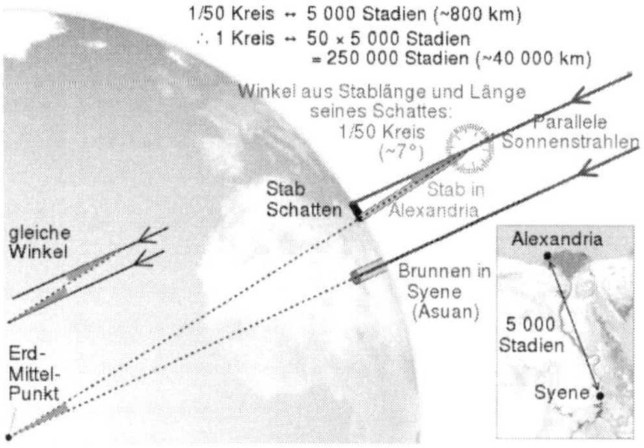

그림 15 지구의 둘레 측정

[실험구상 02 마이크미터보다 더 작은 길이를 측정할 수 있는 방법을 구상해 본다.]

- 미세길이를 측정할 수 있는 방법을 그림으로 표현해 본다.
- 실험방법을 설명해 본다.

[실험구상 03 지구에서 달까지 거리를 측정할 수 있는 실험을 구상해 본다.]

- 실험장치도를 그림으로 표현해 본다.
- 실험방법을 설명해 본다.

실험 01 측정 장비

결과보고서

담당교수 : ________________ 교수님

실험일	월 일	제출일	월 일
학번		이름	
( )조 조원이름	• • •		

[실험 01 버니어 캘리퍼스 측정]

표 1 (단위 : mm)

구분	내부 지름	(평균−측정값)^2	깊이	(평균−측정값)^2	외부 지름				높이	(평균−측정값)^2
					대	(평균−측정값)^2	소	(평균−측정값)^2		
1										
2										
3										
4										
5										
평균		−		−		−		−		−
표준편차		−		−		−		−		−

[실험 02 마이크로미터 측정]

표 2 (단위 : mm)

구분	시료의 직경	(평균−측정값)^2	종이의 두께	(평균−측정값)^2
1				
2				
3				
4				
5				
평균		−		−
표준편차		−		−

[실험 03 구면계 측정]

A. 평면 볼록렌즈의 곡률반경 측정

1. 측정값

1) 구면계의 세 정점 사이의 거리 a의 측정

표 3 (단위 : mm)

횟수	AB 사이의 거리	BC 사이의 거리	AC 사이의 거리
1			
2			
3			
4			
5			

총평균 a = ______________

2) 구면계의 높이 h 측정

표 4 (단위 : mm)

구분	영점눈금(p)	게이지눈금(q)	높이 $h=q-p$	R	(평균−측정값)^2
1					
2					
3					
4					
5					
			평균		

2. 계산 및 분석

표 5

표준오차(σ_m)	
확률오차(δ_m)	
최종값	

3) 곡률반경 R 계산

$$\therefore R = \frac{a^2}{6h} + \frac{h}{2} = \_\_\_\_\_\_\_\_\_\_\_\_$$

B. 평면 오목렌즈의 곡률반경 측정

1. 측정값

1) 구면계의 세 정점 사이의 거리 a의 측정

표 6 (단위 : mm)

횟수	AB 사이의 거리	BC 사이의 거리	AC 사이의 거리
1			
2			
3			
4			
5			
평균			

총평균 $a =$ ______________

2) 구면계의 높이 h 측정

표 7 (단위 : mm)

구분	영점눈금(p)	게이지눈금(q)	높이 $h=q-p$	R	(평균−측정값)^2
1					
2					
3					
4					
5					
			평균		

2. 계산 및 분석

표 8

표준오차(σ_m)	
확률오차(δ_m)	
최종값	

3) 곡률반경 R 계산

$$\therefore R = \frac{a^2}{6h} + \frac{h}{2} = \underline{\qquad\qquad\qquad}$$

[실험구상 01 지구의 둘레 길이를 측정할 수 있는 실험방법을 구상해 본다.]

실험 제목 : ______________________________

• 실험 장치도(그림으로 표현)	• 실험방법 설명(번호로 구분)

[실험구상 02 마이크로미터보다 더 작은 길이를 측정할 수 있는 방법을 구상해 본다.]

실험 제목 : ______________________________

• 실험 장치도(그림으로 표현)	• 실험방법 설명(번호로 구분)

[실험구상 03 지구에서 달까지 거리를 측정할 수 있는 실험을 구상해 본다.]

실험 제목 : ______________________________

• 실험 장치도(그림으로 표현)	• 실험방법 설명(번호로 구분)

〈질문〉

▣ 아래 질문에 답하시오.

답변할 때는 자료를 찾아보고 토론을 해본 후 스스로 정리해보면 해결해야 할 문제에 대한 이해도가 높아지고 응용력도 향상됩니다.

1) 본 실험에서 오차의 원인은 무엇인가?
2) 오차를 줄일 수 있는 아이디어를 생각해 보고 방법을 서술하라.
3) SI 기본단위 7가지를 조사하고, 각각에 대하여 설명하라.
4) 유효숫자에 대해서 조사해보고 예를 들어 설명하라.
5) 버니어 캘리퍼스로 길이를 측정한 값은 얼마로 읽어야 하는가?

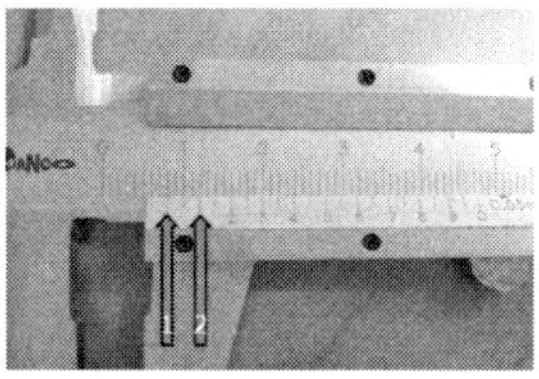

6) 그림은 마이크로미터이다. 길이는 몇 mm로 읽어야 하는가?

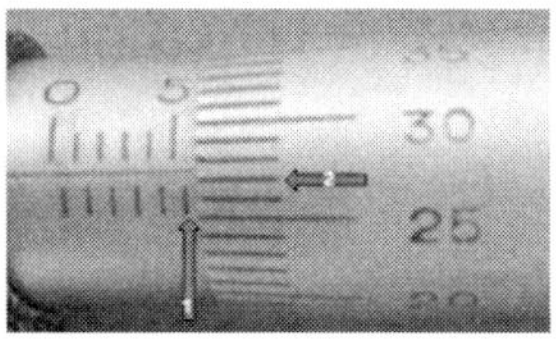

7) 아래와 같이 측정되었다면 측정값은 얼마로 기록해야 하는가?

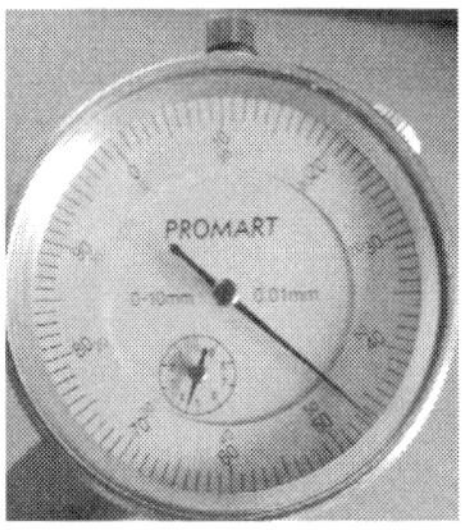

▷ 답변 :

〈실험 결과 요약〉

■ 서론 본론 결론 형식으로 자유롭게 기술하세요.

논문형식의 기술적 글쓰기(Technical Writing)를 통해서 주장하는 내용에 대한 의미전달 능력을 향상시킬 수 있고 창의적 생각 또한 키워나갈 수 있습니다.

실험제목 :

작성자 신원 :

〈서론〉

〈본론〉

〈결론〉

〈참고문헌〉

실험 02 속도 측정

1. 실험 목표

일상생활에서는 속력과 속도를 구별 없이 사용되고 있는데, 물리학에서는 이들 간에 분명한 차이가 있다. 속력은 스칼라량으로 크기만을 가지는 반면, 속도는 크기와 방향을 가지는 벡터량이다. 벡터량인 속도는 평균속도와 순간속도로 구분되는데, 일상생활에서 평균속도는 운동하는 물체를 기술하는데 유용하다. 예를 들어 어떤 사람이 100km를 여행하는데, 시간당 평균 50km로 달린다면 얼마나 긴 여행이 되는지 쉽게 짐작할 수 있다. 반면에, 교통경찰은 시속 50km인 평균 속력에는 관심이 없고, 속도 측정기를 이용하여 측정 순간에 자동차가 얼마나 빨리 달리는지를 조사하여 범칙금 발부 여부를 결정한다. 그래서 경찰은 차의 평균속도보다는 순간속도와의 관계를 조사한다. 본 실험에서는 평균속도로부터 어떻게 순간속도를 유추하는가를 알아본다.

2. 학습 목표

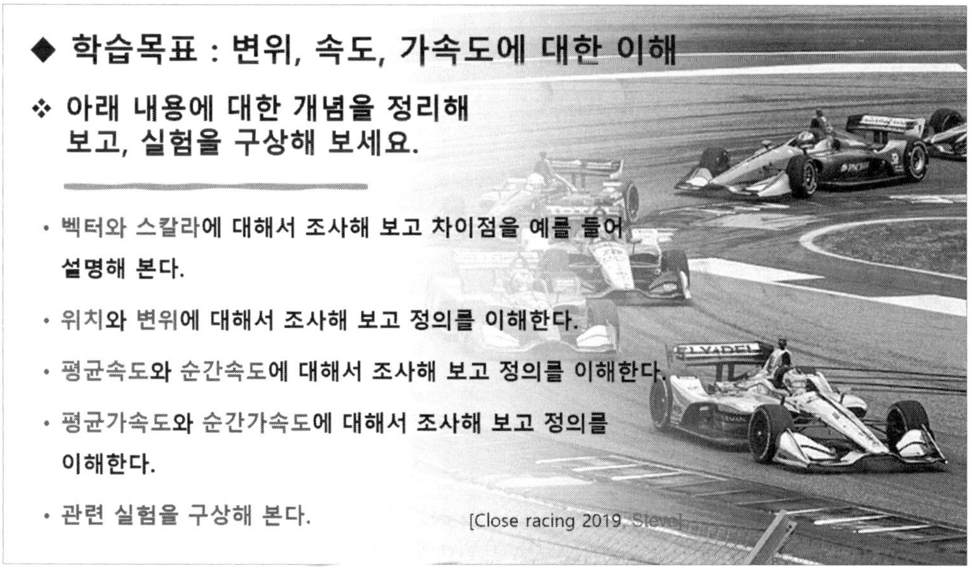

3. 기본개념에 대한 이해

◆ 벡터와 스칼라량 그리고 변위

❖ 벡터와 스칼라

- **스칼라량(scalar quantity): 크기**
  - ✓ 일반 대수학 법칙 이용 연산 가능

    예) 길이, 시간, 질량 등

- **벡터량(vector quantity): 크기와 방향**

  예) 힘, 변위 ,속도, 가속도 등

- 벡터의 표시 : $\boldsymbol{A}$ 또는 $\vec{A}$
- 벡터의 크기 표시: A 또는 $|A|$
- 벡터의 그림 표시: 

❖ 심화학습 : 변위(displacement)에 대한 개념 이해
아래 그림은 개미의 이동경로(점선)와 변위(벡터)를 묘사하고 있다. 이동경로와 변위의 개념에 대해서 논해 보고, **물리학에서 변위를 정의한 이유**에 대해서 토론해 보자.

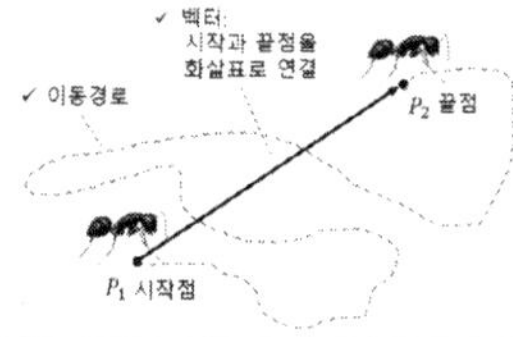

◆ 평균속도와 순간속도

- 평균속도: $v_{avg} = \dfrac{\Delta x}{\Delta t} = \dfrac{x_f - x_i}{t_f - t_i}$ ✓ 벡터량 ✓ 단위: m/s

- 순간속도: $v = \lim\limits_{\Delta t \to 0} \dfrac{\Delta x}{\Delta t} = \lim\limits_{\Delta t \to 0} \dfrac{x_f - x_i}{t_f - t_i}$

  $= \dfrac{dx}{dt}$ ✓ 벡터량 ✓ 단위: m/s

i) 등속도 운동

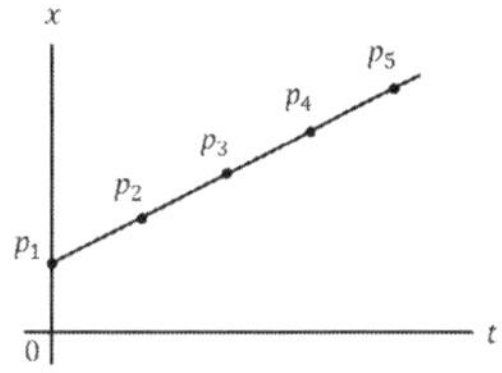

ii) 속도가 일정하지 않은 경우

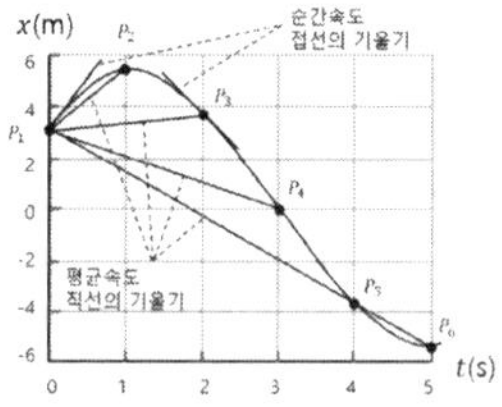

❖ 심화학습 : 가속도에 대한 개념 이해
속도에 대하여 정의한 방법을 활용하여 **평균가속도와 순간가속도**에 대한 개념을 정의해 보자. 가속도에 대한 개념은 Newton의 제2법칙 $F = ma$에서 중요하게 쓰인다.

4. 이론 및 원리

4.1 평균속도(average velocity)

그림 1를 보고 평균속도의 개념을 이해해 보자. 위치-시간 그래프에서 입자가 P_1의 위치에서 P_2의 위치로 이동할 때를 고려해 보자. 시간 간격 Δt 동안 물체의 위치가 Δx만큼 변한 경우, 평균속도 v_{avg}는

$$v_{\mathrm{avg}} = \frac{\Delta x}{\Delta t} = \frac{x_f - x_i}{t_f - t_i} \tag{1.1}$$

와 같이 정의한다. SI 단위는 m/s이고, 차원은 L/T이다. 방향은 직선운동에서는 부호(+, −)를 사용하여 나타낼 수 있다. 위 식의 의미를 기하학적으로 부여해 보면, 평균속도는 두 점 P_1와 P_2 사이의 잇는 직선의 기울기가 된다.

여기에서 한 가지 주의해서 사용해야 하는 물리량에 대해서 알아보자. 일상생활 속에서 속도와 속력은 구분 없이 사용하고 있다. 그러나 속도와 속력은 다른 물리량이다. 평균속력(average speed) s_{avg}의 정의는

$$s_{avg} = \frac{\text{이동거리}}{\text{걸린시간}} = \frac{d}{\Delta t} \tag{1.2}$$

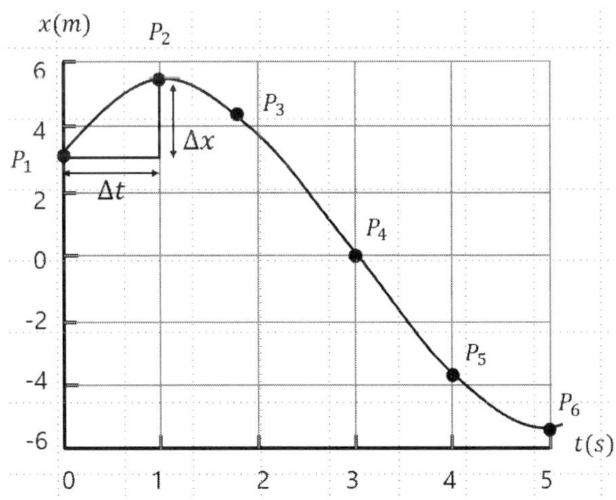

그림 1 평균속도

이다. d는 총 이동거리이다. 속도는 크기와 방향을 갖는 벡터량인 반면 속력은 크기만을 갖는 스칼라량이다. SI 단위는 속도와 같은 m/s 이다.

4.2 평균속도(instantaneous velocity)

특정한 순간에 입자가 얼마나 빨리 움직이는지를 기술해 보자. 어떻게 하면 될까? 특정한 순간의 속도를 순간속도(instantaneous velocity)라 한다. 순간속도는 시간 간격 Δt가 0에 접근할 때의 평균속도로 정의된다. 즉 순간속도 v를 시간에 대한 변위의 도함수로 정의하면

$$v = \lim_{\Delta t \to 0} \frac{\Delta x}{\Delta t} = \lim_{\Delta t \to 0} \frac{x_f - x_i}{t_f - t_i} \tag{2.1}$$

으로 표현된다. 위 식은 평균속도의 정의에다가 시간에 대한 극한을 취한 형태임으로 도함수 꼴이다. 이제 식을 간단하게 표현해 보자. 위치 x를 시간 t로 미분한 형태로 쓰면. 즉 변화율로 표현하면 순간속도는

$$v = \frac{dx}{dt} \tag{2.2}$$

과 같이 쓸 수 있다. SI 단위는 m/s 이다.

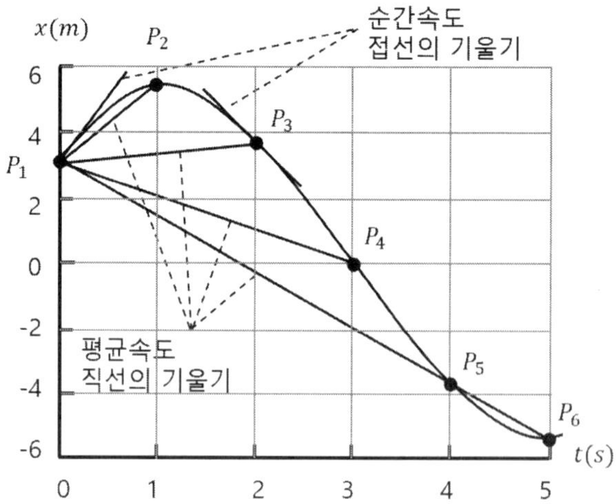

그림 2 평균속도와 순간속도

그림 2를 참조하여 기하학적 의미를 생각해 보자. 순간속도는 위치-시간 그래프에서 임의의 위치에서 접선의 기울기에 해당한다. 이유는 $\lim_{\Delta t \to 0}$ 의 개념을 이해하면 된다.

그림 3은 그림 2에서 입자가 P_1에서 P_2로 움직이는 부분을 확대한 것이다. 시간 간격 Δt가 0에 접근한다는 것은 위치 P_2로 이동해 갔던 입자가 다시 P_1으로 되돌아온다는 의미이다. P_2가 P_1에 근접해 갈수록 평균 속력을 나타내는 직선의 기울기가 순간 속력을 뜻하는 접선의 기울기로 접근해 가는 것을 알 수 있다. 이것이 $\lim_{\Delta t \to 0}$ 의 개념에 대한 기하학적 해석이다. 순간속도 v는 벡터량이다. 순간속도를 지칭할 때 일반적으로 '순간'이라는 말은 생략하고 '속도'라고 줄여서 말한다.

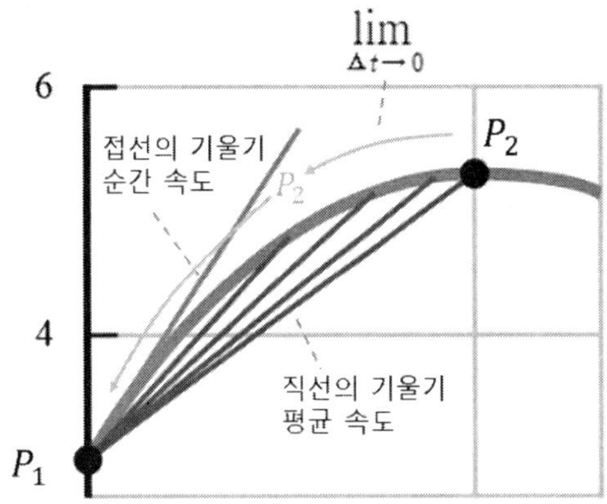

그림 3 순간속도 개념이해

5. 실험장비

	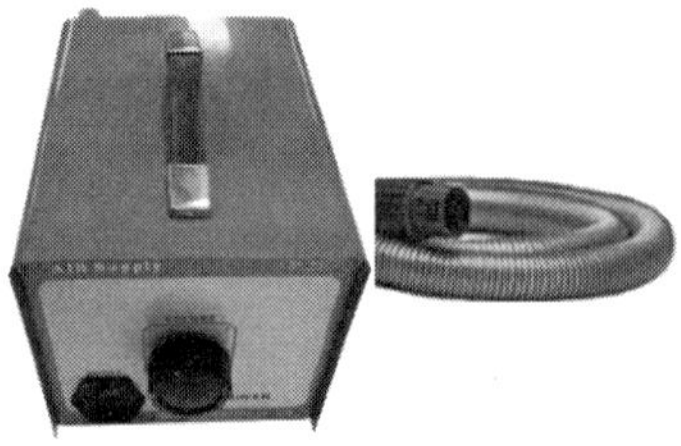
• 에어 트랙	• 송풍기
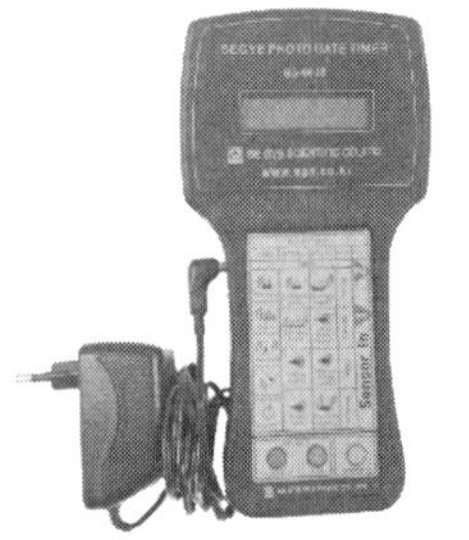	
• 포토게이트 타이머 본체	• 포토게이트 센서
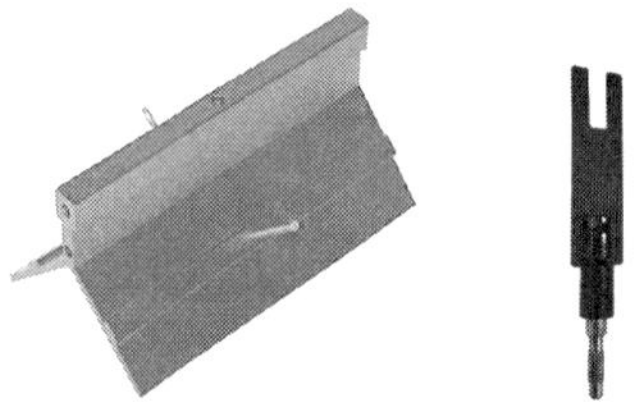	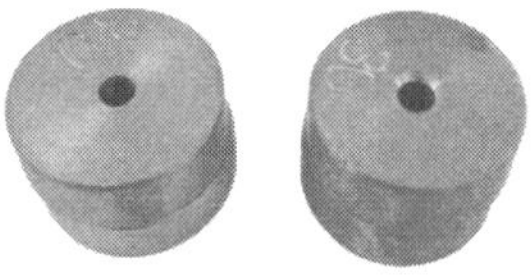
• 글라이더와 깃대	• 받침 추(분동)
	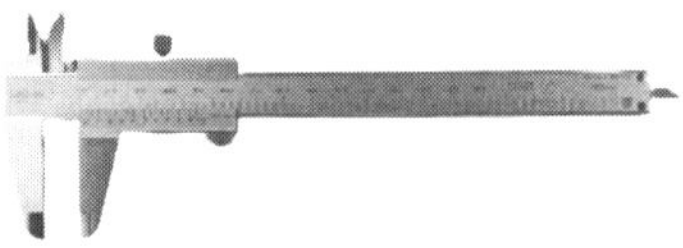
• 줄자	• 버니어 켈리퍼스

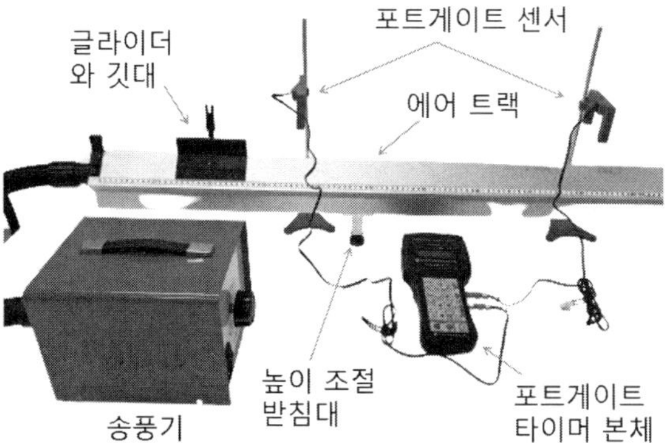

그림 4 평균속도 측정 실험 장치도

6. 실험방법

◎ 주의 사항 : 수평 맞추기

i) 에어 트랙에 공기 공급기를 연결한다.

ii) 공기 조절용 다이얼을 조절하여 에어 트랙에 공기를 불어 넣는다.

iii) 에어 트랙 위에 글라이더를 올려놓고 좌우 움직임을 이용하여 에어 트랙의 수평을 맞춘다.

iv) 글라이더가 움직이지 않고 정지될 때까지 수평을 맞추어야 한다.

[실험 01 평균속도와 순간속도 측정]

① 에어 트랙을 받치고 있는 다리 사이의 거리 d를 측정하여 기록한다.

② 받침추를 이용하여 에어 트랙의 높이를 h만큼 높인다. 받침추의 높이 h는 버니어 캘리퍼를 이용하여 정확하게 측정하여 기록한다.

③ 에어 트랙의 중심 가까이에 위치 x_1을 정하고, 그 값을 기록한다.

④ 에어 트랙의 올라간 쪽 가까이에 글라이더의 출발점 x_0를 정한다.

⑤ x_1을 중심으로 좌우 똑같은 위치를 정하여, 한쪽에는 포토게이트 타이머, 다른 쪽에는 악세서리 포토게이트를 놓는다. 포토게이트 타이머 사이의 거리를 D로 표시하고, 처음에는 100 cm로 한다.

⑥ 포토게이트 타이머의 스위치를 Two Gates 위치에 놓는다.

⑦ 포토게이트 타이머에 있는 start 버튼을 누른다.

⑧ x_0의 위치에서 글라이더를 잡고 있다가 살며시 놓는다. 글라이더가 두 포토게이트 타이머 사이를 지나가는 동안에 걸린 시간 t_1을 기록한다.

⑨ 방법 ⑥~⑧을 5회 반복한다. 그리고 그때의 시간들을 $t_2 \sim t_5$에 기록한다. 실험하는 동안 글라이더는 항상 같은 위치에서 출발시킨다(x_0: 고정).

⑩ 받침추를 추가하여 높이 h를 높이고, x_1을 중심으로 D를 양쪽에서 10 cm씩 줄이면서 실험을 반복한다.

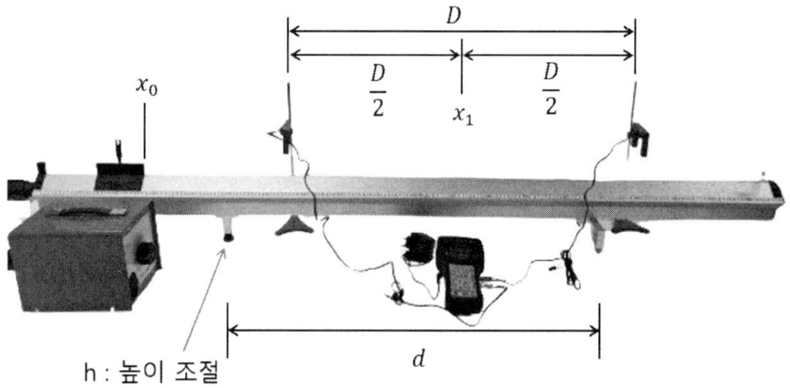

그림 5 실험 장치의 개략도

7. 다른 실험방법 구상

[실험구상 01 스피드건의 구조와 속도 측정원리에 대해서 알아본다.]

- 스피드건의 구조를 그림으로 그려본다.
- 스피드건의 원리를 설명해 본다.

speedgun2014, Dirk Vorderstraße

그림 6 스피드건

[실험구상 02 빛의 속도를 측정할 수 있는 방법을 구상해 본다.]

- 역사적으로 빛의 속도를 측정했던 방법을 조사해 본다.
- 실험장치도를 그림으로 표현해 본다.
- 실험방법을 설명해 본다.

FIG. 70.

그림 7 올레 크리스텐센 뢰머(Ole Christensen Rømer, 1644~1710)

실험 02 속도 측정 결과보고서

담당교수 : ________________ 교수님

실험일	월 일	제출일	월 일
학번		이름	
( )조 조원이름	• • •		

[실험 01 평균속도 측정, $h =$ ________ cm]

1. 측정값

표 1

$D(\text{cm})$	$t_1(\text{s})$	$t_2(\text{s})$	$t_3(\text{s})$	$t_4(\text{s})$	$t_5(\text{s})$	$t_{\text{평균}}$	$\bar{v}_{\text{실험}}$	$\overline{v_{\text{이론}}}$
100								
80								
60								
40								

2. 계산 및 분석

① 각각의 D에 대한 t_1부터 t_5까지의 평균을 계산하여, 이 값을 $t_{\text{평균}}$에 기록한다.

② 두 개의 포토게이트 사이를 진행하는 글라이더의 평균속도 $\overline{v_{\text{실험}}} = D/t_{\text{평균}}$을 계산하여 기록한다.

③ D를 x축으로 하여 $\bar{v}_{\text{실험}}$ 대 D의 그래프를 그려라. 그리고 이 그래프로부터 순간속도를 추정한다. 순간속도는 $D \to 0$일 때의 속도이다.

$D \rightarrow 0$일 때 순간속도 $v_{실험값}$ 추정

$v_{실험값}$ = ________ m/s

④ ③에서 추정한 순간속도와 이론값 $v_{이론} = \sqrt{2g(x_1 - x_0)\sin\theta}$ 와 비교하여 상대오차를 구한다. 이때 $\sin\theta = h/d$ 이고, 중력 가속도 $g = 9.80\,\mathrm{m/s^2}$ 이다.

$$\text{순간속도 상대오차} = \frac{|v_{이론} - v_{실험}|}{|v_{이론}|} \times 100 = \_\_\_\_\_\_\_\_\_\_ \%$$

[실험 02 평균속도 측정, h = ________ cm]

1. 측정값

표 2

D(cm)	t_1(s)	t_2(s)	t_3(s)	t_4(s)	t_5(s)	$t_{평균}$	$\bar{v}_{실험}$	$\overline{v_{이론}}$
100								
80								
60								
40								

2. 계산 및 분석

① 각각의 D에 대한 t_1부터 t_5까지의 평균을 계산하여, 이 값을 $t_{평균}$에 기록한다.

② 두 개의 포토게이트 사이를 진행하는 글라이더의 평균속도 $\overline{v}_{실험} = D/t_{평균}$ 을 계산하여 기록한다.

③ D를 x축으로 하여 $\overline{v}_{실험}$ 대 D의 그래프를 그려라. 그리고 이 그래프로부터 순간속도를 추정한다. 순간속도는 $D \to 0$일 때의 속도이다.

$D \to 0$일 때 순간속도 $v_{실험값}$ 추정

$v_{실험값}$ = ________ m/s

④ ③에서 추정한 순간속도와 이론값 $v_{이론} = \sqrt{2g(x_1 - x_0)\sin\theta}$ 와 비교하여 상대오차를 구한다. 이때 $\sin\theta = h/d$ 이고, 중력 가속도 $g = 9.80\,\mathrm{m/s^2}$ 이다.

$$순간속도\ 상대오차 = \frac{|v_{이론} - v_{실험}|}{|v_{이론}|} \times 100 = \underline{\qquad\qquad}\ \%$$

[실험구상 01 스피드건의 구조와 속도 측정원리에 대해서 알아본다.]

실험 제목 : ______________________________

• 스피드건의 구조	• 스피드건의 원리 설명

[실험구상 02 빛의 속도를 측정할 수 있는 방법을 구상해 본다.]

실험 제목 : ______________________________

• 실험 장치도(그림으로 표현)	• 실험방법 설명(번호로 구분)

〈질문〉

■ 아래 질문에 답하시오.

답변할 때는 자료를 찾아보고 토론을 해본 후 스스로 정리해보면 해결해야 할 문제에 대한 이해도가 높아지고 응용력도 향상됩니다.

1) 본 실험에서 오차의 원인은 무엇인가?
2) 오차를 줄일 수 있는 아이디어를 생각해 보고 방법을 서술하라.
3) 변위, 평균속도, 순간속도, 평균가속도 그리고 순간가속도에 대해서 서술하라.
4) 본 실험에서는 평균속도 측정으로부터 순간속도를 유추하였는데, 순간속도를 직접 측정할 수 있는 방법을 생각해 보고 서술하라.
5) x 축을 따라 움직이는 입자의 위치가 아래와 같이 주어질 때, 입자의 속도 v와 가속도 a를 구하고 속도가 0일 때의 시간을 구하라.

$$x(t) = 3t^3 - 20t - 3$$

6) 입자의 속도가 시간에 따라 $v_x = (25 - 5t^2)\ \mathrm{m/s}$ 로 변한다. $t = 0\ \mathrm{s}$ 에서 $t = 5.0\ \mathrm{s}$ 까지 시간 간격 동안 평균 가속도를 구하라.

▷ 답변 :

〈실험 결과 요약〉

■ 서론 본론 결론 형식으로 자유롭게 기술하세요.

논문형식의 기술적 글쓰기(Technical Writing)를 통해서 주장하는 내용에 대한 의미전달 능력을 향상시킬 수 있고 창의적 생각 또한 키워나갈 수 있습니다.

실험제목 :

작성자 신원 :

〈서론〉

〈본론〉

〈결론〉

〈참고문헌〉

1. 평균속도와 순간속도의 이론적 유도

$$\sin\theta = \frac{\text{받침 높이}\, h}{\text{발 사이 거리}\, d}$$

글라이더는 중력에 의해 등가속도 운동을 하므로

$$x - x_0 = v_0 t + \frac{1}{2}at^2 = \frac{1}{2}at^2$$

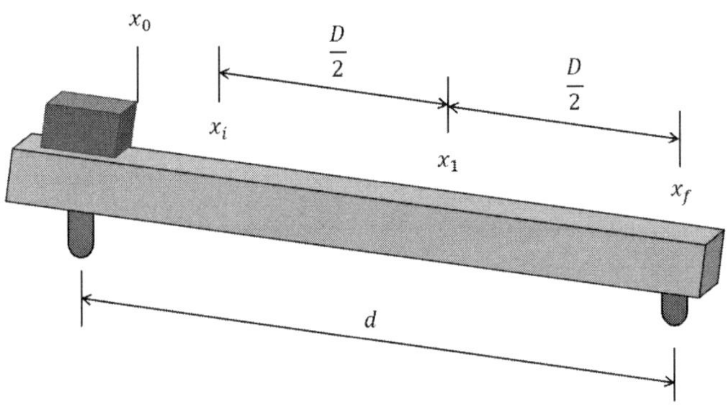

그림 1 개략도

$$t = \sqrt{\frac{2(x - x_0)}{a}} = \sqrt{\frac{2(x - x_0)}{g\sin\theta}}$$

$$x_f = (x_1 - x_0) + D/2,\ x_i = (x_1 - x_0) - D/2$$

① 평균속도 : $\overline{v}_{\text{이론}} = \dfrac{\Delta x}{\Delta t} = \dfrac{x_f - x_i}{t_f - t_i}$

$$= \frac{\sqrt{g\sin\theta}}{2}\left(\sqrt{2(x_1 - x_0) + D} + \sqrt{2(x_1 - x_0) - D}\right)$$

② 순간속도 : $v_{\text{이론}} = \lim\limits_{D\to 0} \overline{v_{\text{실험}}} = \sqrt{2g(x_1 - x_0)\sin\theta}$

2. 가속도(Acceleration)

가속도에도 평균 가속도와 순간 가속도가 있다. 정의와 표현법에 대해서 알아보자. 그림 2과 같이 입자가 초기 위치 P_1에서 속도 v_i로 출발하여 나중 위치 P_2에서 속도 v_f로 일차원 운동을 했다고 생각해 보자. 이때 경과 한 시간은 Δt이다. 이와 같은 경우 평균 가속도(average acceleration)는 속도 변화 Δv를 시간 간격 Δt로 나눈 값으로 정의된다. 즉 평균 가속도 a_{avg}는

$$a_{avg} = \frac{\Delta v}{\Delta t} = \frac{v_2 - v_1}{t_2 - t_1} \tag{2.1}$$

이다. SI 단위는 m/s^2이고, 차원은 길이를 시간의 제곱으로 나눈 L/T^2이다. 평균 가속도는 벡터량이다. 방향은 직선운동에서는 부호(+, −)를 사용하여 나타낼 수 있다.

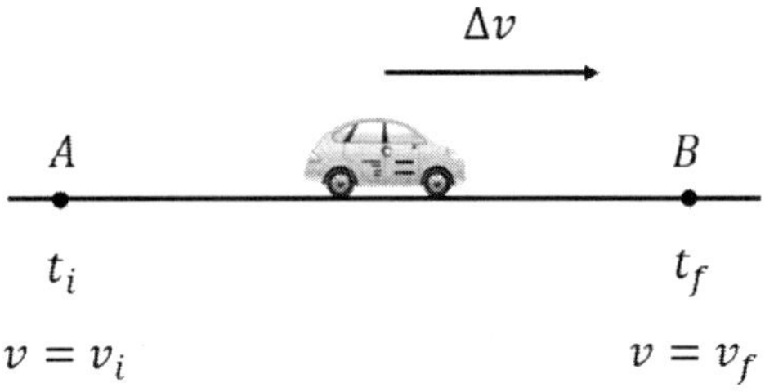

그림 2 속도가 변하는 경우

순간속도를 정의했듯이, 시간 간격 Δt가 0으로 접근할 때 평균 가속도의 극한값인 순간 가속도(instantaneous acceleration)를 정의할 수 있다. 그림 3과 같이 속도-시간 그래프(velocity vs. time graph)에서 식간 간격 Δt동안 평균속도 Δv가 변하는 경우를 고려해 보자. 입자가 P_1의 위치에서 P_2에 점점 가까워지고 Δt가 0에 접근할 때 평균 가속도의 극한이 존재하게 되는데, 이 개념이 순간 가속도의 정의이다. 즉 순간 가속도를 시간에 대한 속도의 도함수로 정의하면

$$a = \lim_{\Delta t \to 0} \frac{\Delta v}{\Delta t} = \lim_{\Delta t \to 0} \frac{v_f - v_i}{t_f - t_i} \tag{2.2}$$

과 같이 표현되고, 미분형태로 쓰면

$$a = \frac{dv}{dt} \tag{2.3}$$

이다. 시간에 대한 속도의 도함수는 속도의 시간 변화율이다. 벡터량인 순간 가속도의 SI 단위는 $\mathrm{m/s^2}$이다. 기하학적으로 순간 가속도를 표현해 보면 속도-시간 그래프상에서 임의의 한 점에의 접선의 기울기가 된다. 방향은 x축 일차원 운동을 고려할 때 a_x가 양수이면 가속도는 좌표상에서 수가 증가하는 방향이고, a_x가 음수이면 감소하는 방향이다. 순간 가속도를 지칭할 때도 일반적으로 '순간'이라는 말은 생략하고 '가속도'라고 줄여서 말한다.

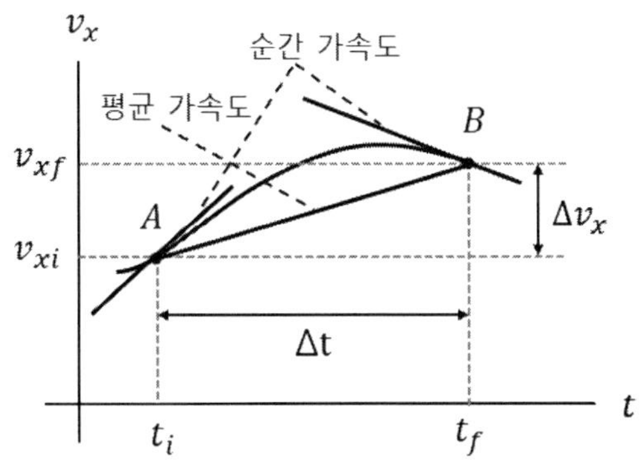

그림 3 평균 가속도, 순간 가속도

실험 03 자유낙하 운동과 중력 가속도 측정

1. 실험 목표

지구의 중력에 의해 낙하하는 물체의 가속도를 측정한다. 임의의 위치에서 자유낙하하는 물체의 시간을 포토게이트 타이머 시스템으로 정확하게 측정하여 지구 중력에 의한 중력 가속도를 측정한다. 또한 경사면을 이용하며 중력 가속도를 측정해보고, 지구의 중력장에 의해 임의의 물체에 작용하는 힘을 측정하기 위해 뉴턴의 제 2 법칙 $\vec{F} = m\vec{a}$ 을 사용하여, 지구의 중력장이 임의의 물체에 작용하는 힘을 측정한다.

2. 학습 목표

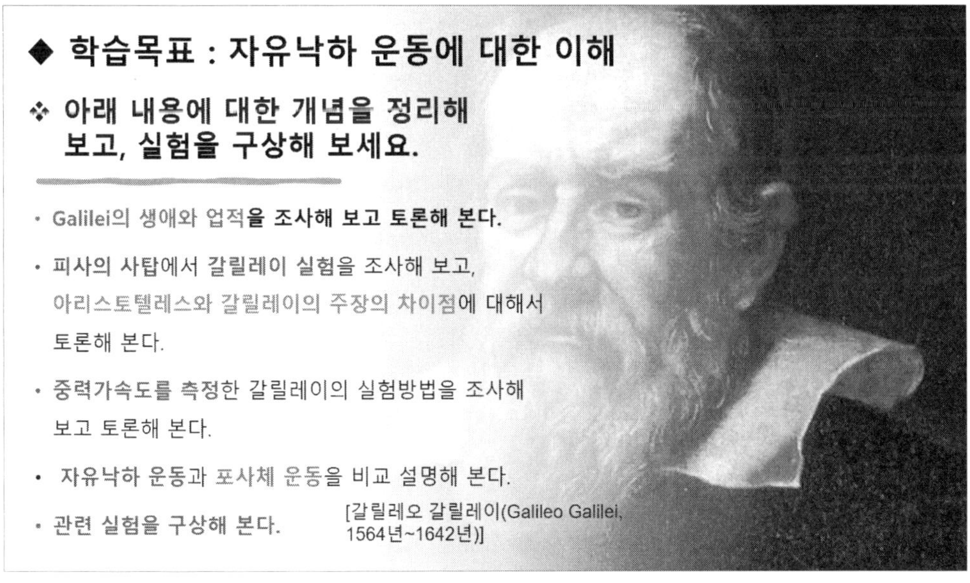

3. 기본개념에 대한 이해

◆ 자유낙하 물체(Falling Objects)

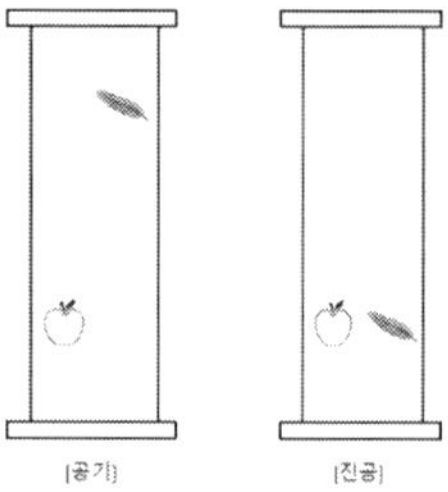

[자유낙하 실험]

자유낙하 하는 물체는 → 처음 운동 상태와는 상관없이 오로지 **중력**의 영향을 받아서 운동하게 되며, 이때의 가속도를 → 자유낙하 가속도(**중력 가속도**)라고 한다.

- **크기 :** $g = 9.8\text{m/s}^2$
- **방향 고려 :**
  $a_y = -g = -9.8\text{m/s}^2$

일차원 직선 운동 (x축)	자유 낙하 운동 (y축)
$v_f = v_i + at$	$v_{y,f} = v_{y,i} - gt$
$x_f = x_i + v_i t + \frac{1}{2}at^2$	$y_f = y_i + v_{y,i}t - \frac{1}{2}gt^2$
$v_f^2 - v_i^2 = 2a(x_f - x_i)$	$v_{y,f}^2 - v_{y,i}^2 = -2g(y_f - y_i)$

❖ **심화학습 :.**
무거운 물체와 가벼운 물체를 같은 높이에서 놓으면 어느 쪽이 먼저 떨어질까? 역사상 중요했던 질문이다. **중력에 작용할 때** 물체의 운동에 대해서 토론해 보자.

The Leaning Tower of Pisa, 2006, Saffron Blaze

4. 이론 및 원리

4.1 자유낙하 물체(Freely Falling Objects)

사과와 깃털을 지표면 근처 같은 높이에서 떨어뜨린 경우를 생각해보자. 어느 쪽이 먼저 지표면에 도달할까? 그림 1과 같이 사과나 깃털에 작용하는 공기저항이 없다면 두 물체는 아래쪽 방향으로 일정하게 가속되어 똑같이 떨어진다. 이는 지구 중력의 영향으로 같은 크기의 가속도가 물체에 작용하기 때문이다. 이와 같이 자유낙하 하는 물체는 처음 운동 상태와는 상관없이 오로지 중력의 영향을 받아서 운동하게 되며, 이때의 가속도를 자유낙하 가속도의 크기는 g로 표기한다. g의 값은 위도에 따라 지표면 근처에서 약간 다른데, 지오이드를 기준으로 한 표준 중력 가속도는

$$g = 9.80665\ \text{m/s}^2 \tag{1.1}$$

이다. 일반적으로 $g = 9.8\ \text{m/s}^2$ 로 사용한다.

또한 등가속도 운동에서 x축으로 움직이는 일차원 직선운동에 관한 식을 자유낙하 물체의 운동에 적용시킬 수 있다. 가속도 a를 $-g$로 변경해 주면 된다.

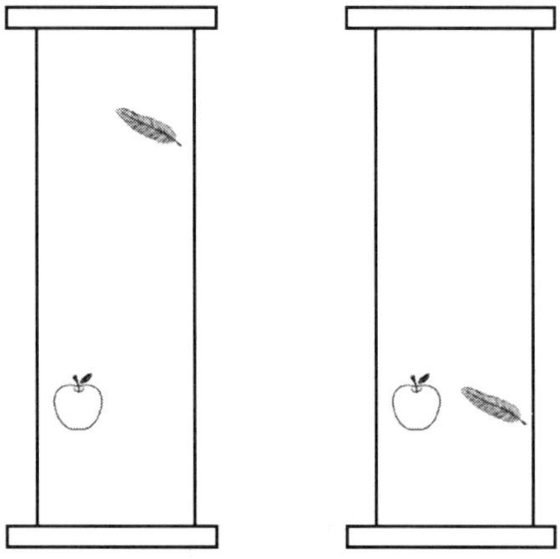

[공기] [진공]

그림 1 자유낙하 운동 비교

표 1 등가속도 운동 방정식 비교

일차원 직선운동 (x축)	자유낙하 운동 (y축)
$v_f = v_i + at$	$v_{y,f} = v_{y,i} - gt$
$x_f = x_i + v_i t + \frac{1}{2}at^2$	$y_f = y_i + v_{y,i}t - \frac{1}{2}gt^2$
$v_f^2 - v_i^2 = 2a(x_f - x_i)$	$v_{y,f}^2 - v_{y,i}^2 = -2g(y_f - y_i)$

4.2 자유낙하 운동에서 중력 가속도

처음 속도가 없이 정지 상태에서 중력만 받아 떨어지는 물체의 운동을 자유낙하 운동이라 한다. 식 (2.1)의 등가속도 운동 방정식에서 처음 속도를 0으로 하면

$$y_f = y_i + v_{y,i}t - \frac{1}{2}gt^2 \tag{2.1}$$

$$\Delta y = -\frac{1}{2}gt^2 \tag{2.2}$$

와 같이 표현된다. 자유낙하 하는 동안 공기의 저항은 없다고 본다.

본 실험에서는 강체구가 Δy 만큼 낙하하였을 때 걸린 시간 t를 측정하여 그 결과로부터 식 (2.3)에 대입하여 중력가속도 g를 구할 수 있다.

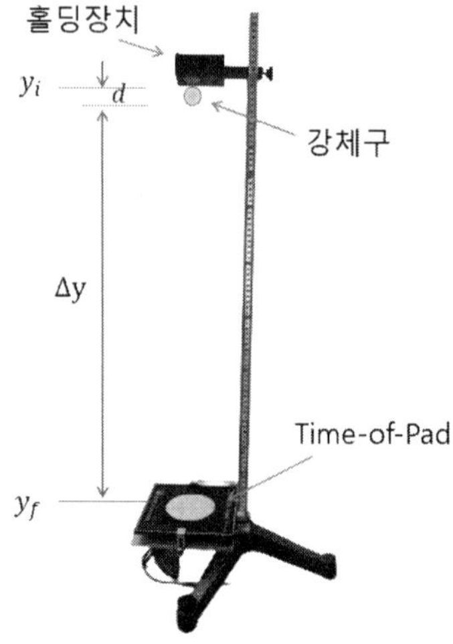

그림 2 자유낙하 실험 장치도

$$g = -\frac{2\Delta y}{t^2} = \frac{2(y_i - y_f)}{t^2} \tag{2.3}$$

수식으로부터 중력 가속도는 추의 질량에는 무관하고 오직 낙하 거리와 시간에만 의존함을 알 수 있다.

4.3 경사면에서 중력 가속도

그림 3은 경사면에서 글라이더에 작용하는 힘을 나타낸 자유물체 그림이다. 중력 $\vec{F}_g$는 경사면에 평행하게 작용하는 힘과 수직으로 작용하는 힘으로 분해할 수 있다. 이들 힘 중에서 경사면에 평행한 힘의 성분만이 글라이더를 가속 시킨다. 그림 2에서 마찰력 등이 무시되면, 물체를 가속 시키는 힘의 성분은 $F = F_g \sin\theta$ 이다. 이때 질량 m 인 글라이더의

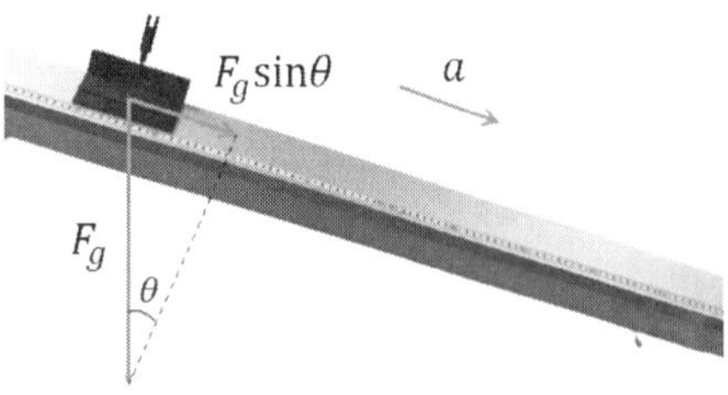

그림 3 물체의 자유 물체 도표.

가속도가 a로 측정되면 뉴턴의 제2법칙에 의해 $F = ma$ 가 된다. 따라서 지구의 중력은 $F_g = ma/\sin\theta$ 로서, 그 크기를 결정할 수 있다.

5. 실험장비

	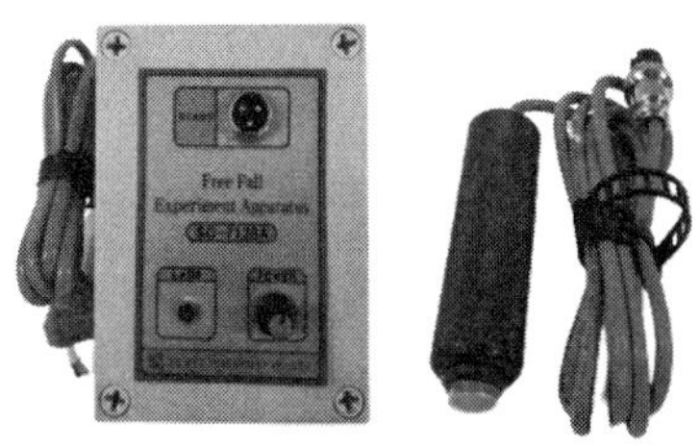
• 스탠드	• 메인 컨트롤 유닛(Main Control Unit)
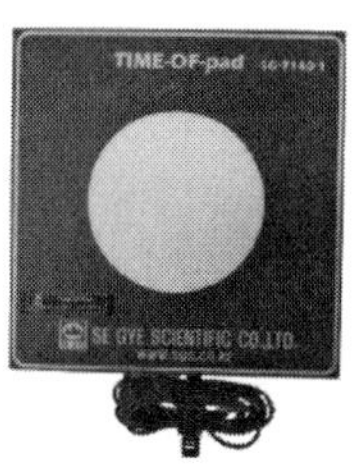	
• 타임 오브 패드(Time-of-Pad)	• 홀딩장치
	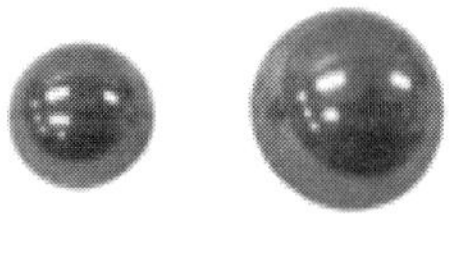
• 포토게이트 타이머 시스템	• 쇠구슬

• 수직추	

• 에어 트랙	• 송풍기
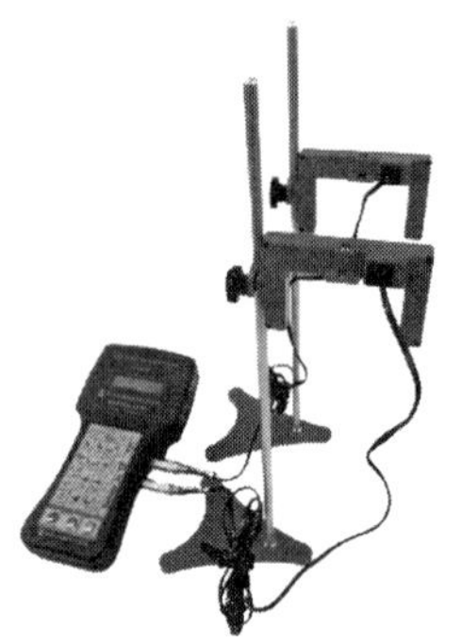	
• 포토게이트 타이머 본체와 포토게이트 센서	• 글라이더와 깃대
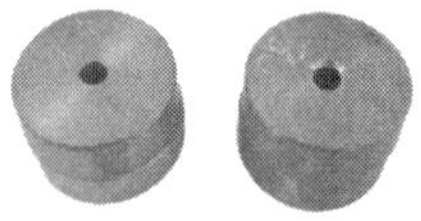	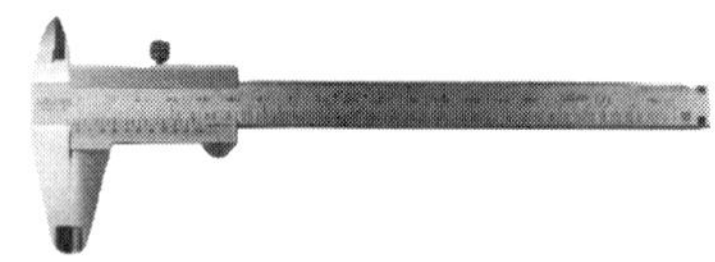
• 분동	• 버니어 캘리퍼스

• 스톱워치	• 전자저울

6. 실험방법

◎ 주의 사항

i) 자유낙하 실험에서 메인 컨트롤 유닛의 볼륨을 최대로 한 다음 그림 4에서와 같이 쇠구슬을 부착하고, 볼륨을 서서히 낮추어 쇠구슬이 떨어지면, 쇠구슬이 떨어졌을 때 보다 조금만 더 높게 볼륨을 조절하여 실험하도록 한다. 이는 전자석 방식의 홀딩장치에 의한 쇠구슬의 자화를 최소한으로 줄이기 위해서이다.

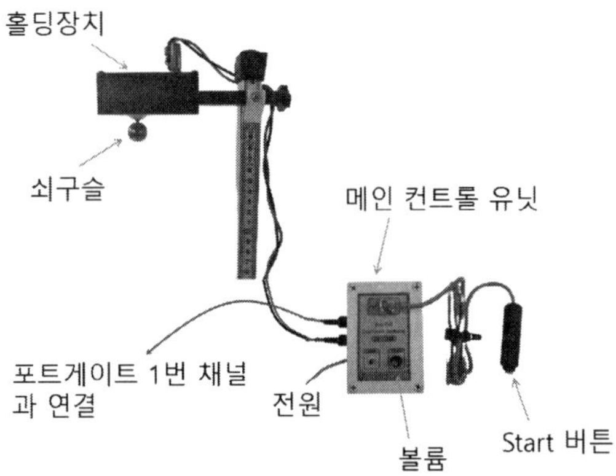

그림 4 메인 컨트롤 유닛과 홀딩장치

ii) 경사면에서 글라이더를 출발시킬 때는

① 송풍기를 이용하여 공기를 에어 트랙에 주입하고 있는 상태에서

② 글라이더는 같은 위치에서 출발시키고

③ 출발시 손으로 힘을 가하지 않아야 한다.

④ 글라이더에 질량(분동)을 추가한 경우에는 균형을 잡아주어 글라이더와 에어 트랙에 마찰을 최대한 줄여야 한다.

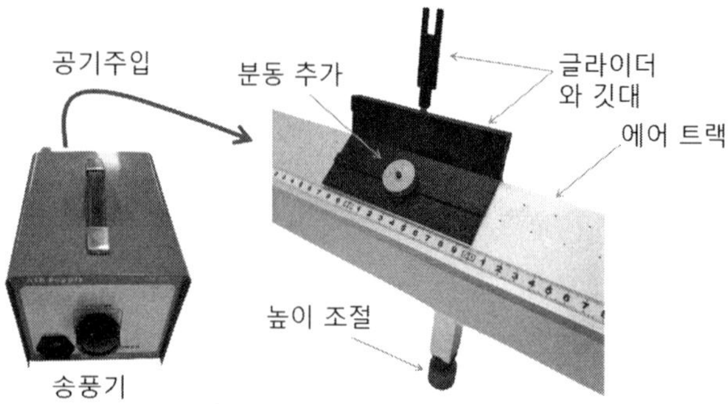

그림 5 에어 트랙과 글라이더

[실험 01 자유낙하 운동에서 중력 가속도 측정]

① 그림 6과 같이 실험 장치를 구성한다. 메인 컨트롤 유닛과 홀딩장치, 포토게이트 타이머 시스템을 연결하고, 메인 컨트롤 유닛과 포토게이트 타이머 시스템의 전원을 연결한다. 이때 메인 컨트롤 유닛은 포토게이트 1번 채널에 연결하고, 타임 오브 패드는 2번 채널에 연결한다.

② 타임 오브 패드를 스탠드 밑면에 장착하고 높이 조절나사를 이용하여 수평을 맞추고, 수직추를 이용하여 쇠구슬이 중앙에 떨어지도록 수평 위치를 조절한다.

③ 포토게이트 타이머 시스템의 선택스위치를 눌러 Time-Two Gate 모드로 설정한다.

④ 쇠구슬의 직경 d를 측정하고 홀딩장치에 부착한다. 이때 쇠구슬이 부착될 수 있는 최소의 전압을 가하여야 한다.

⑤ 홀딩장치의 지시침의 위치 y_i와 타임 오브 패드의 지시침의 위치 y_f를 기록한다.

⑥ 포토게이트 타이머의 start 버튼을 눌러 Timer가 준비 상태가 되게 한다.

⑦ Start 손잡이 버튼을 누른다. (쇠구슬이 낙하하기 시작하고 포토게이트 타이머가 시간 기록을 시작한다. 쇠구슬이 Time-of-Pad에 닿는 순간 포토게이트 타이머는 시간을 멈추고 쇠구슬의 운동시간을 표시하게 된다.)

⑧ 강체구의 운동시간 t를 3회 반복 실험하여 기록한다.

⑨ 홀딩장치의 위치를 변경하며 ④~⑧의 과정을 반복한다.

⑩ 측정값으로부터 x축을 운동시간 $t^2/2$, y축을 이동거리 $triangley$로 하여 그래프를 작성한다. 그래프의 기울기로부터 중력 가속도 g를 산출한다.

⑪ 직경이 다른 강체구로 바꾸어 위의 실험을 반복한다.

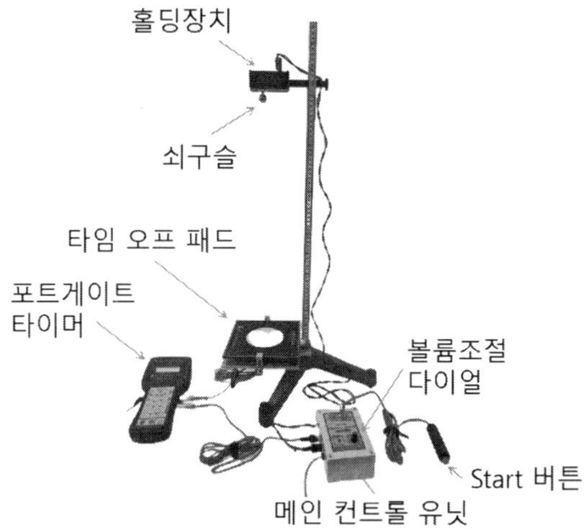

그림 6 자유낙하 실험 장치도

[실험 02 경사면에서 중력 가속도 측정]

① 그림 7과 같이 에어 트랙을 설치하고 에어 트랙이 지표면과 수평을 이루는지를 확인한다.

② 에어 트랙을 받치고 있는 다리 사이의 거리 d를 측정하고 기록한다.

③ 에어 트랙을 받치고 있는 한쪽 다리 밑에 두께가 h인 받침대를 놓는다. h를 버니어 캘리퍼스를 이용하여 정확하게 측정하여 기록한다.

④ 글라이더의 질량 m과, 에어 트랙에서 글라이더가 운동할 거리 D를 측정하여 기록한다. D는 두 개의 포토게이트 센서 사이의 거리이다.

⑤ 글라이더의 출발점에서부터 첫 번째 포토게이트 센서까지의 길이 L_1과 두 번째 포토게이트 센서까지의 길이 L_2를 측정하여 기록한다.

⑥ 에어트랙의 송풍기의 전원을 켠 후 글라이더를 에어 트랙 상에 올려놓는다.

⑦ 글라이더를 에어 트랙의 높은 곳에 가만히 올려놓아 미끄러지면서 자연스럽게 두 개의 포토게이트 타이머를 통과하는지 확인한다.

⑧ 포토게이트 타이머를 Two Gate Mode에 놓고 Start 버튼을 누른다. 이때, 첫 번째 포토게이트 타이머까지 시간은 스톱워치를 이용하여 측정 후 t_1에 기록하고, 포토게이트에 나타나는 시간은 t_2에 기록한다. t_3는 포토게이트에 기록된 시간 t_2와 스톱워치의 시간 t_1을 더해서 기록한다.

⑨ 실험을 반복하고 데이터를 표에 기록한다. 실험할 때마다 글라이더가 포토게이트 타이머를 통과하는 동안 자연스럽고 부드럽게 미끄러지도록 해야 한다.

⑩ 글라이더의 질량을 변화시키면서 ⑥~⑧의 과정을 반복한다.

⑪ 에어 트랙에서 글라이더가 운동할 거리 D를 변화시켜 위 과정을 반복한다.

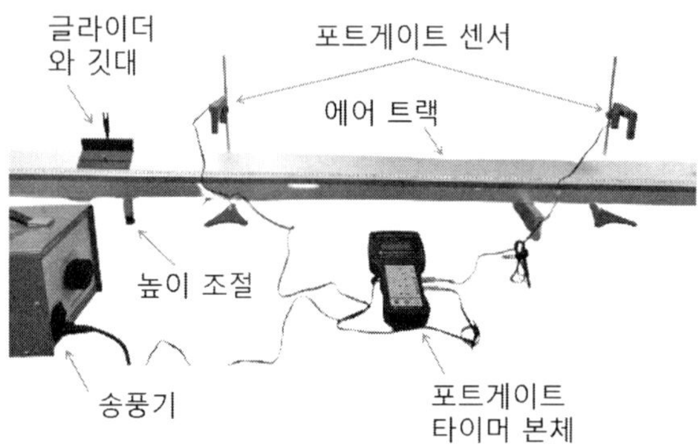

그림 7 에어 트랙 실험 장치도

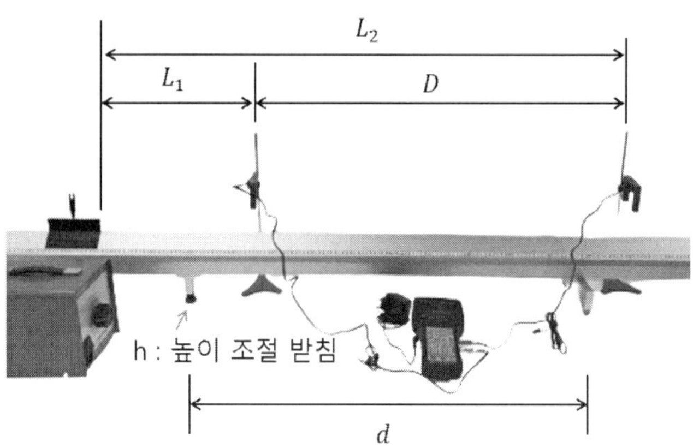

그림 8 측정 길이

7. 다른 실험방법 구상

[실험구상 01 중력 가속도를 측정할 수 있는 다른 실험을 구상해 본다.]

- 실험 장치도를 그려본다.
- 실험방법을 설명해 본다.

[실험구상 02 무중력 상태를 만들 수 있는 실험방법을 구상해 보고 원리를 설명해 보자.]

- 무중력 상태를 만들 수 있는 실험을 구상해 본다.
- 원리를 설명해 본다.

Weightlessness"Superman" Pose, 2011, Zero Gravity Corporation

그림 9 무중력 상태

[실험구상 03 인공 중력을 만들 수 있는 실험방법을 구상해 보고 원리를 설명해 보자.]

- 인공 중력을 만들 수 있는 실험을 구상해 본다.
- 원리를 설명해 본다.

Nautilus-XDemo-cropped image, 2011, NASA

그림 10 인공 중력

실험 03 자유낙하 운동과 중력 가속도 측정 결과보고서

담당교수 : ________________ 교수님

실험일	월 일	제출일	월 일
학번		이름	
( )조 조원이름	• • •		

[실험 01 자유낙하 운동에서 중력 가속도 측정]

A. **쇠구슬 :** $d=$ _______ m

1. 측정값

표 1

$y_i(\text{m})$	$y_i(\text{m})$	$\Delta y = y_f - y_i - d$	$t(\text{s})$	$t^2/2(\text{s}^2)$	평균

2. 계산 및 분석

$\Delta y = \frac{1}{2}gt^2$으로부터, x축을 $t^2/2$, y축을 Δy로 그래프를 그리면 그래프의 기울기가 중력 가속도 g가 된다.

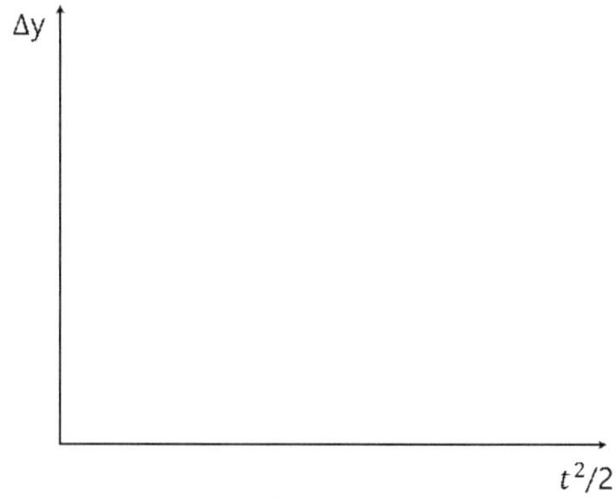

그래프 그리기

B. 쇠구슬 : $d=$ _______ m

1. 측정값

표 2

y_i(m)	y_i(m)	$\Delta y = y_f - y_i - d$	t(s)	$t^2/2$(s^2)	평균

2. 계산 및 분석

$\Delta y = \frac{1}{2}gt^2$으로부터, x축을 $t^2/2$, y축을 Δy로 그래프를 그리면 그래프의 기울기가 중력 가속도 g가 된다.

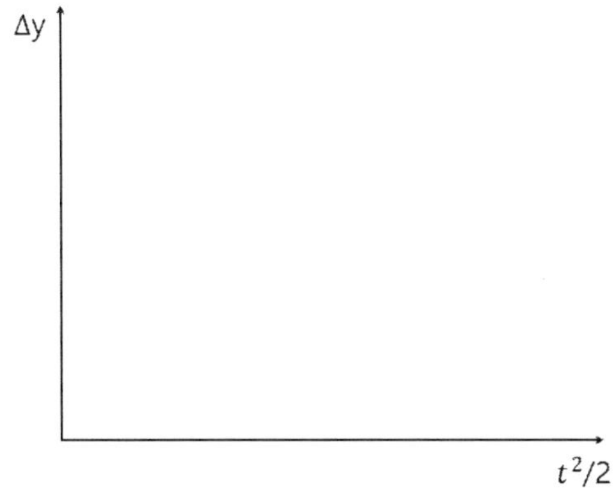

그래프 그리기

[실험 02 경사면에서 중력 가속도 측정]

A. 받침대의 높이 h_1으로 놓고 그라인더의 질량 변경

1. 측정값

* $h_1 =$ ________ m, $D =$ ________ m, $L_1 =$ ________ m, $L_2 =$ ________ m

$d =$ ________ m, $\sin\theta = \frac{h_1}{d} =$ ____________

표 3 $m_1 =$ ________ kg

m (kg)	t_1 (s)	t_2 (s)	t_3 (s)	$v_1 = L_1/t_1$ (m/s)	$v_2 = L_2/t_3$ (m/s)	$a = \frac{(v_2^2 - v_1^2)}{2D}$ (m/s^2)	a_{avg} (m/s^2)	$F = ma_{avg}$ (N)	$F_g = F/\sin\theta$ (N)

표 4 $m_2 =$ ________ kg

m (kg)	t_1 (s)	t_2 (s)	t_3 (s)	$v_1 = L_1/t_1$ (m/s)	$v_2 = L_2/t_3$ (m/s)	$a = \frac{(v_2^2 - v_1^2)}{2D}$ (m/s^2)	a_{avg} (m/s^2)	$F = ma_{avg}$ (N)	$F_g = F/\sin\theta$ (N)

표 5 $m_3 =$ ________ kg

m (kg)	t_1 (s)	t_2 (s)	t_3 (s)	$v_1 = L_1/t_1$ (m/s)	$v_2 = L_2/t_3$ (m/s)	$a = \frac{(v_2^2 - v_1^2)}{2D}$ (m/s^2)	a_{avg} (m/s^2)	$F = ma_{avg}$ (N)	$F_g = F/\sin\theta$ (N)

2. 계산 및 분석

$$F = ma = F_g \sin\theta \text{에서 } F_g = \frac{ma}{\sin\theta} = mg \text{이다.}$$

① F_g대 m의 그래프를 그려라(m을 x축으로 할 것).

② F_g대 m의 그래프가 직선 관계를 보이고, 그래프가 원점을 통과한다면 중력은 $F_g = mg$로 표현할 수 있다. 여기서 g는 상수이며, 그래프의 기울기로부터 결정된다. 이 기울기를 구하라.

$$\text{기울기} = g = \underline{\qquad\qquad} \text{ m/s}^2$$

③ 상대오차를 구하라.

$$\text{상대오차 : } \frac{|g_{\text{측정값}} - 9.80|\text{ m/s}^2}{9.80\text{ m/s}^2} \times 100 = \underline{\qquad\qquad} \%$$

B. 받침대의 높이 h_2로 변경 후 그라인더의 질량 변화

1. 측정값

* $h_2 =$ ________ m, $D =$ ________ m, $L_1 =$ ________ m, $L_2 =$ ________ m

$d =$ ________ m, $\sin\theta = \frac{h_2}{d} =$ ________

표 6 $m_1 =$ ________ kg

m (kg)	t_1 (s)	t_2 (s)	t_3 (s)	$v_1 = L_1/t_1$ (m/s)	$v_2 = L_2/t_3$ (m/s)	$a = \frac{(v_2^2 - v_1^2)}{2D}$ (m/s^2)	a_{avg} (m/s^2)	$F = ma_{avg}$ (N)	$F_g = F/\sin\theta$ (N)

표 7 $m_2 =$ ________ kg

m (kg)	t_1 (s)	t_2 (s)	t_3 (s)	$v_1 = L_1/t_1$ (m/s)	$v_2 = L_2/t_3$ (m/s)	$a = \frac{(v_2^2 - v_1^2)}{2D}$ (m/s^2)	a_{avg} (m/s^2)	$F = ma_{avg}$ (N)	$F_g = F/\sin\theta$ (N)

표 8 $m_3 =$ ________ kg

m (kg)	t_1 (s)	t_2 (s)	t_3 (s)	$v_1 = L_1/t_1$ (m/s)	$v_2 = L_2/t_3$ (m/s)	$a = \frac{(v_2^2 - v_1^2)}{2D}$ (m/s^2)	a_{avg} (m/s^2)	$F = ma_{avg}$ (N)	$F_g = F/\sin\theta$ (N)

2. 계산 및 분석

$$F = ma = F_g \sin\theta \text{에서 } F_g = \frac{ma}{\sin\theta} = mg \text{이다.}$$

① F_g대 m의 그래프를 그려라(m을 x축으로 할 것).

② F_g대 m의 그래프가 직선 관계를 보이고, 그래프가 원점을 통과한다면 중력은 $F_g = mg$로 표현할 수 있다. 여기서 g는 상수이며, 그래프의 기울기로부터 결정된다. 이 기울기를 구하라.

$$\text{기울기} = g = \underline{\qquad\qquad\qquad} \text{ m/s}^2$$

③ 상대오차를 구하라.

$$\text{상대오차 : } \frac{|g_{\text{측정값}} - 9.80|\text{ m/s}^2}{9.80\text{ m/s}^2} \times 100 = \underline{\qquad\qquad} \%$$

[실험구상 01 중력 가속도를 측정할 수 있는 다른 실험을 구상해 본다.]

실험 제목 : ______________________________

• 실험 장치도(그림으로 표현)	• 실험방법 설명(번호로 구분)

[실험구상 02 무중력 상태를 만들 수 있는 실험방법을 구상해 보고 원리를 설명해 보자.]

실험 제목 : ____

• 실험 방법 구상	• 원리 설명

[실험구상 03 인공 중력을 만들 수 있는 실험방법을 구상해 보고 원리를 설명해 보자.]

실험 제목 : ____________________

• 실험 방법 구상	• 원리 설명

〈질문〉

◘ 아래 질문에 답하시오.

답변할 때는 자료를 찾아보고 토론을 해본 후 스스로 정리해보면 해결해야 할 문제에 대한 이해도가 높아지고 응용력도 향상됩니다.

1) 본 실험에서 오차의 원인은 무엇인가?
2) 오차를 줄일 수 있는 아이디어를 생각해 보고 방법을 서술하라.
3) 위쪽 방향으로 던져진 물체가 다시 낙하하여 5.50s 후에 처음과 같은 높이에 도달했다. 물체의 처음속도 v_i와 2) 최고점 도달 높이 y를 구하라.
4) 공을 위쪽 수직 방향으로 초기속력 27.0m/s로 던졌다. 최고점에 도달했던 공은 떨어지기 시작하여 속력이 9.50m/s가 되었다. 이때까지 걸린 변위시간 Δt을 유효숫자 세 자리로 구하라.
5) 본 실험에서 글라이더의 가속도가 일정하다고 가정하였는데 타당한 가정인가? 어떻게 검증할 수 있을까?
6) 높이 h에서 자유낙하 시킨 물체의 가속도와 초기속도 v_0로 수평방향으로 던져진 문체의 운동을 비교하여 기술하라.

▷ 답변 :

〈실험 결과 요약〉

■ 서론 본론 결론 형식으로 자유롭게 기술하세요.

논문형식의 기술적 글쓰기(Technical Writing)를 통해서 주장하는 내용에 대한 의미전달 능력을 향상시킬 수 있고 창의적 생각 또한 키워나갈 수 있습니다.

실험제목 :

작성자 신원 :

〈서론〉

〈본론〉

〈결론〉

〈참고문헌〉

심화학습

〈등가속도 운동(Motion with Constant Acceleration)〉

등가속도 운동에서 입자의 운동을 기술하는 몇 가지의 관계식들에 대해서 알아보자. 시간이 0 일 때의 위치와 속도를 x_i와 v_i로 놓고, 시간이 t 일 때의 위치와 속도를 x_f와 v_f로 놓자. 가속도 a가 일정할 때 순간 가속도는 평균 가속도와 같으므로

$$a = a_{\text{avg}} = \frac{\Delta v}{\Delta t} = \frac{v_f - v_i}{t_f - t_i} \tag{1}$$

이고, 조건에서 초기 시간을 0으로 잡았으므로

$$a = a_{\text{avg}} = \frac{v_f - v_i}{t_f - 0} \tag{2}$$

이다. 식을 나중 속도 v_f에 대해서 정리하면

$$v_f = v_i + at \tag{3}$$

와 같이 시간의 함수로 나타낸 속도에 대한 관계식을 구할 수 있다.

평균 속도의 정의를 이용하여 나중 위치 x_f에 관한 식을 속도와 시간의 함수로 나타내보자. 평균 속도의 정의에서 초기 시간을 $t_i = 0$으로 놓으면

$$v_{avg} = \frac{x_f - x_i}{t_f - t_i} = \frac{x_f - x_i}{t_f - 0} \tag{4}$$

이고, 나중 위치에 대해서 정리하면

$$x_f = x_i + v_{avg}t \tag{5}$$

이다. 두 속도 v_i와 v_f의 평균은 $v_{avg} = \frac{1}{2}(v_i + v_f)$ 이므로 식에 대입하면

$$x_f - x_i = \frac{1}{2}(v_i + v_f)t \tag{6}$$

이 되어, 속도와 시간의 함수로 나타낸 위치에 내한 식을 얻을 수 있다.

위 식에 식 (3)을 대입하여 정리하면 시간 함수로 나타낸 위치에 관한 식을 구할 수 있다. 나중 위치 x_f는

$$x_f = x_i + v_i t + \frac{1}{2}at^2 \tag{7}$$

이다.

이제 변위 함수로 나타낸 속도에 대한 식을 유도해 보자. 먼저 시간 함수로 나타낸 속도에 대한 식 (3)을 시간에 대해서 정리하면 $t = \dfrac{(v_f - v_i)}{a}$ 가 된다. 이 식을 식 (6)에 대입하면

$$x_f - x_i = \frac{1}{2}(v_i + v_f)\frac{(v_f - v_i)}{a} = \frac{v_f^2 - v_i^2}{2a} \tag{8}$$

이다. 나중 속도의 제곱 v_f^2에 대해서 정리하면

$$v_f^2 - v_i^2 = 2a(x_f - x_i) \tag{9}$$

가 되어,

$$v_f^2 - v_i^2 = 2a\Delta x \tag{10}$$

와 같은 변위 Δx와 속도 Δv에 대한 관계식을 구할 수 있다. 이 식은 시간 t에 대한 정보를 모르거나 알 필요가 없을 때 유용하다.

마지막으로 시간의 함수로 나타낸 위치에 대한 식을 나중 속도 v_f를 알고 있는 경우로 구해 보자. 식 (3)과 식 (7)에서 가속도 a를 소거하면 $x_f - x_i = \dfrac{1}{2}(v_i + v_f)t$ 가 되는데 여기에 $v_i = v_f - at$ 를 대입하여 정리하고, 초기 속도 v_i를 삭제하면

$$x_f - x_i = v_f t - \frac{1}{2}at^2 \tag{11}$$

와 같이 v_f가 포함된 관계식을 유도할 수 있다.

그림 1에 각 식에 대한 위치–시간 그래프, 속도–시간 그래프 그리고 가속도–시간 그래프를 나타내었다. 등가속도 운동에 관련된 문제에서는 $x_f - x_i$, v_i, v_f, a, t와 같은 변수를 고려하여 문제를 풀어야 한다.

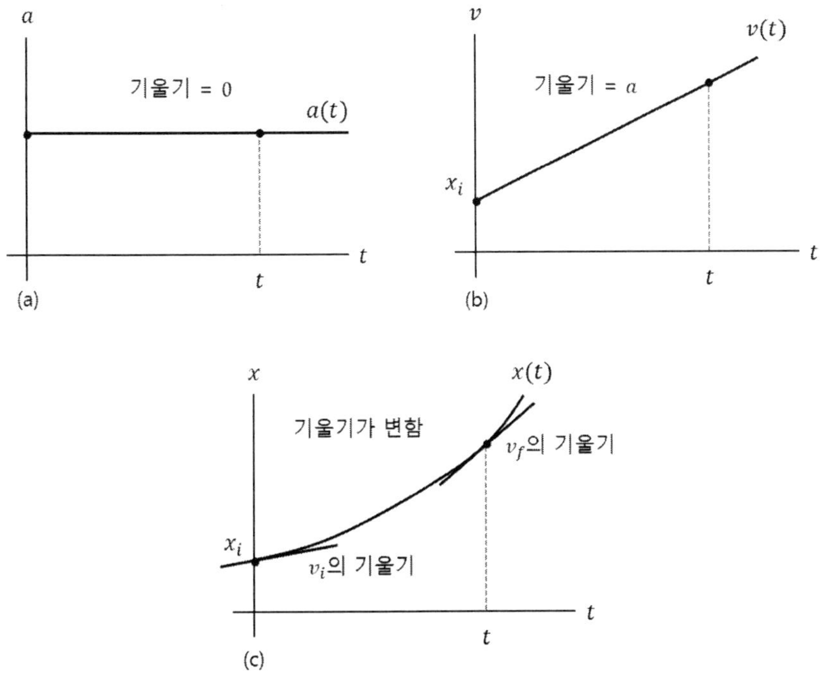

그림 1 등가속도 운동

실험 04 힘과 가속도 측정

1. 실험 목표

힘은 물체의 운동 상태를 변하게 하는 원인이다. 즉, 물체에 힘이 작용하면 정지하고 있던 물체는 움직이고, 움직이던 물체는 빨라지거나 느려지거나 또는 진행 방향이 바뀌는 것과 같은 운동 상태의 변화가 있게 된다. 물체에 여러 힘이 작용할 때, 힘은 벡터량이므로, 합력은 벡터적으로 구하여야 한다. 본 실험에서는 벡터량의 예로써 힘의 평형 장치를 사용하여 한 점에 작용하는 여러 힘이 평형을 이루도록 한 후, 그 평형 조건을 고찰한다.

2. 학습 목표

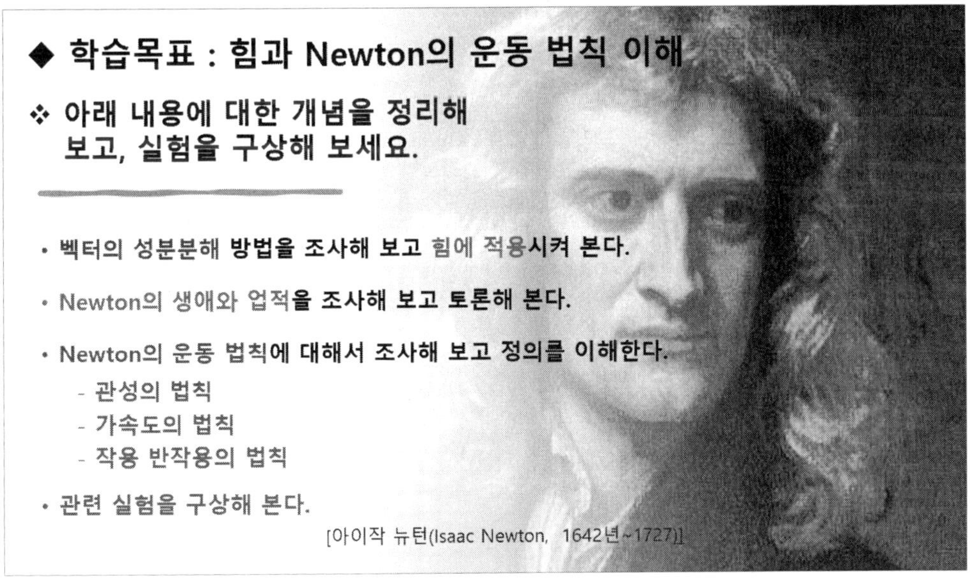

[아이작 뉴턴(Isaac Newton, 1642년~1727)]

3. 기본개념에 대한 이해

◆ 단위 벡터와 벡터의 성분

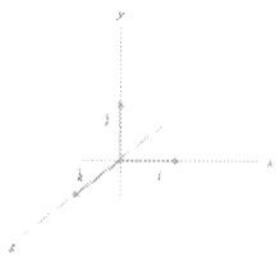

- 단위 벡터 :
  - ✓ 차원이 없고
    - i) 방향 : 좌표축에 대응 서로 직각
    - ii) 크기 : $|\hat{i}| = |\hat{j}| = |\hat{k}| = 1$

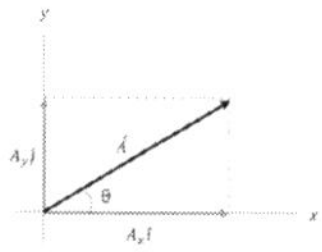

$$\begin{cases} \vec{A}_x = A_x\hat{i} \ (A_x = A\cos\theta) \\ \vec{A}_y = A_y\hat{i} \ (A_y = A\sin\theta) \\ \vec{A} = \vec{A}_x + \vec{A}_y = A_x\hat{i} + A_y\hat{j} \end{cases}$$

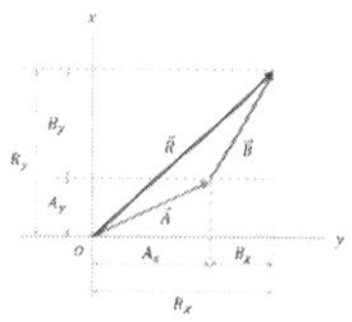

$$\vec{R} = \vec{A} + \vec{B} \begin{cases} \vec{A} = A_x\hat{i} + A_y\hat{j} \\ \vec{B} = B_x\hat{i} + B_y\hat{j} \end{cases}$$

$$\vec{R} = (A_x\hat{i} + A_y\hat{j}) + (B_x\hat{i} + B_y\hat{j})$$
$$= (A_x + B_x)\hat{i} + (A_y + B_y)\hat{j}$$

❖ 심화학습
3차원 공간에 임의 두 벡터를 정의하고 더하려고 한다. 벡터를 기하학적인 방법으로 더하는 방법과 대수적으로 더하는 방법에 대하여 논해보자.

◆ Newton의 운동 법칙

❖ Newton's First Law : 관성의 법칙

- 물체에 작용하는 알짜힘이 없으면
  → 물체의 속도는 변하지 않는다.

$$\sum F = 0$$

❖ 갈릴레이 사고 실험

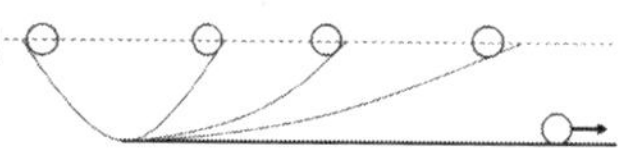

❖ 원운동

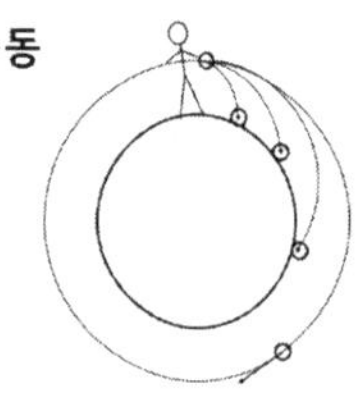

- ✓ 아리스토텔레스: 운동하는 물체는 정지하려는 속성을 가지고 있다.
- ✓ 갈릴레이: 운동하는 물체는 계속하여 원래의 운동 상태를 유지하려 한다.

❖ 심화학습
관성의 법칙을 응용한 예를 조사해보고 토론해 보자.

Cup and Coin Activity-first law of motion
2017, Ajina Steephan

◆ Newton의 운동 법칙

❖ Newton's Second Law : 가속도의 법칙

- 관성 기준틀에서 관측할 때, 물체의 가속도는
  → 그 물체에 작용하는 알짜힘에 비례하고
  → 물체의 질량에 반비례

$$\begin{cases} a \propto F \\ a \propto \dfrac{1}{m} \end{cases} \Rightarrow \boxed{\sum F = ma}$$

단위: [N] [kg · m/s²]

- 관성 기준틀: 물체가 다른 어떤 물체와도 **상호 작용하지 않고** → 가속도가 영이 되는 기준틀

❖ 실험구상
우리가 지구에서 사용하는 저울은 중력을 이용하여 질량을 측정하고 있다. 만약 우주 밖 무중력 상태에서 질량을 측정하려고 한다면 어떤 방법으로 측정할 수 있는지 실험방법을 구상해 보자.

◆ Newton의 운동 법칙

❖ Newton's Third Law : 작용 반작용의 법칙

- 두 물체가 상호 작용할 때

✓ F_{12} : 물체 1이 물체 2에 작용하는 힘은

✓ F_{21} : 물체 2가 물체 1에 작용하는 힘과

$$\boxed{F_{12} = -F_{21}}$$

→ 크기는 같고
→ 방향이 반대

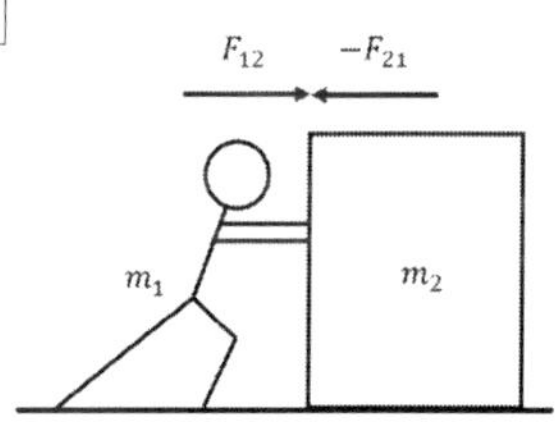

❖ 심화학습
작용 반작용의 법칙이 적용되는 예를 조사해보고 토론해 보자.

Skaters showing newtons third law 2006, Benjamin Crowel

4. 이론 및 원리

4.1 단위 벡터(Unit Vectors)

벡터량은 단위 벡터(unit vector)를 이용하며 나타내면 편리하다. 단위 벡터란 특정한 방향을 갖고 크기가 1인 벡터로 차원은 없는 벡터이다. 그림 1에 좌표축에 따른 단위 벡터를 표시하였다. 기호 ($\hat{}$)는 모자(hat) 또는 지붕(roof)로 읽는다. 단위 벡터 $\hat{i}$, $\hat{j}$, $\hat{k}$는 각각의 좌표축에 대응되고 서로 수직관계에 있고 크기는 $|\hat{i}| = |\hat{j}| = |\hat{k}| = 1$ 이다.

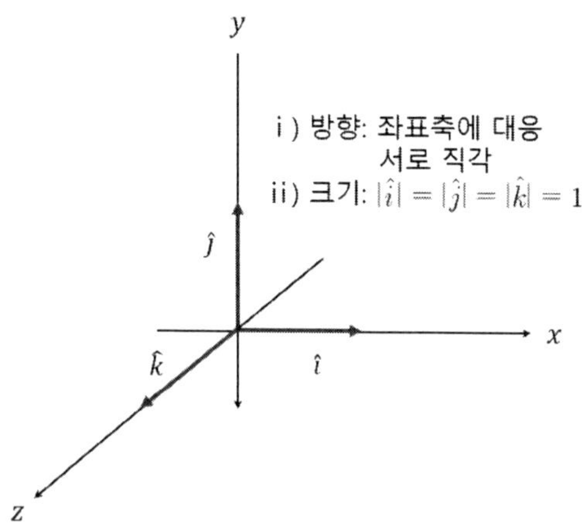

그림 1 단위 벡터

벡터는 크기와 방향의 곱으로 표현된다. 예를 들어 $\vec{r} = r\hat{r}$ 로 나타낼 수 있다. 그림 2와 같이 2차원 공간에서 벡터 $\vec{A}$를 단위 벡터를 이용하여 다시 기술해 보면

$$\vec{A} = \vec{A}_x + \vec{A}_y = A_x\hat{i} + A_y\hat{j} \tag{1.1}$$

와 같이 표현된다.

이제 벡터의 성분과 단위 벡터를 활용하여 벡터 더하기를 이해해 보자. 그림 3과 같이 $\vec{A}$ 벡터에 $\vec{B}$ 벡터를 더하는 경우 결과 벡터는 $\vec{R}$ 벡터라고 하자. 즉

$$\vec{R} = \vec{A} + \vec{B} \tag{1.2}$$

이다. 위에서 논한 것과 같이 $\vec{A}$ 벡터와 $\vec{B}$ 벡터를 성분과 단위 벡터로 쓰면

$$\vec{A} = A_x\hat{i} + A_y\hat{j},\ \vec{B} = B_x\hat{i} + B_y\hat{j} \tag{1.3}$$

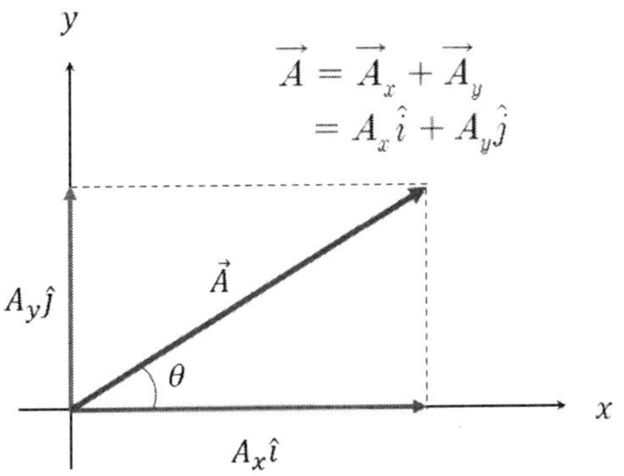

그림 2 단위 벡터를 이용한 표현

이다. 위 식에 대입하면

$$\vec{R} = (A_x\hat{i} + A_y\hat{j}) + (B_x\hat{i} + B_y\hat{j}) \tag{1.4}$$

이 되고, 같은 방향 성분끼리 더해 주면

$$= (A_x + B_x)\hat{i} + (A_y + B_y)\hat{j} \tag{1.5}$$

와 같이 결과 벡터 $\vec{R}$을 구할 수 있다. 그림 3에서 $\vec{R}$ 의 성분은

$$R_x = A_x + B_x, \quad R_y = A_y + B_y \tag{1.6}$$

이므로, $\vec{A}$ 벡터에 $\vec{B}$를 더한 결과인 합 벡터 $\vec{R}$을

$$\vec{R} = R_x\hat{i} + R_y\hat{j} \tag{1.7}$$

로도 쓸 수 있다. $\vec{R}$의 크기는

$$R = \sqrt{R_x^2 + R_y^2} = \sqrt{(A_x + B_y)^2 + (A_x + B_y)^2} \tag{1.8}$$

이고, x축과 이루는 각도는

$$\tan\theta = \frac{R_y}{R_x} = \frac{A_x + B_y}{A_x + B_x} \tag{1.9}$$

이다.

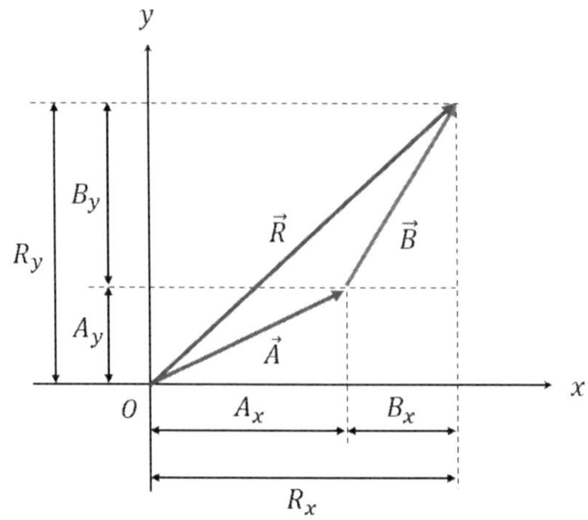

그림 3 벡터 더하기

4.2 힘의 합력

용수철저울에 질량을 변화시켜가며, 용수철이 늘어난 길이를 측정하여 보면 그림 4와 같이 작용한 힘과 늘어난 길이는 비례함을 알 수 있다. 이것이 Hooke의 법칙 $F = kx$ 이다. k는 아래의 그래프의 기울기이며, 용수철 상수라고 한다. 이런 힘은 용수철 상수 k를 한 번 정하면 길이 x의 변화를 측정함으로써 다른 힘의 크기를 측정할 수 있다.

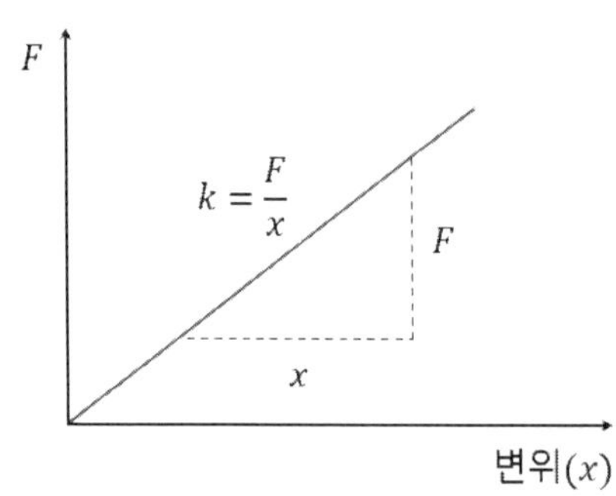

그림 4 용수철 길이의 변화

이제 그림 5와 같이 한 점에 두 개 이상의 힘이 작용할 때 알짜 힘을 고려해 보면, 그 점은 마치 이들 힘의 벡터합에 해당하는 한 개의 힘만을 받고 있을 때와 같은 효과를 받는다. 이때 벡터합인 단 하나의 힘을 '합력'이라 하며, 이 합력과 반대되는 크기는 같고

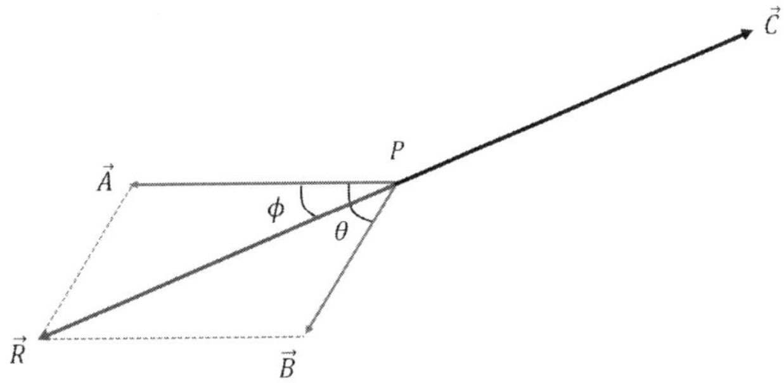

그림 5 힘의 평형

방향은 반대되는 힘을 '반합력' 또는 '평형력'이라 한다. 합력과 평형력을 합하면 영이 된다.

힘의 평형 장치는 그림 6과 같이 각도가 새겨져 있는 눈금 원판, 도르래, 추걸이, 원형 고리 등으로 되어 있다. 힘의 크기는 추걸이와 추의 무게로 표시되고, 그 방향은 눈금 원판 위의 도르래 위치로 정해지는 각도로 읽는다. 각 추를 이어주는 줄의 한쪽 끝은 작은 원형 고리에 매어져 있으며, 이 원형 고리는 눈금 원판의 중심에 꽂혀 있는 핀에 의하여 중심 근처에서만 움직이도록 되어 있다.

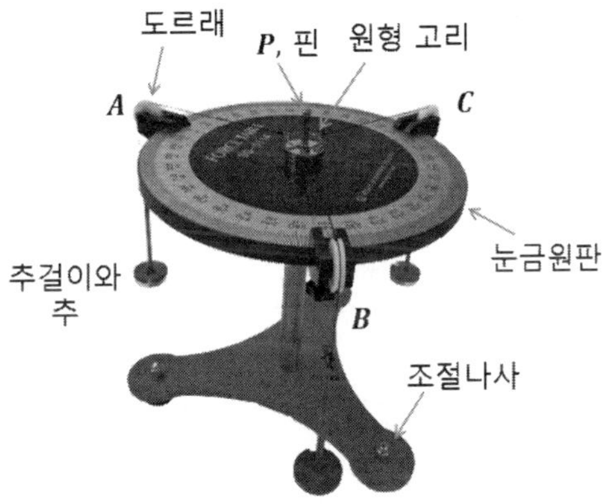

그림 6 힘의 평형 장치의 구조

만일 각 힘의 크기와 방향을 적당히 선택하여 평형이 이루어지면, 중심 잡이 핀이 없어도 원형 고리는 중심에 계속 머물러 있게 된다. 이 상태에 있어서 이 계의 어느 하나의 힘은 다른 힘들에 대한 평형력이 된다.

힘은 크기와 방향을 가진 벡터량이다. 그러므로 힘에 관한 문제는 벡터 계산법에 의해서 계산된다. 두 개의 힘이 작용하는 경우에 그 합성력은 평행사변형법 또는 벡터 삼각형법에 의해서 찾을 수 있다.

그림 5에서 합력의 크기 R은 다음과 같이 얻을 수 있다.

$$R^2 = A^2 + B^2 + 2AB\cos\theta \tag{2.1}$$

$$\tan\phi = \frac{B\sin\theta}{A + B\cos\theta} \tag{2.2}$$

$$\phi = \tan^{-1}\left(\frac{B\sin\theta}{A + B\cos\theta}\right) \tag{2.3}$$

벡터량인 힘은 수평 성분과 수직 성분으로 분해할 수 있으며, 이와 같은 방법으로 역학 문제의 해석적인 해를 얻을 수 있다. 직교 좌표계에서 한 개의 힘 F_1의 x와 y 성분은 다음과 같다.

$$F_{1x} = F_1\cos\theta \tag{2.4}$$

$$F_{1y} = F_1\sin\theta \tag{2.5}$$

여러 개의 힘 F_i가 있는 경우에 합력 R의 x와 y 성분은

$$R_x = \Sigma F_{ix} = F_{1x} + F_{2x} + F_{3x} + \cdots + F_{nx} \tag{2.6}$$

$$R_y = \Sigma F_{iy} = F_{1y} + F_{2y} + F_{3y} + \cdots + F_{ny} \tag{2.7}$$

이며, 합력의 크기는

$$R = \sqrt{(\Sigma F_{ix})^2 + (\Sigma F_{iy})^2} \tag{2.8}$$

이다. 그리고 이 합력이 수평축(x 축)과 이루는 각은

$$\theta = \tan^{-1}\left(\frac{\Sigma F_{iy}}{\Sigma F_{ix}}\right) \tag{2.9}$$

이 되고, 이 힘들이 평형을 이루기 위한 필요충분조건은

$$\Sigma F_{ix} = 0 \tag{2.10}$$

$$\Sigma F_{iy} = 0 \tag{2.11}$$

이다. 이때 벡터 다각형법을 이용하여 합력을 구하면 다각형을 이루게 된다.

5. 실험장비

	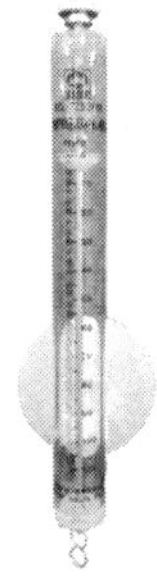
• 힘의 평형 장치	• 용수철저울
	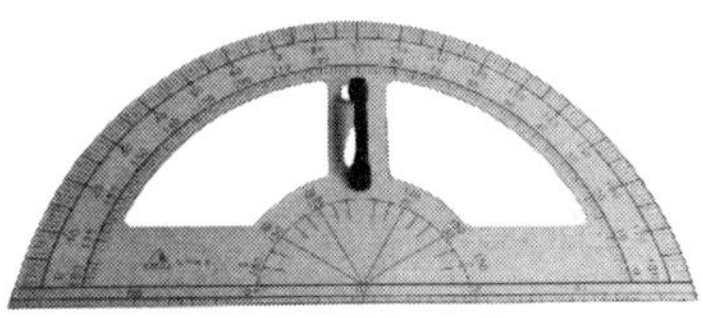
• 전자저울	•각도기
	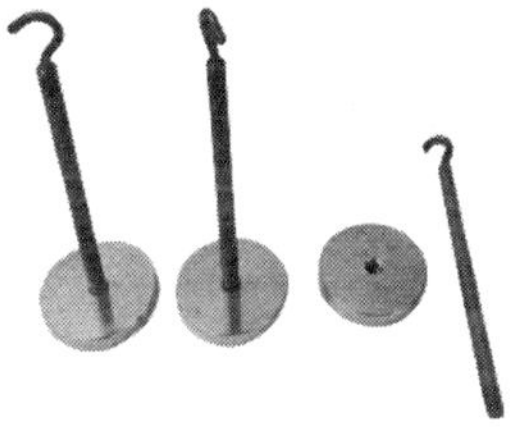
• 수준기	• 추걸이
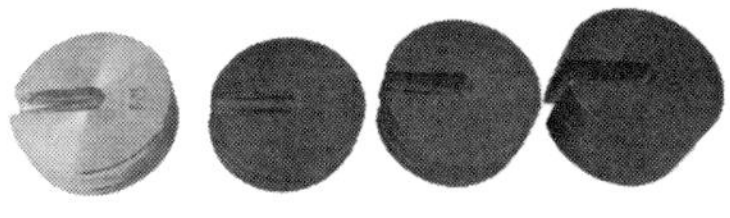	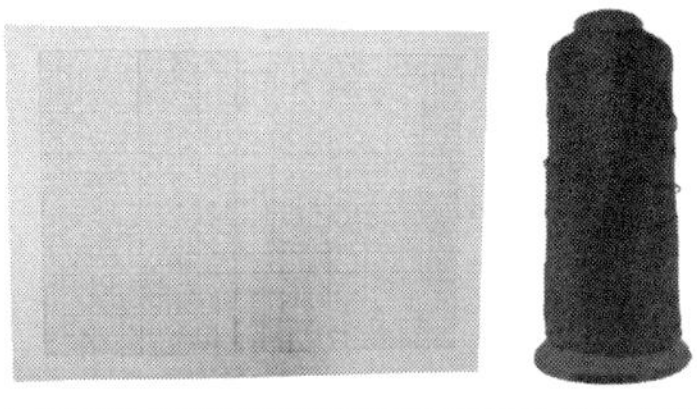
• 추	• 모눈종이와 실

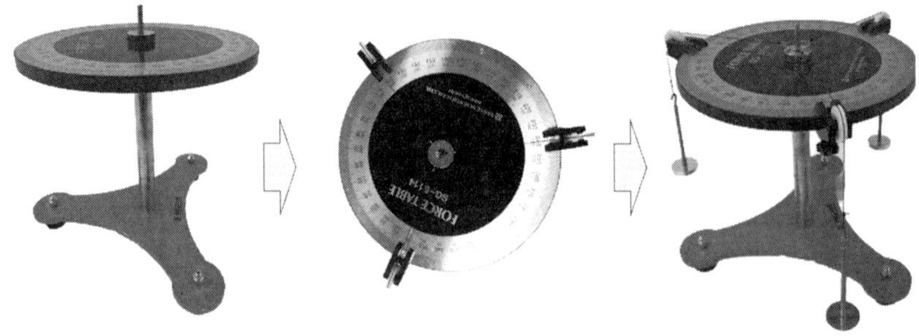

그림 7 힘의 평형 실험 장치도

6. 실험방법

◎ 주의 사항

i) 용수철저울을 사용할 때는 영점 조절 나사를 이용하여 영점을 맞추어야 한다.

ii) 힘의 평형 장치 사용시 반드시 삼각 다리의 나사를 조절하여 수평을 맞추어야 한다. 수평이 맞는지는 수준기를 눈금 원판 위에 올려놓고 수준기의 공기 방울의 위치를 확인하면 된다.

iii) 도르래의 받침대는 360° 방향으로 자유롭게 회전시켜 고정시킬 수 있으므로, 반드시 도르래를 눈금 원판의 중심에서 방사 방향으로 설치하고 잘 회전하는지 확인한다.

iv) 평형이 되는 위치는 원형 고리의 중앙과 핀의 중심이 일치되었을 때이며, 이 경우 고리를 흔들었다가 놓아도 자연스럽게 중심에 정지하는지를 확인하여야 한다.

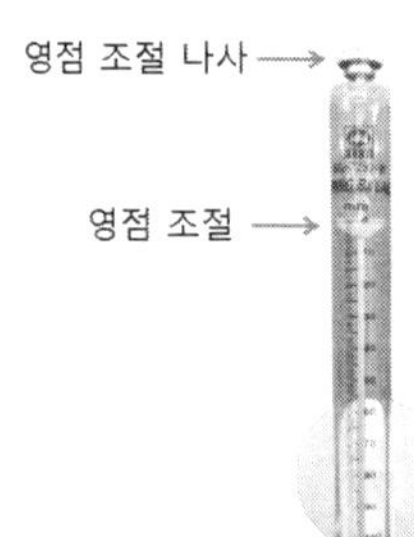

(a)

(b)

그림 8 (a) 영점 조절 (b) 수평 조절

[실험 01 용수철 상수 및 힘의 크기 측정]

A. 용수철 상수 구하기

① 용수철저울과 추걸이를 실로 연결한다.

② 그림 9와 같이 실험판에 용수철저울을 고정한다. 용수철저울이 수직으로 걸렸는지와 영점 조절이 되었는가를 확인한다. 영점을 조절할 때는 추걸이를 포함한 상태에서 조절한다.

③ 용수철저울에 50 g짜리 추를 매달고 질량을 기록한다.

④ 늘어난 길이를 측정하여 기록한다.

⑤ 질량 걸이에 추의 질량을 50 g씩 늘여가면서 용수철의 늘어난 길이를 측정하여 기록한다.

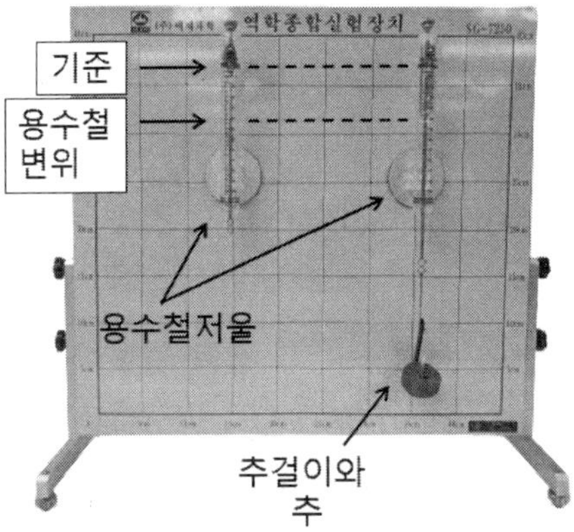

그림 9 용수철저울과 변위

B. 힘의 크기 측정

① 임의의 물체(해당 용수철저울이 측정 가능한 물체)를 질량 걸이에 걸고 용수철저울에 단다.

② 용수철저울이 늘어난 길이를 측정하고, 위에서 구한 용수철 상수를 이용하여 질량을 계산한 후 기록한다.

③ 임의의 물체의 질량을 저울로 측정하여 기록한다.

[실험 02 질량 변화에 의한 힘의 평형]

① 먼저 추걸이 A에 임의의 질량을 올려놓고 0° 방향에 고정시키고, 추걸이와 추의 질량을 기록한다.

② 추걸이 B의 각도를 90°로 고정하고 임의의 질량을 올려놓는다. 추걸이와 추의 질량을 기록한다.

③ 추걸이 C에 임의의 질량을 올려놓고 세 힘이 평형이 되는 위치를 찾아 추걸이와 추의 질량을 기록하고, 그때의 각도 θ와 ϕ을 기록한다.

④ 추걸이 B의 질량을 변화시켜가며 임의 각도에서 ②~③번 과정을 4번 더 실험한다.

⑤ 각각의 힘을 N(뉴턴) 단위로 계산하여 기록한다. 계산 방법은 예를 들어 추와 추걸이를 포함한 질량이 0.10 kg일 경우 힘 $= 0.10\,\text{kg} \times 9.8\,\text{m/s}^2 = 0.98\,\text{N}$이 된다.

[실험 03 각도 변화에 의한 힘의 평형]

① 추걸이 A에 임의 질량을 올려놓고 0° 방향에 고정시키고, 추걸이와 추의 질량을 기록한다.

② 추걸이 B의 각도를 고정(65° 정도)하고 임의 질량을 올려놓는다. 추걸이와 추의 질량을 기록한다.

③ 추걸이 C에 임의의 질량을 올려놓고 세 힘이 평형이 되는 위치를 찾아 추걸이와 추의 질량을 기록하고, 그때의 각도 θ와 ϕ를 기록한다.

④ 추걸이 B의 각도를 증가하며 위 실험을 반복한다. 이때 질량도 각도에 대해서 대응되게 증가시킨다.

⑤ 각각의 힘을 N(뉴턴) 단위로 계산하여 기록한다.

[실험 04 질량과 각도 변화에 의한 힘의 평형]

① 추걸이 A에 임의의 질량을 올려놓고 0° 방향에 고정시키고, 추걸이와 추의 질량을 기록한다.

② 추걸이 B의 각도를 임의의($0° < \theta < 90°$) 각도로 고정하고 임의의 질량을 올려놓는다. 추걸이와 추의 질량을 기록한다.

③ 추걸이 C에 임의의 질량을 올려놓고 세 힘이 평형이 되는 위치를 찾아 추걸이와

추의 질량을 기록하고, 그 때의 각도 θ와 ϕ를 기록한다.

④ 임의의 질량과 각도에서 ②~③번 과정을 4번 더 실험한다.

⑤ 각각의 힘을 N(뉴턴) 단위로 계산하여 기록한다.

7. 다른 실험방법 구상

[실험구상 01 힘의 평형을 측정할 수 있는 다른 실험방법을 구상해 본다.]

• 다음 실험 장비를 이용하여 힘의 평형에 관한 실험을 구상하려고 한다.

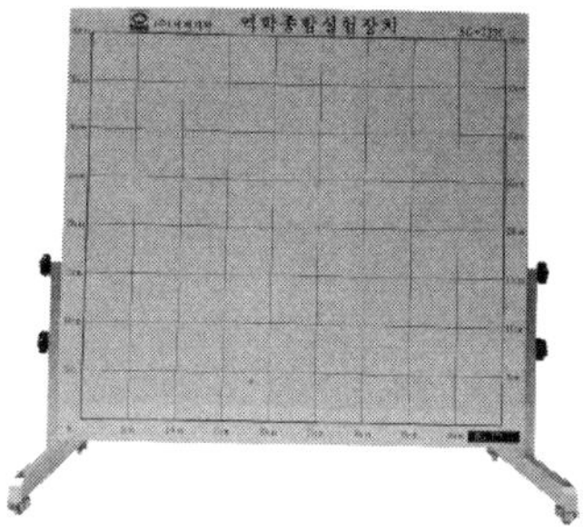	
• 실험판	• 용수철저울
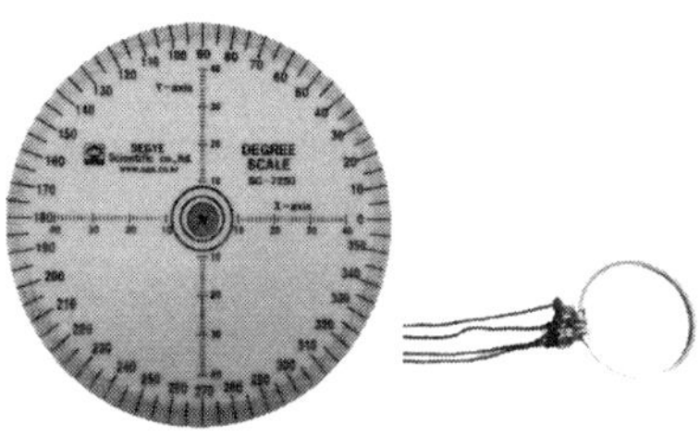	
• 각도판과 포스링	• 도르래
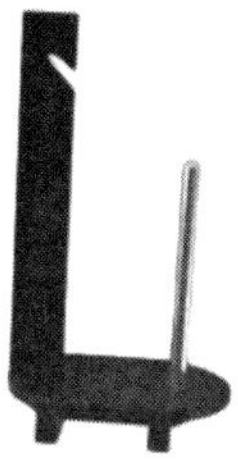	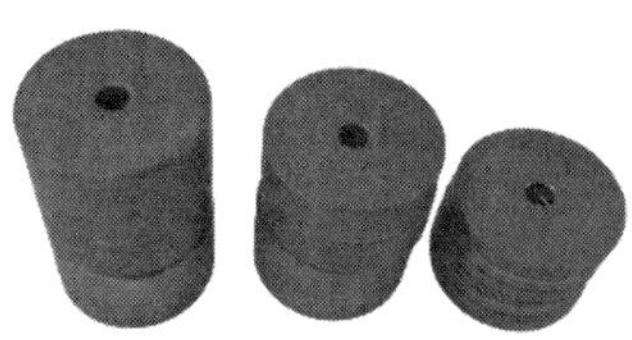
• 추걸이	• 추

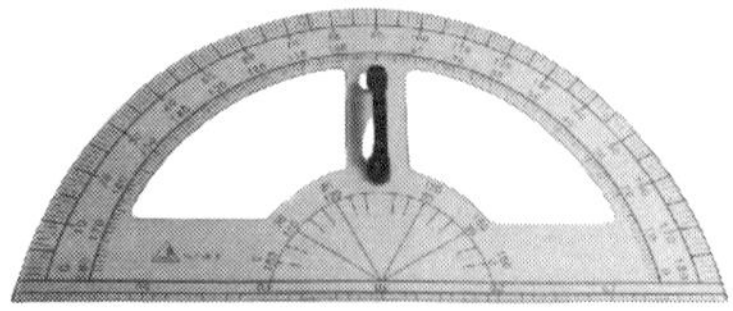	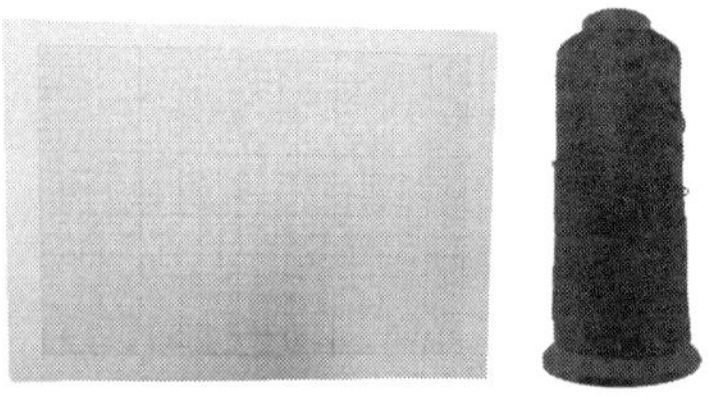
• 각도기	• 모눈종이와 실

• 실험방법을 순서대로 나열해 본다.

[실험구상 02 힘의 평형을 이용한 구조물(또는 기계 등)을 구상해 본다.

• 구조물을 그림으로 표현해 본다.

• 구조물의 원리를 설명해 본다.

실험 04 힘과 가속도 측정 결과보고서

담당교수 : ________________ 교수님

실험일	월 일	제출일	월 일
학번		이름	
( )조 조원이름	• • •		

[실험 01 용수철 상수 및 힘의 크기 측정]

A. 용수철 상수 구하기

1. 측정값

표 1

구 분	1	2	3	4	5
추의 질량(kg)					
늘어난 길이(m)					
무게(N)					

2. 계산 및 분석

① 표의 측정값을 이용하여 각각의 무게를 계산하여 넣어라.

② x축은 용수철의 변위, y축은 추의 무게인 그래프를 그려라.

③ 그래프의 기울기를 구하여라. 기울기가 용수철 상수이다.

여기서 무게(W) $= 9.80\ \mathrm{m/s^2} \times$ 질량(kg)

$k =$ ________ N/m

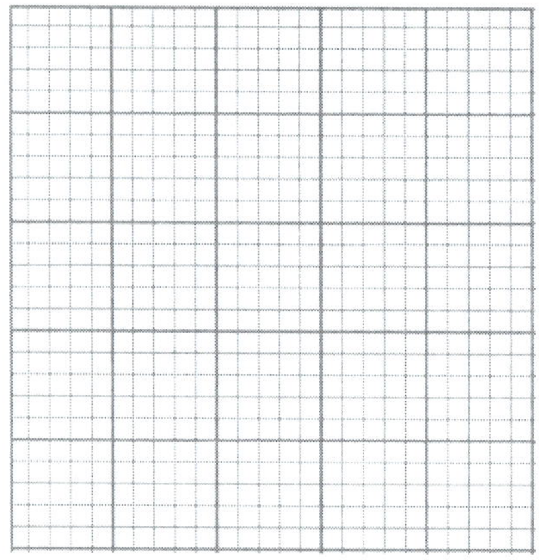

그래프용지

B. 힘의 크기

① 표를 완성하여라. 앞에서 측정한 용수철 상수 k와 $mg = F = kx$를 이용하여 질량을 구한다.

② 용수철저울로 측정한 질량과 저울로 측정한 질량이 같은가?

표 2

구분	1	2	3	4	5
늘어난 길이(m)					
힘 (F)					
질량(계산 값)					
질량(저울측정 값)					

[실험 02 질량 변화에 의한 힘의 평형]

1. 측정값

표 3

추 / 횟수	A			B			$C(-R)$		각 (θ, ϕ)	
	힘 (N)	질량	각도	힘 (N)	질량	각도	힘 (N)	질량	$\angle APB(\theta)$	$\angle RPA(\phi)$
1			0°			90°			90°	
2			0°			90°			90°	
3			0°			90°			90°	
4			0°			90°			90°	
5			0°			90°			90°	

2. 계산 및 분석

① 연필과 각도기를 이용하여 실험에서 구한 다섯 개의 값 중에서 임의로 하나의 값을 택해 그래프용지 위에 세 힘 $\vec{A}$, $\vec{B}$ 그리고 $\vec{C}$을 정확히 그린 후, 평행사변형법을 이용해 합력 $\vec{R}$을 그리고 $\vec{C}$와 $\vec{R}$을 비교하라. 그림을 그릴 때 힘의 크기는 무게에 비례하는 적당한 길이로써 표시한다.

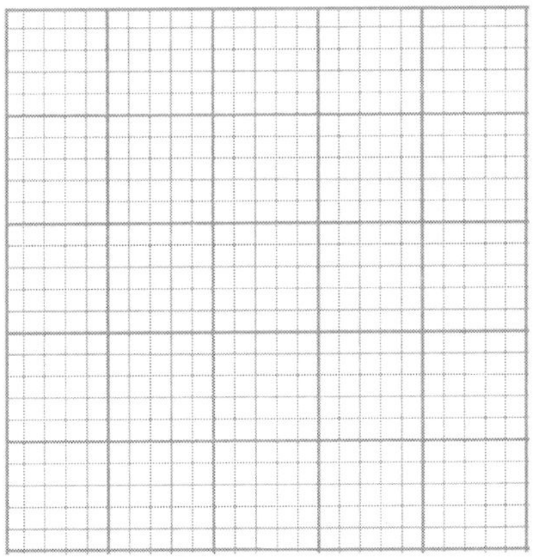

그래프용지

② 위 ①에서 선택한 값을 가지고 cosine 법칙 $R^2 = A^2 + B^2 + 2AB\cos\theta$을 이용하여 합력 R을 계산하여 실험에서 구한 C와 비교하여 오차를 구하라.

③ 위 ①에서 사용한 A의 질량과 각도 ϕ, B의 질량과 각도$(\theta - \phi)$이용하여 이론상 합력인 $R_{이론} = A\cos\phi + B\cos(\theta - \phi)$을 구해 보고, 실험에서 구한 C와 비교하여 오차를 구하라.

[실험 03 각도 변화에 의한 힘의 평형]

1. 측정값

표 4

추 / B질량	A(kg)		B		$C(-R)$		각 (θ, ϕ)	
	힘 (N)	각도	힘 (N)	각도	힘 (N)	질량	$\angle APB(\theta)$	$\angle RPA(\phi)$
0.060 kg		0°						
0.070 kg		0°						
0.080 kg		0°						
0.090 kg		0°						
0.10 kg		0°						

2. 계산 및 분석

① 연필과 각도기를 이용하여 실험에서 구한 다섯 개의 값 중에서 임의로 하나의 값을 택해 그래프용지 위에 세 힘 $\vec{A}$, $\vec{B}$ 그리고 $\vec{C}$을 정확히 그린 후, 평행사변형법을 이용해 합력 $\vec{R}$을 그리고 $\vec{C}$와 $\vec{R}$을 비교하라. 그림을 그릴 때 힘의 크기는 무게에 비례하는 적당한 길이로써 표시한다.

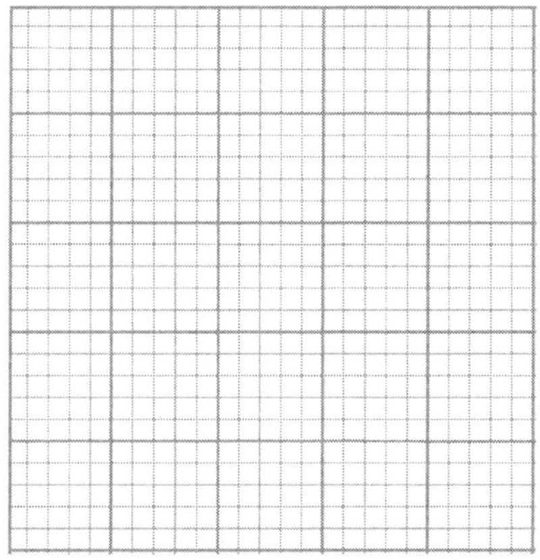

그래프용지

② 위 ①에서 선택한 값을 가지고 cosine 법칙 $R^2 = A^2 + B^2 + 2AB\cos\theta$을 이용하여 합력 R을 계산하여 실험에서 구한 C와 비교하여 오차를 구하라.

③ 위 ①에서 사용한 A의 질량과 각도 ϕ, B의 질량과 각도$(\theta - \phi)$이용하여 이론상 합력인 $R_{이론} = A\cos\phi + B\cos(\theta - \phi)$을 구해보고, 실험에서 구한 C와 비교하여 오차를 구하라.

[실험 04 질량과 각도 변화에 의한 힘의 평형]

1. 측정값

표 5

추 / 횟수	A			B			$C(-R)$		각 (θ, ϕ)	
	힘 (N)	질량	각도	힘 (N)	질량	각도	힘 (N)	질량	$\angle APB(\theta)$	$\angle RPA(\phi)$
1			0°							
2			0°							
3			0°							
4			0°							
5			0°							

2. 계산 및 분석

① 연필과 각도기를 이용하여 실험에서 구한 다섯 개의 값 중에서 임의로 하나의 값을 택해 그래프용지 위에 세 힘 $\vec{A}$, $\vec{B}$ 그리고 $\vec{C}$을 정확히 그린 후, 평행사변형법을 이용해 합력 $\vec{R}$을 그리고 $\vec{C}$와 $\vec{R}$을 비교하라. 그림을 그릴 때 힘의 크기는 무게에 비례하는 적당한 길이로써 표시한다.

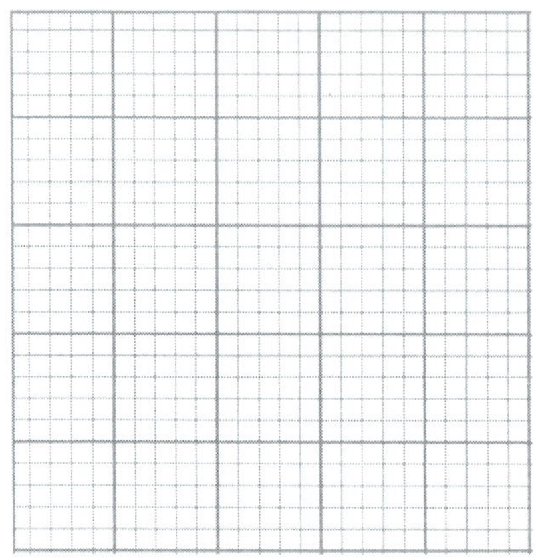

그래프용지

② 위 ①에서 선택한 값을 가지고 cosine 법칙 $R^2 = A^2 + B^2 + 2AB\cos\theta$을 이용하여 합력 R을 계산하여 실험에서 구한 C와 비교하여 오차를 구하라.

③ 위 ①에서 사용한 A의 질량과 각도 ϕ, B의 질량과 각도$(\theta - \phi)$이용하여 이론상 합력인 $R_{이론} = A\cos\phi + B\cos(\theta - \phi)$을 구해보고, 실험에서 구한 C와 비교하여 오차를 구하라.

[실험구상 01 힘의 평형을 측정할 수 있는 다른 실험방법을 구상해 본다.]

실험 제목 : ______________________________

• 실험 장치도(그림으로 표현)	• 실험 장치도를 참조하여 실험방법 설명(번호로 구분)
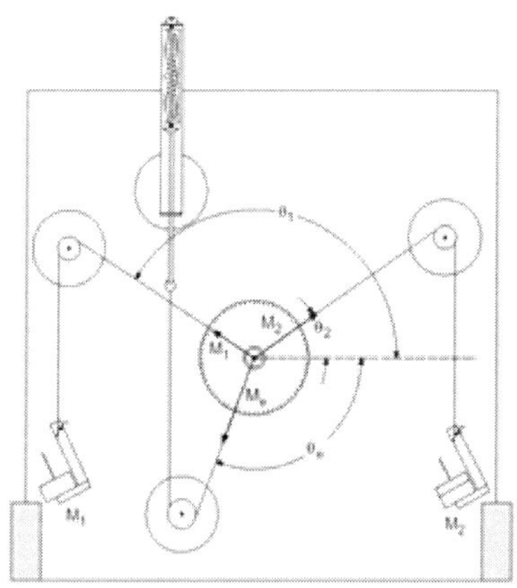	

[실험구상 02 힘의 평형을 이용한 구조물(또는 기계 등)을 구상해 본다.

실험 제목 : ______________________________

• 구조물을 그림으로 표현	• 원리를 설명

〈질문〉

■ 아래 질문에 답하시오.

답변할 때는 자료를 찾아보고 토론을 해본 후 스스로 정리해보면 해결해야 할 문제에 대한 이해도가 높아지고 응용력도 향상됩니다.

1) 본 실험에서 오차의 원인은 무엇인가?
2) 오차를 줄일 수 있는 아이디어를 생각해 보고 방법을 서술하라.
3) $\vec{A}$와 $\vec{B}$ 벡터를 아래와 같이 정의할 때 $\vec{A}+\vec{B}$, $\vec{A}-\vec{B}$, $\vec{A}+2\vec{B}$를 구하라

$$\vec{A}=3\hat{i}-5\hat{j}+\hat{k}\ ,\ \vec{B}=-\hat{i}+2\hat{k}$$

4) 믈체가 연속해서 두 번 변위를 할 때, 변위의 합을 구하고, 크기를 구하라.

$$\Delta r_1=(8.50\hat{\mathrm{i}}+15.0\hat{\mathrm{j}}+6.50\hat{\mathrm{j}})\mathrm{m},\ \Delta r_1=(5.50\hat{\mathrm{i}}-6.00\hat{\mathrm{j}}+3.50\hat{\mathrm{j}})\mathrm{m}$$

5) 힘을 표현하는데 Vector를 사용하면 편리하다. 벡터의 개념을 조사해 보고 예를 들어 설명하라.
6) 본 실험을 통하여 힘의 평형을 이해하였다. 힘이 평형을 이루는 다른 예들을 조사해 보고 설명하라.

▷ 답변 :

〈실험 결과 요약〉

➡ 서론 본론 결론 형식으로 자유롭게 기술하세요.

논문형식의 기술적 글쓰기(Technical Writing)를 통해서 주장하는 내용에 대한 의미전달 능력을 향상시킬 수 있고 창의적 생각 또한 키워나갈 수 있습니다.

실험제목 :
작성자 신원 :

〈서론〉

〈본론〉

〈결론〉

〈참고문헌〉

심화학습

1. 힘의 합성과 평형 상태

힘은 크기뿐만 아니라 방향을 가지고 있는 벡터량이다. 힘 벡터 $\vec{F}$을 포함한 선을 힘의 작용선이라 하고 힘이 물체에 작용하는 점을 힘의 작용점(point of action of the force)이라고 한다(그림 1(a)).

그림 1(b)와 같이 형체의 변형이 없는 강체에 한 힘이 작용할 경우, 점 o를 지나는 한 고정축에 대하여 강체는 회전운동을 한다. 이러한 회전을 일으키는 힘을 토크(torque)라고 한다. 고정축의 한 점에서 작용점까지의 위치벡터를 $\vec{r}$이라 하고 벡터곱을 이용하여 토크를 나타내면,

$$\vec{\tau} = \vec{r} \times \vec{F} \tag{1.1}$$

이다. 토크는 벡터량이며, 크기는 축에서 힘의 작용선까지의 수직거리 d와 힘의 크기 $\vec{F}$와 비례하고 방향은 $\vec{r}$과 $\vec{F}$가 만든 평면에 오른손나사 법칙을 따르는 수직방향이다. 그림 1(b)의 경우는 지면에서 수직으로 나오는 방향이며 고정축 방향과 같다.

한 물체에 여러 힘이 작용하면 힘 벡터들의 벡터합인 하나의 결과적인 힘(resultant force)으로 나타낼 수 있다. 이를 힘의 합성 또는 중첩의 원리라고 하고 그 결과적인 힘을 알짜힘(net force) $\vec{F}_{net}$이라고 한다.

$$\vec{F}_{net} = \sum_{i}^{n} \vec{F}_i \tag{1.2}$$

물체에 작용하는 알짜힘이 0이면 그 물체는 병진평형 상태(translational equilibrium state)에 있다고 한다. 마찬가지로 한 고정축에 대한 여러 힘들의 토크의 합성을 알짜토크(net torque)라 하고 0일 경우, 물체는 그 고정축에 대하여 회전평형 상태(rotational equilibrium state)에 있다고 한다.

따라서, 물체가 평형 상태에 있기 위한 조건은 다음과 같다.

① **병진평형조건** : 외력의 알짜힘이 반드시 0이어야 한다.

$$\sum_{i}^{n}\vec{F}_i = 0 \tag{1.3}$$

② **회전평형조건** : 어떤 축에 대해서도 외력에 의한 알짜토크는 반드시 영이어야 한다.

$$\sum_{i}^{n}\vec{\tau}_i = 0 \tag{1.4}$$

일반적인 평형 상태라 함은 물체가 원래의 운동 상태를 변함없이 계속 유지하고 있는 것을 의미하며, 물체가 정지상태, 등속직선 운동상태 또는 등속회전 운동상태에 있는 것을 뜻한다. 병진평형조건을 만족하는 경우에는, 정지한 물체는 계속 정지상태로 있는 정적평형 상태(static equilibrium state)에 있거나, 어느 한 방향으로 일정한 속력을 갖고 움직이고 있는 물체는 그 속도의 변화 없이 그대로 병진 운동의 관성을 유지하는 동적평형 상태(dynamical equilibrium state)에 있게 된다. 마찬가지로 동적평형조건을 만족하는 경우에서도 만일 물체가 처음에 한 고정축에 대하여 회전운동을 하고 있으면 물체는 회전운동의 관성을 계속 유지하며 동적평형 상태에 있게 된다. 따라서 병진운동이나 회전운동이 없는 정적평형 상태에서만 물체가 관측자에 대하여 완전히 정지한 상태이다.

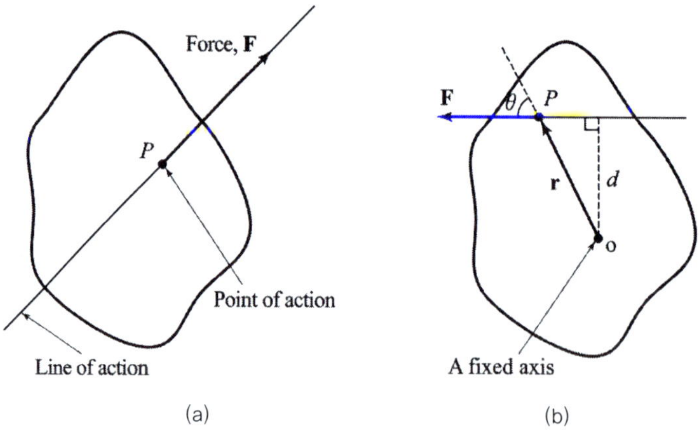

그림 1 힘과 토크 (a) 힘 벡터의 3요소: 크기, 방향 그리고 작용점 (b) 점 o을 지나는 고정축에 대한 토크는 $\vec{\tau}=\vec{r}\times\vec{F}$이며 크기는 $\tau = rF\sin\theta = dF$ 이고 방향은 벡터의 곱의 오른손나사의 법칙에 따라 지면에 수직이로 나오는 방향이다.

이 실험에서는 한 점에 작용하는 세 힘의 평형만을 다루기 때문에 병진평형조건만 고려하면 된다. 또한 2차원 평면 내에서의 힘의 평형을 실험하기 때문에 두 방향에 대한 힘의 성분만 다룬다.

2. 힘 벡터의 합성

벡터의 합은, 벡터의 화살표 표기법을 이용한 기하학적 도식법과 삼각함수를 이용한 해석법 그리고 직각좌표계의 축에 대한 성분으로 분해하여 성분별로 산술적으로 합성하는 성분분해 해석법이 있다.

2.1 도식법

그림 2(a)에 주어진 두 힘벡터 $\vec{F}_1$와 $\vec{F}_2$의 합을 생각해보자. 먼저 그림 2(b)처럼 $\vec{F}_2$의 꼬리(tail)를 $\vec{F}_1$의 꼬리에 옮겨 붙여 놓은 다음에 두 벡터를 한 쌍을 변으로 하는 평행사변형 사각형을 그려서 붙인 꼬리 점에서 평행사변형의 대각선을 따라 그린 벡터가 합벡터이다. 이를 평행사변형법(tail-to-tail)이라 한다. $\vec{F}_2$의 꼬리(tail)를 $\vec{F}_1$의 머리(head)에 옮겨 붙여 놓은 다음에 $\vec{F}_1$의 꼬리에서 $\vec{F}_2$의 머리를 연결하여 삼각형을 만드는 벡터를 그려 얻을 수 있는데 이를 삼각형법이라 한다(그림 2(c)). 여러 개의 힘벡터를 합성할 때는 삼각형법을 연속하여 적용하여 마지막에 폐다각형을 만드는 벡터를 그려서 알짜힘인 합성벡터를 얻는다(그림 2(d)).

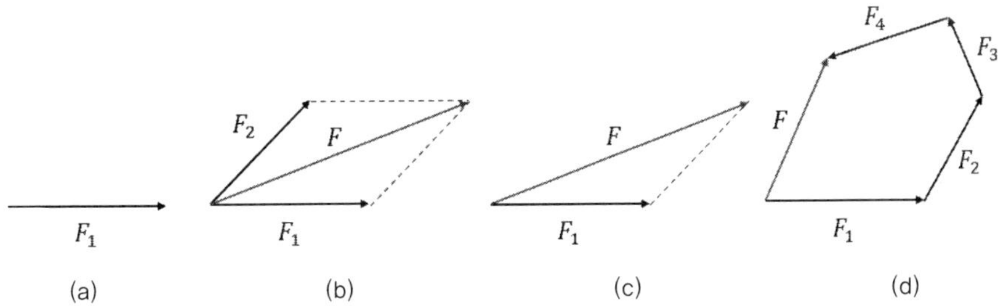

그림 2 도식법에 의한 힘벡터의 합성: (a) 두 개의 자유(free) 힘벡터 (b) 평행사변형법 (c) 삼각형법 (d) 다각형법

2.2 해석법

두 벡터의 합은 위의 도식법의 삼각형법의 결과에서 알 수 있듯이 그들의 합 벡터와 함께 삼각형을 이루기 때문에 삼각형의 성질과 삼각함수를 이용하면 합벡터의 크기와 방향을 구할 수 있다. 그림 3(a)에서 합력의 크기와 방향은 삼각형의 변과 각 사이의 관계된 sine과 cosine법칙에 따라 다음과 같이 주어진다.

$$\text{크기 : } F = \sqrt{F_1^2 + F_2^2 - 2F_1F_2\cos\gamma} = \sqrt{F_1^2 + F_2^2 + 2F_1F_2\cos\theta} \tag{2.1}$$

$$\text{또는 } \frac{F_1}{\sin\alpha} = \frac{F_2}{\sin\beta} = \frac{F}{\sin\gamma}$$

$$\text{방향 : } \beta = \tan^{-1}\left(\frac{F_2\sin\theta}{F_1 + F_2\cos\theta}\right) \tag{2.2}$$

그림 3(b)와 같이 여러 힘벡터를 더할 때는 각각의 힘벡터를 직각좌표계에 대한 성분으로 분리하여 더하는 성분분해 해석법이 편리하다. 여기서는 xy평면에 있는 2차원 두 벡터 $\vec{F}_1 = F_{1x}\hat{i} + F_{1y}\hat{j}$와 $\vec{F}_2 = F_{2x}\hat{i} + F_{2y}\hat{j}$의 합력만 생각해 보자. 두 축에 대한 합력의 성분은 다음과 같다.

$$\begin{aligned} F_x &= F_{1x} + F_{2x} \\ F_y &= F_{1y} + F_{2y} \end{aligned} \tag{2.3}$$

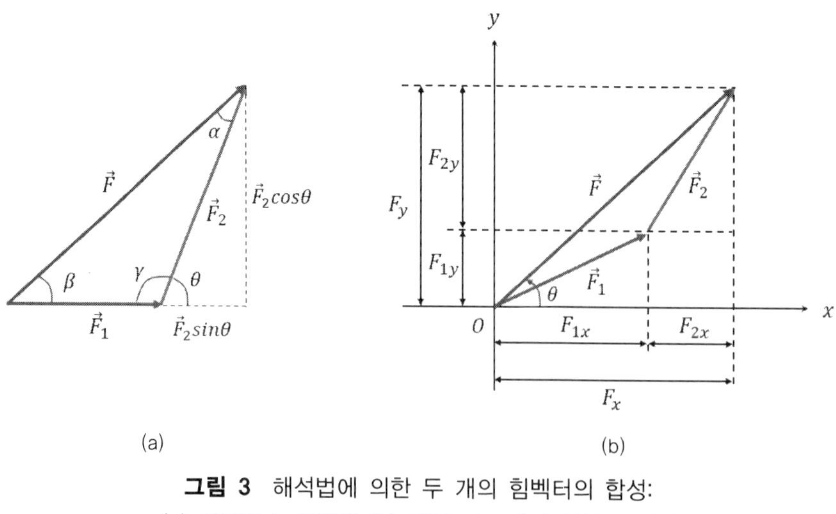

그림 3 해석법에 의한 두 개의 힘벡터의 합성:
(a) 삼각함수 이용법 (b) 직각 좌표계의 성분 분해법

그러므로 합력의 크기와 방향은 다음과 같다.

$$\text{크기} : F = \sqrt{F_x^2 + F_y^2} = \sqrt{(F_{1x} + F_{2x})^2 + (F_{1y} + F_{2y})^2} \tag{2.4}$$

$$\text{방향} : \theta = \tan^{-1}\left(\frac{F_{1y} + F_{2y}}{F_{1x} + F_{2x}}\right) \tag{2.5}$$

실험 05

경사면과 마찰력

1. 실험 목표

만약 무거운 장비를 낮은 곳에서 높은 곳으로 올리는 윈치(winch)가 있는 경사로를 설계해야 한다고 가정해 보자. 경사로의 기울어진 각도 때문에 장비를 경사로 위로 끌어올리기 위해 윈치에 연결된 도르래에 얼마만 한 힘을 가해야 하는가? 그리고 윈치는 어느 정도의 힘을 견딜 수 있어야 하는가? 실제 크기의 경사로와 윈치를 만들어서 이 문제를 해결할 수 있거나 아니면 축소된 모형을 이용해 해결할 수도 있다. 또 다른 한편으로 우리가 알고 있는 힘에 대한 지식을 수학적으로 이용하여 이 문제를 풀 수 있다. 이 실험에서는 수학적으로 구한 답과 축소된 모형으로부터 얻는 자료를 비교하게 될 것이다. 또한 접촉면상에 놓인 물체가 운동을 시작할 때 물체에 작용 되는 여러 힘을 고려하여 물체와 접촉면 사이의 마찰계수를 구해보고, 수직항력, 접촉면의 재질, 접촉면과의 관계를 알아본다.

2. 학습 목표

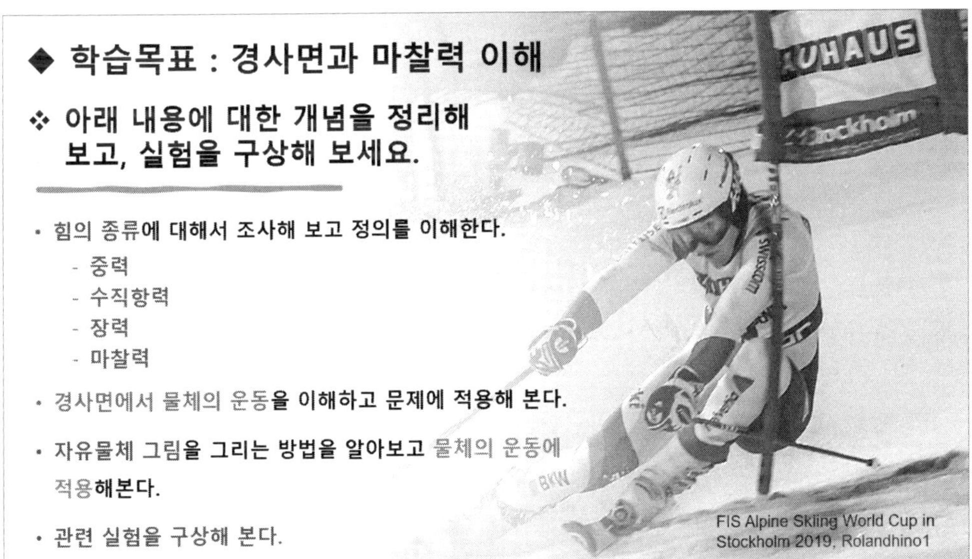

3. 기본개념에 대한 이해

◆ 물체에 작용하는 네 가지 힘

- 중력(gravitational force)

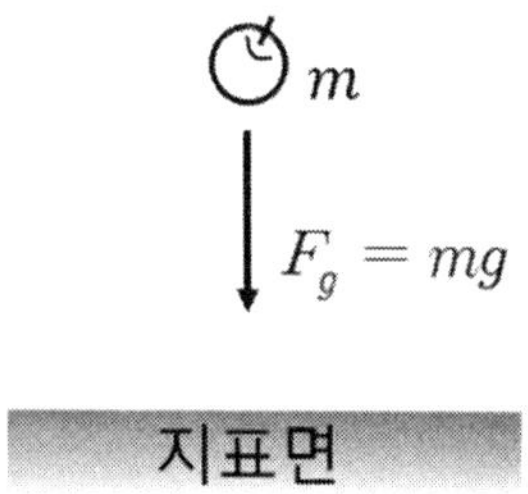

지구가 물체에 작용하는 힘

$$\vec{F}_g = -mg\hat{j} = m\vec{g}$$

$$W = F_g = mg$$

❖ 심화학습
지표면 근처에서의 중력에 대해서 학습하였다. 그렇다면 지표면에서 먼 우주 공간에서는 두 물체에 작용하는 중력(만유인력)은 어떤 형태로 표현이 될까. 논해보고 토론해 보자.

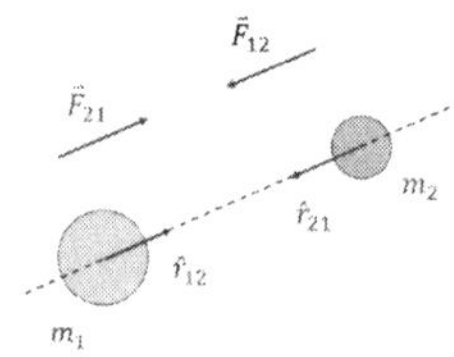

◆ 물체에 작용하는 네 가지 힘

- 수직항력(normal force)

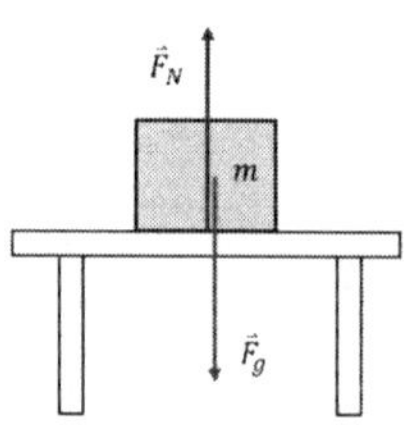

✓ 한 물체가 바닥을 누르는 힘에 대한 → 반작용 힘

$$F_N = mg$$

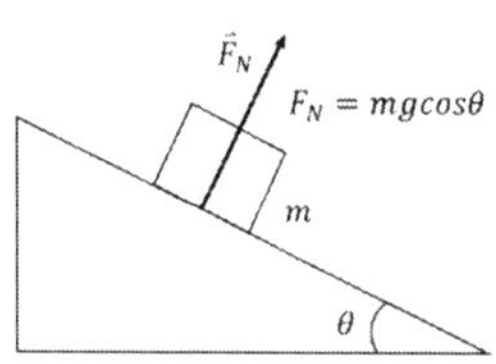

❖ 심화학습
엘리베이터를 탄 경우 엘리베이터의 운동방향(위 또는 아래)에 따라 **우리의 몸무게는 증가하거나 줄어드는 것 같은 현상**을 겪게 된다. 이와 같은 이유를 수직항력을 이용하여 설명해 보고 토론해 보자.

◆ 물체에 작용하는 네 가지 힘

- 장력(Tension)

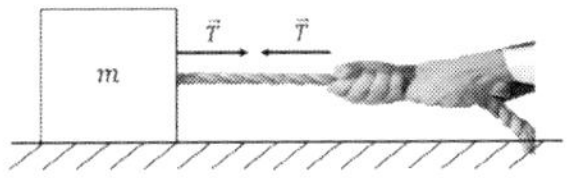

✓ 팽팽하게 당겨진 줄이 → 물체에 작용하는 힘

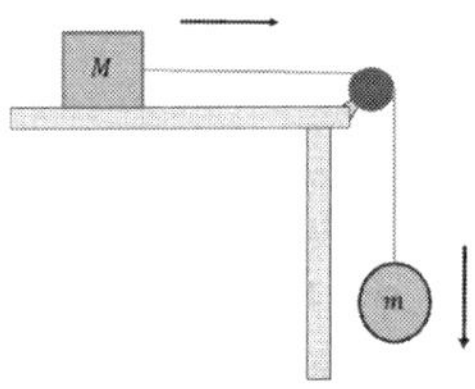

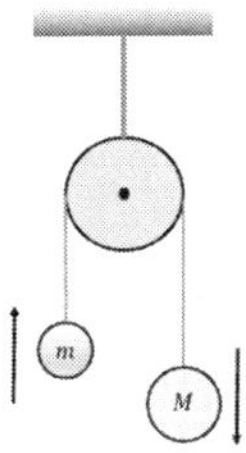

❖ 응용 예 찾아보기
장력은 우리 일상생활에 매우 많이 응용되고 있다. 장력이 적용되고 있는 예를 찾아 보고 토론해 보자.

Tensión 2012, Archive Team

◆ 물체에 작용하는 네 가지 힘

- 마찰력(friction)

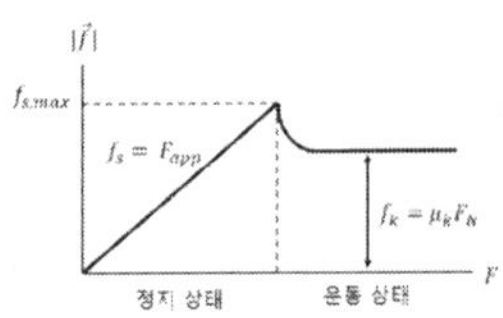

✓ 물체가 주위 **환경과 상호작용하며** 운동할 때 → 받는 저항

- 정지 마찰력 : $f_s \leq \mu_s F_N$
- 운동 마찰력 : $f_k = \mu_k F_N$

✓ 마찰력: **수직항력**에 비례.

✓ 마찰계수: **접촉면과 거의 무관**

❖ 심화학습
경사면과 물체사이에 마찰력이 작용하고 있을 때 물체의 운동에 관해서 논해보고 토론해 보자.

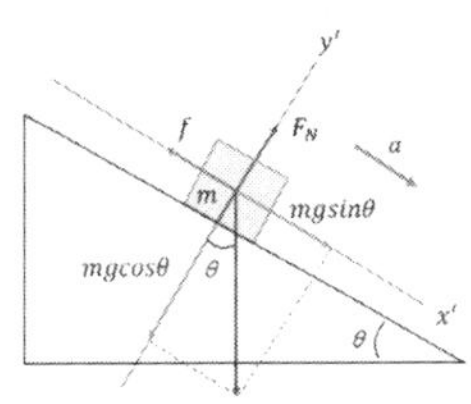

◆ **자유물체그림**

❖*free-body diagram*

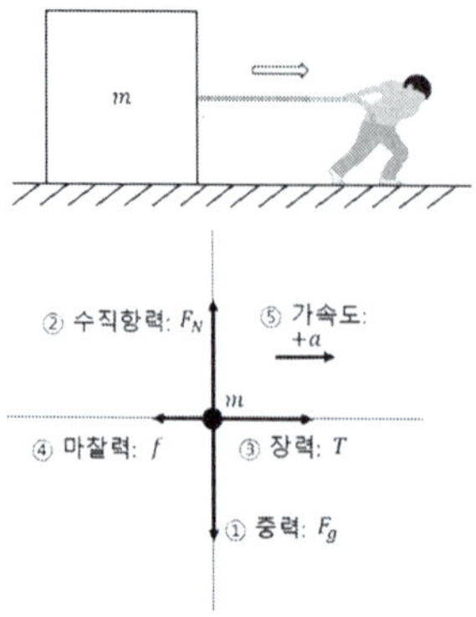

① 좌표
물체 → 입자
질량 → 명명

② 힘 → vector로 표시

③ 가속도 방향 표시

④ 의미부여 하여
→ 운동방정식을 세운다.

❖ 심화학습
자유물체그림을 그리는 방법에 대해서 이해해 보고, 아래와 같이 물체가 움직이는 경우를 고려하여 운동방정식을 세워 보자.

4. 이론 및 원리

4.1 중력(gravitational force): $\vec{F}_g$

그림 1과 같이 일상 경험을 통하여 우리는 지구가 물체를 끌어당긴다는 사실을 알고 있다. 이렇게 지구가 물체에 작용하는 힘을 중력(gravitational force; $\vec{F}_g$)이라고 한다. 중력은 벡터량이다. 질량이 m인 물체에 작용하는 중력의 방향은 지구의 중심을 향한다. 중력 가속도는 $\vec{g}$이고, 중력의 크기는 mg로 표현된다. 질량이 m인 물체에 작용하는 중력을 벡터로 표현해 보자. 직각 좌표계에서 위쪽 방향을 $+y$축으로 정하면

$$\vec{F}_g = -mg\hat{j} = m\vec{g} \tag{1.1}$$

이다.

위 중력에 대한 정의를 이용하여 무게(weight; W)라는 개념을 정의할 수 있다. 무게는 물체가 자유 낙하를 하지 못하도록 물체에 작용하는 알짜힘으로 정의된다. 무게는 중력에 의하여 물체가 떨어지는 방향과 반대 방향으로 작용하는 힘이고, 지표면에서 측정한 값이다. 지구의 표면이 관성 기준틀이라고 가정하면, 지면에 대한 가속도가 $\vec{a} = 0$ 인 물체의 경우,

$$W - F_g = ma = m(0) = 0 \tag{1.2}$$

$$W = F_g = mg \tag{1.3}$$

이 되고, 물체의 무게 W는 물체에 작용하는 중력 $\vec{F}_g$과 크기가 같게 된다.

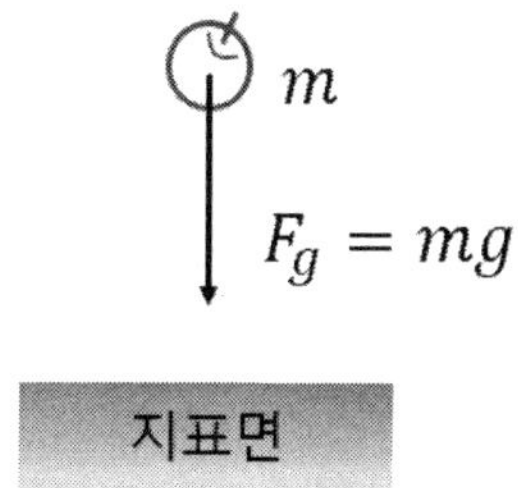

그림 1 지표면에서 중력

4.2 수직항력(normal force): $\vec{F}_N$

그림 2와 같이 책상위에 상자가 놓여 있는 경우를 생각해 보자. 상자의 질량을 m이라 하면, 책상은 중력$\vec{F}_g$을 받아 아래쪽으로 변형될 것이다. 이때 책상은 상자를 수직항력(normal force) $\vec{F}_N$으로 밀어 올리게 된다. 이와 같이 수직항력이란 바닥을 물체가 누르는 힘에 대해서 반작용을 나타내는 힘으로 정의된다. 상자에 작용하는 수직 성분의 두 힘을 뉴턴의 제2법칙으로 표현하면

$$F_N - F_g = ma_y \tag{2.1}$$

이 된다. 가속도 a_y는 직각 좌표계에서 y축 방향을 뜻한다. 위 식 F_g에 mg을 대입하면

$$F_N - mg = ma_y \tag{2.2}$$

이다. 수직항력에 대해서 정리하면

$$F_N = mg + ma_y = m(g + a_y) \tag{2.3}$$

이다. 만약 책상과 상자가 지면에 대해서 가속하지 않는 경우를 생각해 보면 $a_y = 0$이 되어 수직항력은

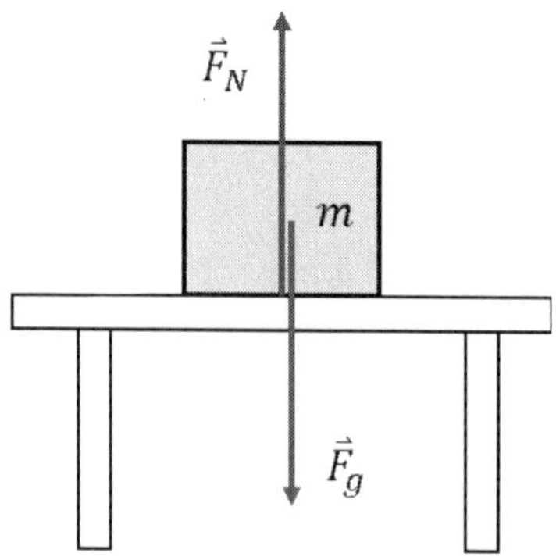

그림 2 직항력

$$F_N = mg \tag{2.4}$$

이다.

그러나 아래 그림 3과 같이 경사면 위에 물체가 존재한다면 이때 수직항력의 방향은 경사면에 수직한 방향이 되어야 하므로 중력 방향에 대해서 기울어지게 됨을 유의해야 한다. 그러므로 수직항력이란 물체가 어떤 표면에 힘이나 압력을 가할 때, 그 표면이 물체에 작용하는 힘으로 정의할 수 있고, 수직항력의 방향은 항상 접촉면에 수직한 방향이 된다.

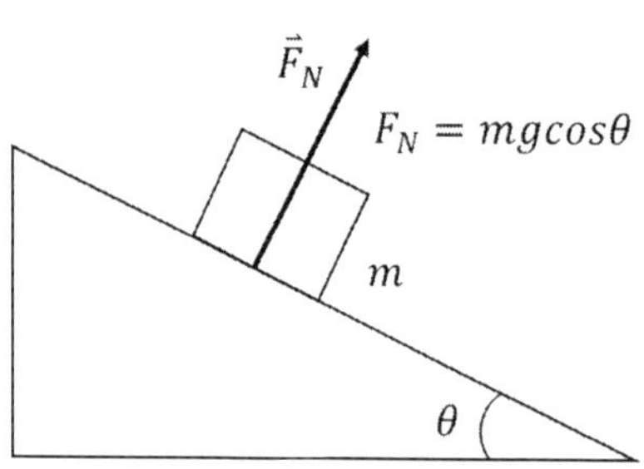

그림 3 빗면에서 수직항력

4.3 장력(tension): $\vec{T}$

물체에 줄을 매달아 잡아당기는 경우를 상상해 보자. 줄이 물체에 연결되어 물체를 당기고 있으면 물체에는 줄과 평행한 방향으로 힘이 작용하게 된다. 이 힘의 크기를 줄의 장력(tension)이라고 한다. 어떤 물체에 장력이 힘을 주는 경우 그 힘은 벡터 $\vec{T}$로 표시한다.

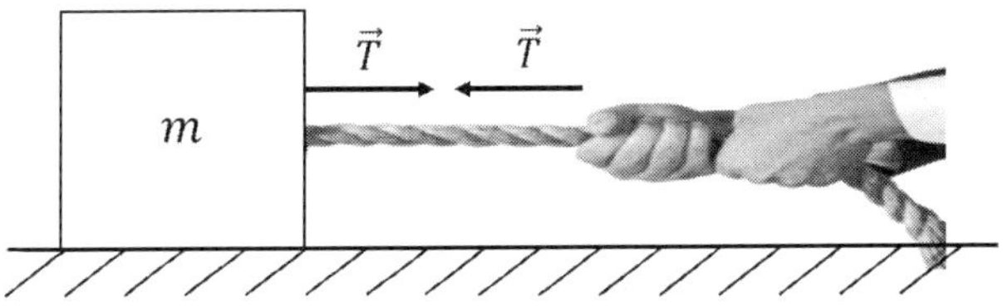

그림 4 장력

4.4 마찰력

서로 운동하지 않는 상태에서 작용 되는 두 물체 간의 마찰력을 정지마찰력이라고 한다. 최대 정지마찰력은 한 물체가 접촉면의 접선 방향으로 운동을 시작하는 그 순간 필요한 최소의 힘과 같다. 운동이 일단 시작되면 접촉면 사이에 작용하는 마찰력은 감소하게 되는 것이 보통이다. 그러므로 등속도 운동을 유지 시키는 데 필요한 힘은 최대 정지마찰력보다 작아도 된다. 상대 운동 중에 접촉면 사이에 작용하는 힘을 운동마찰력이라 한다.

정지마찰력의 경우 최대 정지마찰력은 접촉면의 면적에는 무관하며 마찰력의 크기가 접촉면 간에 작용 되는 수직항력의 크기에만 의존한다. 최대 정지마찰력의 크기와 수직항력의 크기의 비를 관여된 두 표면 사이의 정지마찰계수라고 한다. f_s가 정지마찰력의 크기라면

$$f_s \le \mu_s N \tag{4.1}$$

이라고 쓸 수 있다. 여기서 μ_s는 정지마찰계수이며 N은 수직항력의 크기이다. 등호는 f_s가 최댓값이 될 때에 성립한다.

운동 마찰력 f_k도 역시 정지마찰력과 동일한 두 가지의 법칙을 따른다. 즉, 운동 마찰력은 접촉면의 면적에는 무관하며 수직항력에 비례한다. 또한 운동 마찰력은 두 접촉면이 가지는 상호간의 상대속도에 관해서도 무관하다. f_k가 운동 마찰력이라 한다면

$$f_k = \mu_k N \tag{4.2}$$

이 된다. 여기서 μ_k는 운동마찰계수이다.

μ_s와 μ_k는 모두 차원(Dimension)이 없는 상수인데, 그 각각이 두 힘의 크기의 비가 되기 때문이다. 주어진 접촉면의 짝에 대해서는 보통 $\mu_s > \mu_k$가 성립한다. μ_s와 μ_k의

실제값은 모두 두 접촉면의 성질과 관계된다. μ_s와 μ_k의 값은 1보다도 작은 것이 보통이지만 경우에 따라서는 1보다 클 수도 있다.

1) 경사면과 물체 사이의 정지마찰계수

수평면과 θ의 경사를 가진 경사면 위에 놓인 질량 m인 물체에 작용하는 힘에는 수직항력 N, 경사면을 따라 내려오는 힘 F와 정지마찰력 f_s가 있다. 물체가 미끄러져 내려오지 않을 때 이들 사이에는 $F = f_s$ 인 관계가 있다. 경사면의 각 θ을 증가시키면 물체가 미끄러지기 시작한다. 미끄러지기 시작하는 순간 작용하는 마찰력이 최대가 되며 이때의 각을 θ라고 하면 $f_s = \mu_s N$이다. 따라서

$$f_s = \mu_s N = \mu_s mg\cos\theta = mg\sin\theta \tag{4.3}$$

$$\therefore \ \mu_s = \frac{\sin\theta}{\cos\theta} = \tan\theta \tag{4.4}$$

이다. 최대 정지마찰계수는 물체가 미끄러져 내려오는 순간의 경사면 각의 tan 값이다.

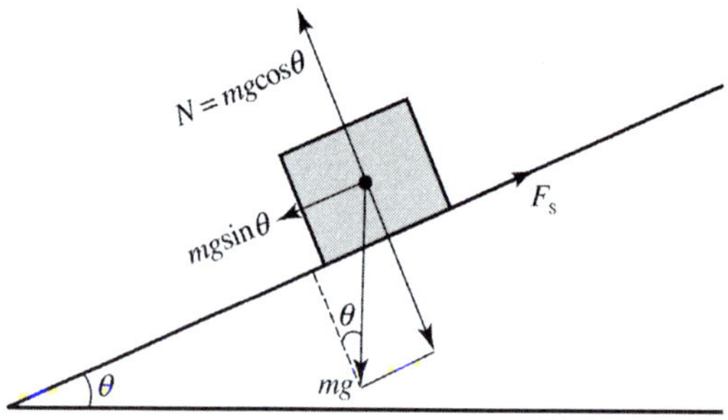

그림 5 빗면에서의 힘의 평형

그림 6과 같이 경사면에 놓여 있는 물체에 무게 w의 추가 매달려 있는 경우를 생각해 보자. 경사각이 θ_2가 될 때 정지하고 있던 물체가 미끄러져 내려가기 시작한다면 마찰력과 무게 W, w의 관계를 유도할 수 있다. 물체에 작용되는 힘을 x축 y축 성분으로 분해하면

$$w + F_s - W\sin\theta_2 = w + \mu_s N - W\sin\theta_2 = 0 \tag{4.5}$$

$$N - W\cos\theta_2 = 0 \tag{4.6}$$

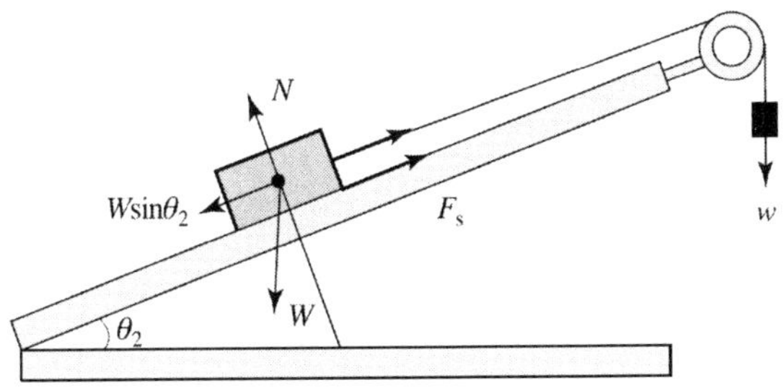

그림 6 추가 연결되어있는 경우 경사면에 놓여 있는 물체의 자유물체그림

가 되며 위의 식으로부터 마찰계수(μ_s)를 구하면

$$\mu_s = \tan\theta_2 - \frac{w}{W\cos\theta_2} \tag{4.7}$$

로 주어진다.

2) 수평면에서 운동마찰계수

그림 7과 같이 두 물체가 접촉한 상태로 상대 운동을 하면 그 운동을 방해하려는 마찰력이 작용하는 데 마찰력 f의 방향은 운동 방향의 반대이고, 그 크기는 접촉표면에 작용하는 수직항력 N에 비례한다. 즉

$$f = \mu_k N \tag{4.8}$$

으로 표현되고 이때 μ_k을 운동마찰계수라고 한다. 장력 T를 가하여 물체를 움직이게 할 때 물체가 등속운동을 하게 되면

$$f = T \tag{4.9}$$

로 두 힘이 평형상태를 이룬 경우이므로

$$\mu_k = \frac{T}{N} \tag{4.10}$$

이다. 또는 이 실험의 경우 N은 물체의 무게 W와 같으므로

$$\mu_k = \frac{T}{W} \tag{4.11}$$

으로 구할 수 있다.

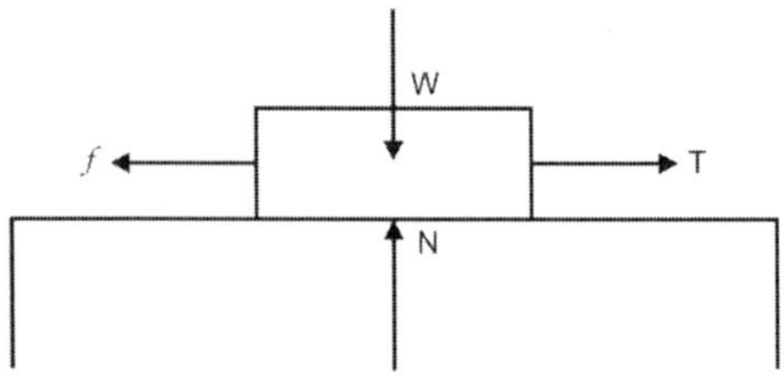

그림 7 수평면에서의 알짜힘

5. 실험장비

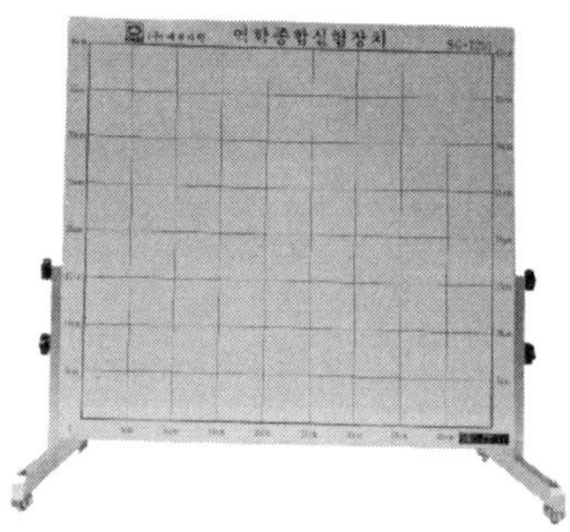	
• 실험판	• 용수철 저울

• 경사면	• 도르래

• 구름 질량	• 마찰 블록

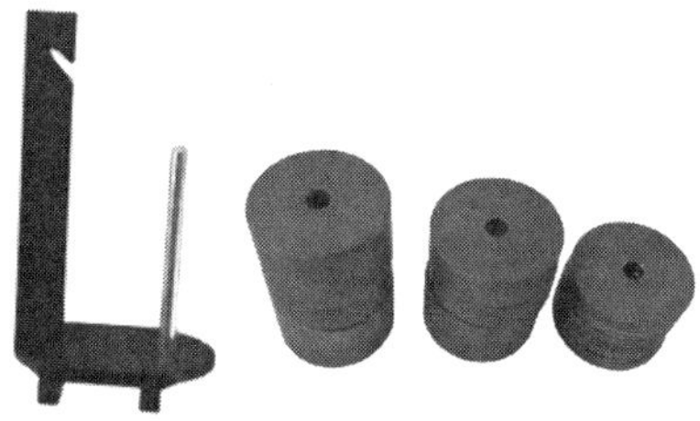	
• 추걸이와 추	• 끈
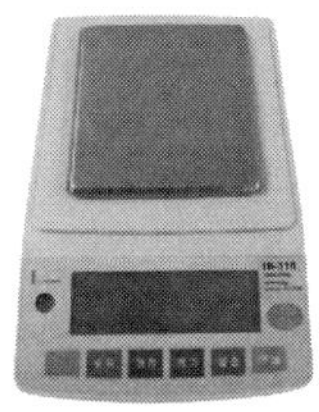	
• 저울	• 경사면과 측정 시료

6. 실험방법

◎ 주의 사항

i) 용수철저울을 사용할 때는 영점 조절 나사를 이용하여 영점을 맞추어야 한다.

ii) 실험의 정확도를 높이기 위해서는 그림 8과 같이 용수철에 매달린 끈은 경사면의 표면과 평행하게 유지하여야 한다.

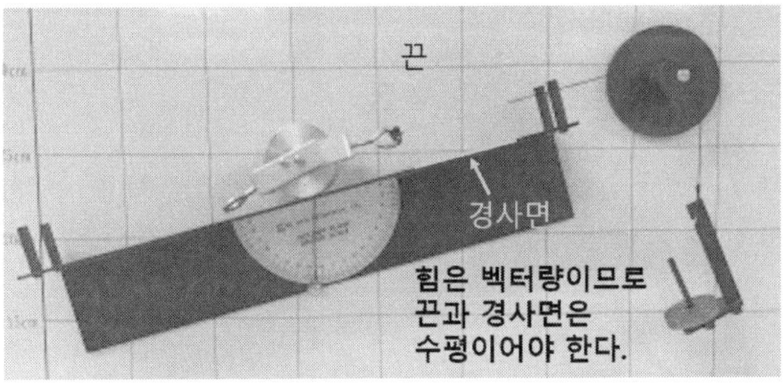

그림 8 끈과 경사면

iii) 그림 9처럼 마찰 블록의 한 면 중 실리콘 테이프 처리가 된 부분은 온도변화에 의해 변형될 수 있다. 실험 전 면이 평평하게 되어있는지 확인하고, 그렇지 않을 경우는 손으로 눌러 평평하게 한 다음 실험할 수 있도록 한다.

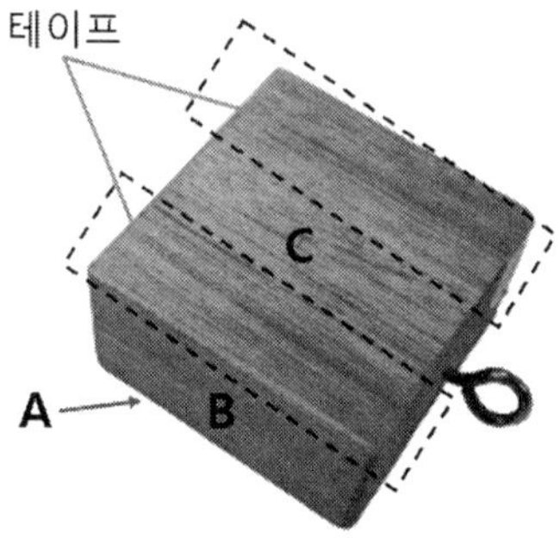

그림 9 마찰 블록 면

[실험 01 용수철 상수 구하기]

① 용수철저울과 추걸이를 실로 연결한다.

② 추걸이를 포함한 상태에서 영점을 조절한다.

③ 용수철저울에 50 g짜리 추를 매달고 질량을 기록한다.

④ 늘어난 길이를 측정하여 기록한다.

⑤ 질량걸이에 추의 질량을 50 g씩 늘여가면서 용수철의 늘어난 길이를 측정하여 기록한다.

[실험 02 경사면에서 힘 측정]

A. 구름 질량의 x방향 힘 성분인 W_x 측정

① 용수철저울에 있는 구름 질량의 무게를 측정하고 질량 M과 무게 W를 기록한다.

② 그림 10과 같이 장치를 설치한다.

③ 각도마다 용수철저울에서 N 단위로 F_x값을 읽어서 기록한다.

④ 경사로의 경사각을 조정하여 실험을 반복한다.

⑤ 경사각마다 W의 x방향 성분인 W_x을 표에 나와 있는 공식으로 계산하라. 그 후 W_x와 측정된 F_x의 차이를 퍼센트로 계산한다.

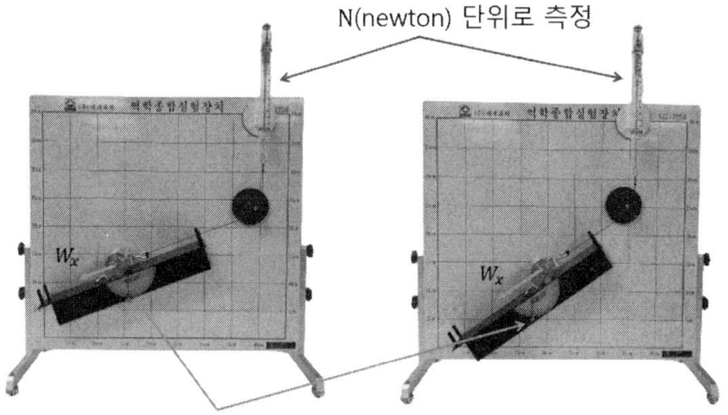

그림 10 경사면에서 x방향 성분 힘 측정

B. 구름 질량의 힘 측정

① 경사면 위에 구름 질량의 힘을 측정하기 위하여 그림 11과 같은 장치를 설치한다. 매단 질량과 구름 질량이 평형을 이룰 때까지 경사면을 기울인다.

② 매단 질량 M'을 기록한다.

③ 경사면의 각도 θ을 기록한다.

④ 위 실험과정은 반복하여 기록한다.

⑤ 매단 질량 M'의 무게 F_x와 구름 질량의 무게의 경사면과 평행한 요소 W_x을 계산하라.

⑥ W_x와 측정된 F_x의 차이를 퍼센트로 계산한다.

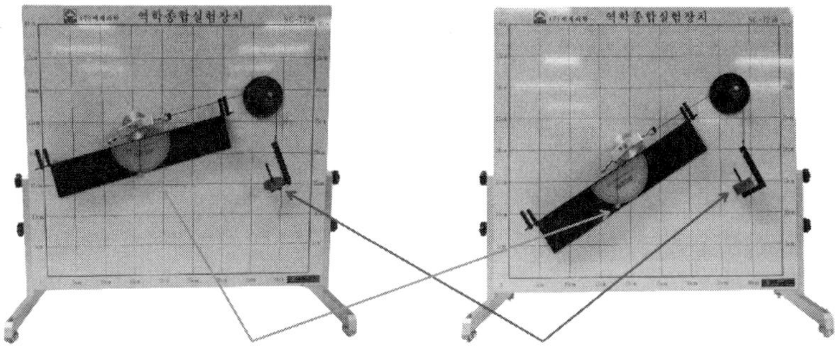

그림 11 구름 질량의 힘 측정

C. 경사면에서 수직항력 측정

① 그림 12와 같이 용수철저울과 도르래를 설치한다. 단, 도르래와 용수철저울을 조정하여 경사면에 수직이 되어 구름 질량의 브래킷을 당길 수 있도록 한다.
② 경사면에서 구름 질량이 살짝 들어 올려질 때까지 용수철저울을 천천히 당긴다.
③ 이때의 경사각 θ을 기록한다.
④ 용수철저울에서 F_y을 N 단위로 읽어 기록한다.
⑤ 위 실험을 반복한다.
⑥ 구름 질량의 무게의 y방향 요소의 크기 W_y을 계산한다.
⑦ W_y와 측정된 F_y의 차이를 퍼센트로 계산한다.

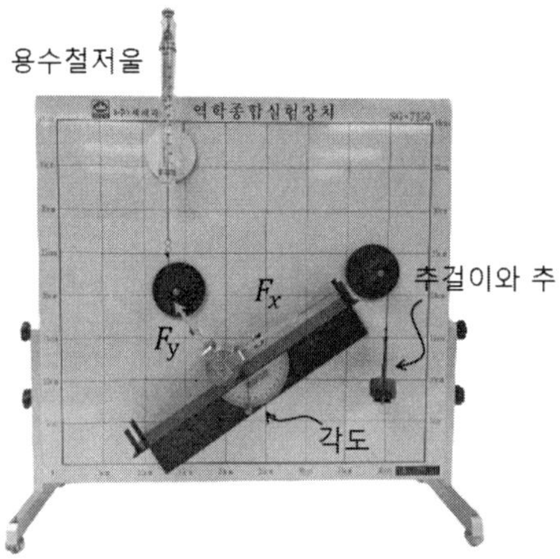

그림 12 수직항력 측정

[실험 03 정지 마찰계수 측정]

A. 정지마찰계수측정(추를 사용하지 않는 경우)

① 측정용 시료의 무게를 측정한다.
② 경사면 실험장치를 그림 13과 같이 설치한다.
③ 시료를 빗면에 놓고 각도를 서서히 올리면서 시료가 미끄러지기 시작하는 각을 찾아 기록한다. 측정을 5회 이상 실시하여 평균값을 취한다.
④ 시료의 종류를 다르게 하여 실험하고 기록한다.

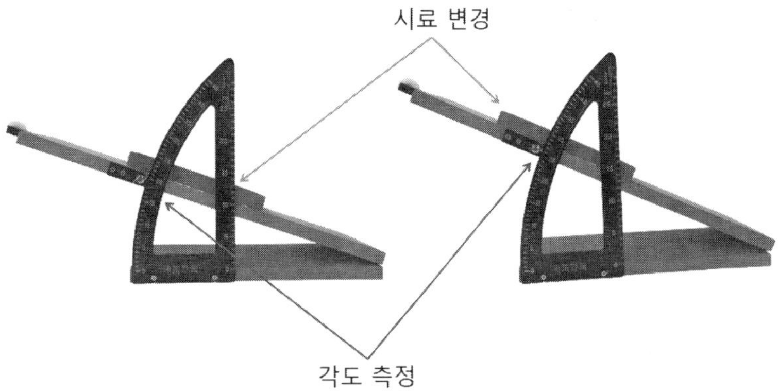

그림 13 시료가 없는 경우

B. 정지마찰계수 측정(추를 사용하는 경우)

① 빗면 실험장치를 그림 14와 같이 설치한다.

② 추걸이에 임의 질량의 추를 올린 후 시료를 경사면에 놓고 각도를 서서히 올리면서 시료가 미끄러지기 시작하는 각을 찾아 표에 기록한다. 측정을 5회 실시하여 평균값을 취한다.

③ 측정용 시료의 종류를 다르게 하여 위 ②를 반복 실험하여 기록한다.

④ 추걸이에 추의 질량을 변경한 후 올린 후 시료를 경사면에 놓고 각도를 서서히 올리면서 시료가 미끄러지기 시작하는 각을 찾아 표에 기록한다. 측정을 5회 이상 실시하여 평균값을 취한다.

⑤ 측정용 시료의 종류를 다르게 하여 위 ④를 반복 실험하여 기록한다.

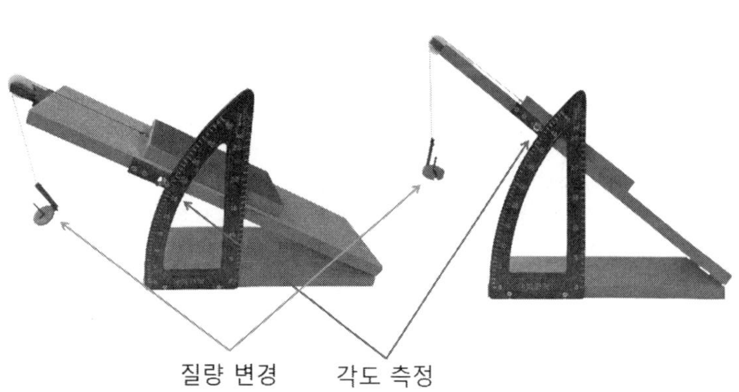

그림 14 마찰계수 측정 장치(추를 사용하는 경우)

[실험 04 운동마찰계수 측정]

대부분의 물리계에서 마찰의 결과는 쉽게 예상될 수 없으며, 측정조차 쉽지 않다. 미끄럼을 방지하는 두 물체 사이의 상호 작용은 한편으로 표면들 사이의 불균일에 기인하며 또 다른 한편으로 분자 수준의 상호 작용에 기인한다. 비록 이 현상을 완전히 이해할 수는 없지만, 대부분의 물질들이 판이한 여러 상황에서도 유지하는 몇 가지 마찰에 관한 특성이 있다. 이 실험에서 이미 운동하고 있는 두 물체 사이에 미끄럼을 막는 힘, 즉 미끄럼마찰의 몇 가지 성질에 대하여 알아보게 될 것이다.

미끄럼마찰 F_f를 측정하는데 다음 세 가지 변수가 주어질 수 있다.

- **수직 항력** – 마찰 블록과 경사면 사이에 작용하는 수직 방향 힘을 조정하기 위하여 마찰 블록 위에 무게가 W인 질량을 올려놓을 수 있다.
- **접촉면의 재질** – 마찰 블록의 A면과 B면을 이용하면 나무가 경사면과 접촉하는 재질이 되고 C면을 사용하면 두 끈의 테이프만이 경사면에 접촉하는 것이 된다.
- **접촉면적(A, B, C)** – 경사면과 접촉하고 있는 마찰 블록의 A, B, C면을 이용하여 접촉면적을 조정할 수 있다. 주의 : C면을 사용한다면, 접촉면적은 테이프가 붙어 있는 두 면만이 면적이 된다.

① 저울을 이용하여 마찰 블록의 무게 W을 측정한다.

② 그림 15처럼 장비를 설치한다. 수직추를 이용하여 경사판이 수평이 되게 한다. 도르래의 위치를 조정하여 끈이 경사면의 표면과 수평이 되도록 한다.

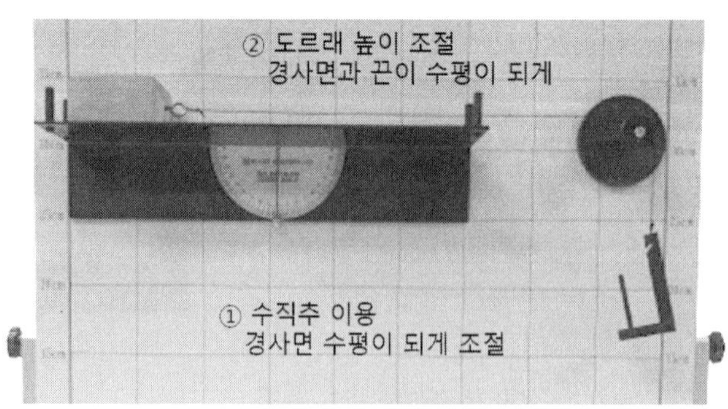

그림 15 수명 조절

③ 그림 16처럼 질량 걸이와 마찰 블록 위어 추를 올려놓는다.

④ 마찰 블록을 작은 힘으로 밀었을 때 경사판을 따라 천천히 일정한 속도로 계속해서 움직이도록 추의 질량을 조정한다. 만약 블록이 움직이다가 멈춘다면, 질량 걸이에 올려놓은 추의 무게가 너무 가벼운 것이 되고, 반대로 빨라진다면, 추의 무게가 너무 무거운 것이다. 마찰 블록이 일정하게 천천히 움직이도록 질량 걸이에 매단 추의 무게 F_f를 조정하면, 이는 곧 경사판에 대한 마찰 블록의 미끄럼 마찰력이 된다.

⑤ 마찰 블록의 A면을 바닥으로 하고 마찰 블록 위에 질량을 추가하면서 실험을 반복한다.

⑥ 미끄럼마찰(F_f)의 크기와 수직항력($W+mg$)의 크기의 비를 계산한다. 이 비를 마찰계수 μ_k라 한다.

⑦ 마찰 블록의 B면을 바닥으로 하여 실험을 반복한다.

⑧ 마찰 블록의 C면을 바닥으로 하여 실험을 반복한다.

⑨ 두 물체 사이에 작용하는 미끄럼 마찰력은 두 물체 사이에 작용하는 수직항력, 접촉면적, 접촉 재질과 관계있는지 알아본다.

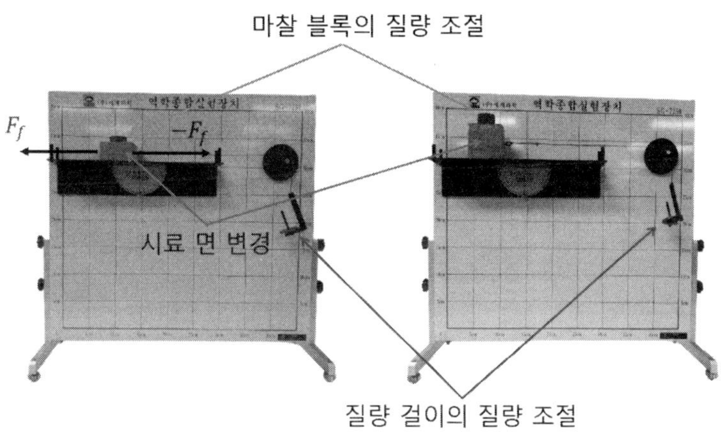

그림 16 장치 설치

7. 다른 실험방법 구상

[실험구상 01 마찰력을 크게 하면 좋은 장비를 구상해 본다.]

- 장치도를 그려본다.
- 이유와 원리를 설명해 본다.

[실험구상 02 마찰력을 작게 하면 좋은 장비를 구상해 본다.]

- 장치도를 그려본다.
- 이유와 원리를 설명해 본다.

실험 05 경사면과 마찰력 결과보고서

담당교수 : ________________ 교수님

실험일	월 일	제출일	월 일
학번		이름	
( )조 조원이름	• • •		

[실험 01 용수철 상수 구하기]

1. 측정값

표 1

구 분	1	2	3	4	5
추의 질량(kg)					
늘어난 길이(m)					
무게(N)					

2. 계산 및 분석

① 표의 측정값을 이용하여 각각의 무게를 계산하여 넣어라.

② x축은 용수철의 변위, y축은 추의 무게인 그래프를 그려라.

③ 그래프의 기울기를 구하여라. 기울기가 용수철 상수이다.

여기서 무게(W) $= 9.80\ \mathrm{m/s^2} \times$ 질량(kg)

$k =$ ________ N/m

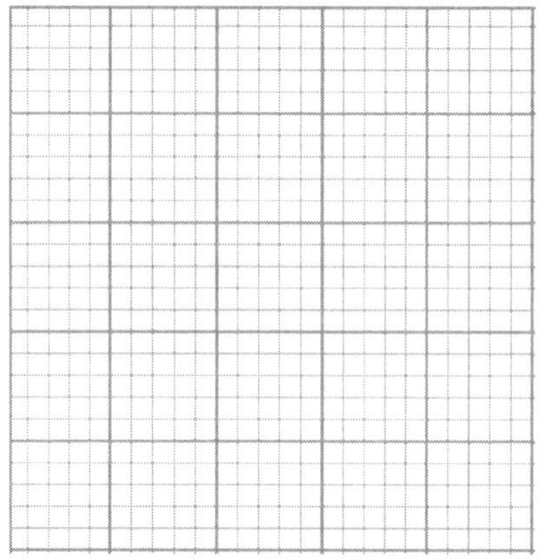

그래프용지

[실험 02 경사면에서 힘 측정]

A. 구름 질량의 x방향 힘 성분인 W_x 측정

구름 질량 : M(질량)= ______________, 무게 W(무게)= _______________

표 2

경사각	F_x (용수철저울 측정값)	$W_x = W\sin\theta$ (계산값)	$(F_x - W_x)/(1/2)(F_x + W_x)x$ (오차 %)

B. 구름 질량의 힘 측정

매단 질량 : M'(질량)= ______________

표 3

경사각	$F_x = mg$ (측정값)	$W_x = W\sin\theta$ (계산값)	$(F_x - W_x)/(1/2)(F_x + W_x)x$ (오차 %)

C. 경사면에서 수직항력 측정

표 4 구름 질량의 무게의 y방향 요소의 크기 W_y

경사각	F_y (측정값)	$W_y = W\cos\theta$ (계산값)	$(F_y - W_y)/(1/2)(F_y + W_y)\theta$ (오차 %)

[실험 03 정지 마찰계수 측정]

A. 정지마찰계수 측정(추를 사용하지 않는 경우)

시료의 무게(N) ________________

표 5 시료의 종류 ____________________

횟수	각도 θ_c(Deg)	정기마찰 계수
1		
2		
3		
4		
5		
평균		

표 6 시료의 종류 ____________________

횟수	각도 θ_c(Deg)	정기마찰 계수
1		
2		
3		
4		
5		
평균		

B. 정지마찰계수 측정(추를 사용하는 경우)

추 무게(N) ________________

표 7 시료의 종류 ____________________

횟수	각도 θ_c(Deg)	정기마찰 계수
1		
2		
3		
4		
5		
평균		

표 8 시료의 종류 ____________________

횟수	각도 θ_c(Deg)	정기마찰 계수
1		
2		
3		
4		
5		
평균		

C. 추 변경 : 무게(N) ______________

표 9 시료의 종류 ____________________

횟수	각도 θ_c(Deg)	정기마찰 계수
1		
2		
3		
4		
5		
평균		

표 10 시료의 종류 ____________________

횟수	각도 θ_c(Deg)	정기마찰 계수
1		
2		
3		
4		
5		
평균		

[실험 04 운동 마찰계수 측정]

표 11

질량(kg)	수직 항력 $W+mg(N)$	F_f(N)			$\mu_k = \dfrac{F_f}{W+Mg}$		
		A	B	C	A	B	C

주의 : 추걸이에 매다는 질량은 조금씩 증가시켜 나가야 한다. 클립을 이용하면 조금씩 증가시킬 수 있을 것이다.

[실험구상 01 마찰력을 크게 하면 좋은 장비를 구상해 본다.]

실험 제목 : ____________________

• 구조 또는 장치도	• 이유와 원리 설명

[실험구상 02 마찰력을 작게 하면 좋은 장비를 구상해 본다.]

실험 제목 : ______________________________

• 구조 또는 장치도	• 이유와 원리 설명

〈질문〉

■ 아래 질문에 답하시오.

답변할 때는 자료를 찾아보고 토론을 해본 후 스스로 정리해보면 해결해야 할 문제에 대한 이해도가 높아지고 응용력도 향상됩니다.

1) 본 실험에서 오차의 원인은 무엇인가?
2) 오차를 줄일 수 있는 아이디어를 생각해 보고 방법을 서술하라.
3) 경사면 실험을 할 때 경사면과 끈이 수평을 이루어야 하는데 그 이유를 힘의 벡터적 성질을 이용하여 설명하라.
4) 마찰력에 대해서 조사해 보고 근본 원인을 설명하라.
5) 두 물체 m_1, m_2에 대한 자유물체그림을 그리고, 각각 운동방정식을 세워라.

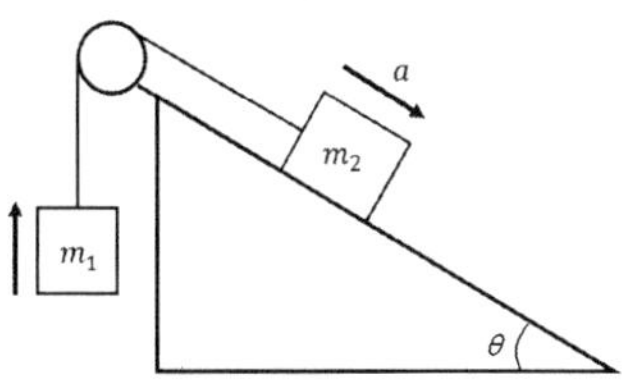

6) 질량 m인 물체가 줄에 매달려 일정한 속력 v로 지면과 수평하게 원운동하고 있다. 운동방정식을 세우고 진자의 속력 v에 대한 식을 구하라.

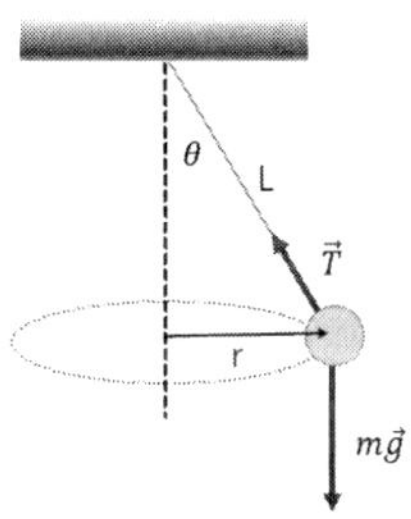

▷ 답변 :

〈실험 결과 요약〉

■ 서론 본론 결론 형식으로 자유롭게 기술하세요.

논문형식의 기술적 글쓰기(Technical Writing)를 통해서 주장하는 내용에 대한 의미전달 능력을 향상시킬 수 있고 창의적 생각 또한 키워나갈 수 있습니다.

실험제목 :

작성자 신원 :

〈서론〉

〈본론〉

〈결론〉

〈참고문헌〉

실험 06 강체의 운동과 에너지 보존

1. 실험 목표

경사면과 원형 궤도가 함께 있는 트랙을 따라 구가 미끄러짐 없이 굴러 내려갈 때, 구의 병진 운동 에너지, 회전 운동 에너지 및 위치 에너지를 포함하는 역학적 에너지의 보존을 살펴본다.

2. 학습 목표

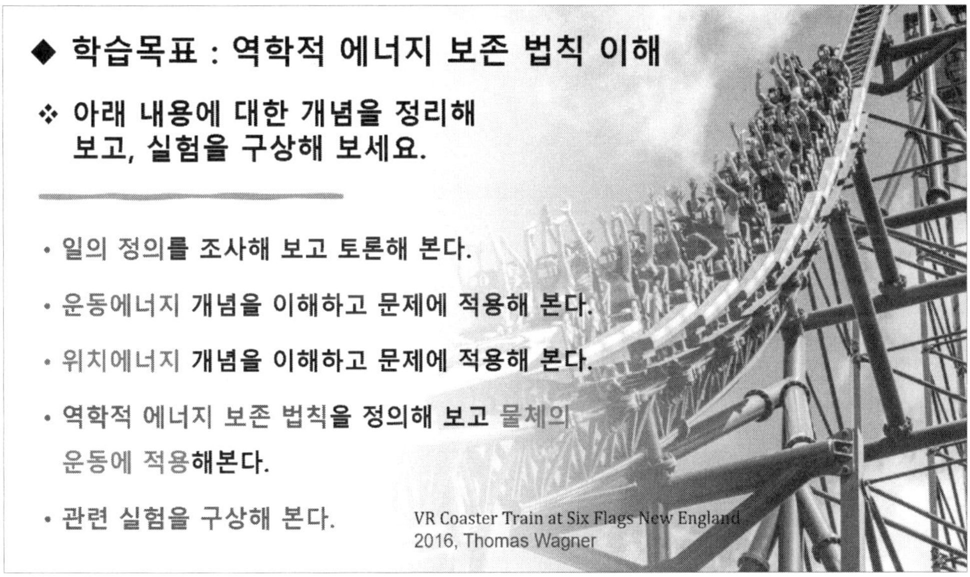

3. 기본개념에 대한 이해

◆ 일(work)

❖ **정의** : 어떤 계에 힘이 가해져

→ 계가 움직였을 때

→ **힘이 계에 대해 일을 했다**고 정의함

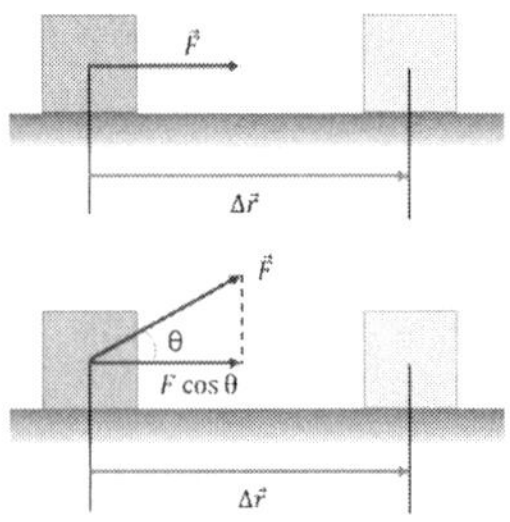

$$W = F\Delta x$$

$$W = F\Delta x\cos\theta$$

$$W = \vec{F}\cdot\vec{r}$$

$$W = \int_i^f \vec{F}\cdot d\vec{r}$$

✓ **단위:** J(joule)

N · m

❖ **일의 에너지의 전달**

✓ 에너지가 계로 전달됨→ $W > 0$

✓ 계로부터 환경으로 전달됨 → $W < 0$

❖ 심화학습

에너지가 계로 전달되는 경우와 계로부터 환경으로 전달되는 경우를 예를 들어 설명해 보자.

Baseball pitching motion 2004, Rick Dikeman

◆ 운동 에너지

- 물체에 **알짜힘이 작용**하여 → **속도가 변하며** 변위만큼 움직이는 경우

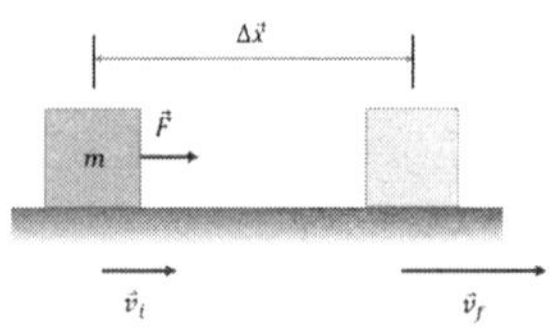

- **운동에너지** : (Kinetic Energy) $K = \frac{1}{2}mv^2$
- 일-운동에너지 정리 : (work-kinetic energy theorem) $W = \Delta K$

✓ **의미**: 알짜힘이 한 일은 → 그 계의 운동 에너지의 변화와 같다

❖ 심화학습

일의 정의에서 시작하여 **일-운동에너지 정리**를 유도해 보자.

$$W_{net} = \int_i^f \vec{F}\cdot d\vec{r} =$$

$$W = \frac{1}{2}mv_f^2 - \frac{1}{2}mv_i^2$$

$$W = \Delta K$$

◆ 중력 위치 에너지

❖ 중력이 한 일과 위치 에너지

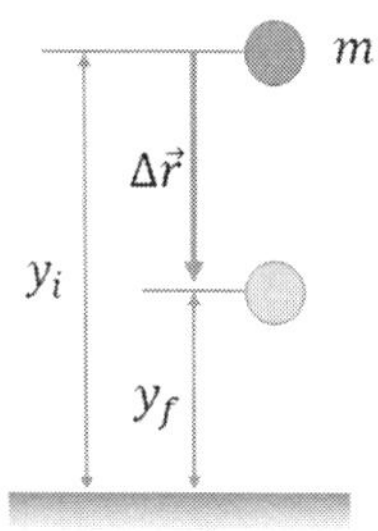

$$W=\int_i^f \vec{F}\cdot d\vec{r} \qquad \left(\vec{F}_g=-mg\hat{j}\right)$$

$$W_g=\int_{y_i}^{y_f}(-mg)dy$$

$$W_g=\int_{y_f}^{y_i} mgdy$$

$$=[mgy]_{y_f}^{y_i}$$

$$=mgy_i-mgy_f$$

- 위치에너지

$U_g=mgy$ ⟺ $W_g=-\Delta U_g$

✓ 단위: J
✓ 스칼라량

❖ 심화학습
외력이 작용**하여 물체를 들어 올리거나 내릴 때 한 일을 정의해 보자.**

$$W_{app}=\int_i^f \vec{F}_{app}\cdot d\vec{r}=$$

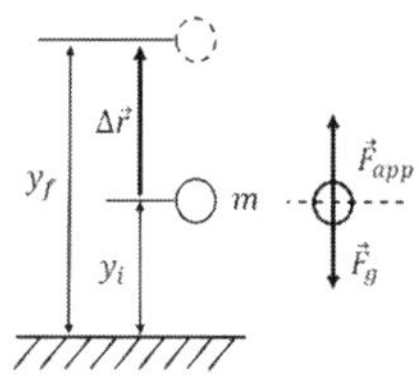

◆ 에너지 보존

i) 일과 운동에너지

$$W=\Delta K$$

ii) 일과 위치에너지

$$W=-\Delta U$$

보존력 : 경로에 무관,
예) 중력, 탄성력

비보존력 : 경로에 유관,
예) 마찰력

iii) 역학적 에너지 보존

$$K_f+U_f=K_i+U_i$$

$$\frac{1}{2}mv_f^2+mgy_f=\frac{1}{2}mv_i^2+mgy_i \iff E_{mec}=K+U$$

- 계의 역학적 에너지 :

✓ 단 이 식은 마찰력 같은 비보존력이 작용하지 않는 → **고립계에서 성립**

✓ 어떤 외력도 계에 작용하지 않아서 → **내부 에너지로의 변화는 없다는 조건에서 성립**

❖ 실험구조
에너지의 단위는 **J(joule)**이다. 이는 에너지 보존 법칙의 발견자 중 한명인 제임스 프레스콧 줄**(James Prescott Joule)**의 업적을 기념하기 위한 것이다. **열의 일당량 (mechanical equivalent of heat)**을 정의한 **줄의 실험 방법**을 조사해 보고 실험 구조를 알아보자.

Joule's heat apparatus 2006,
Gaius Cornelius

4. 이론 및 원리

4.1 일(Work)의 정의

그림 1과 같이 마찰이 없는 표면에서 어떤 물체를 지면과 평행한 방향으로 힘 F을 가해서 변위 $\triangle x$만큼 이동시킨 경우를 고려해 보자. 일 W의 정의는 힘과 변위의 곱으로 표현되므로

$$W = F \triangle x \tag{1.1}$$

이다. SI 단위는 J(joule)이고, N · m로도 쓸 수 있다.

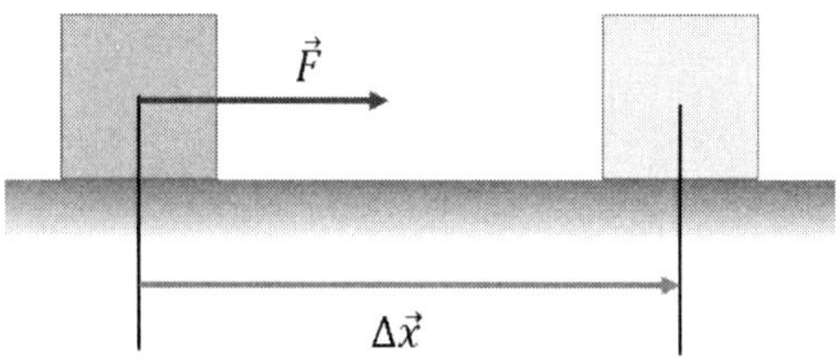

그림 1 힘과 변위

개념을 확장하여 좀 더 일반적인 경우를 고려해 보자. 일반적으로 지면과 평행하게 힘을 가하는 경우보다 임의 각도로 힘을 가하는 경우가 더 보편적이다. 그림 2와 같이 마찰이 없는 표면에서 어떤 물체에 지면과 θ 방향으로 힘 F을 가해서 변위 $\triangle x$만큼 이동시킨 경우를 생각해 보자. 이와 같은 경우 일의 정의는

$$W = F \triangle x \cos\theta \tag{1.2}$$

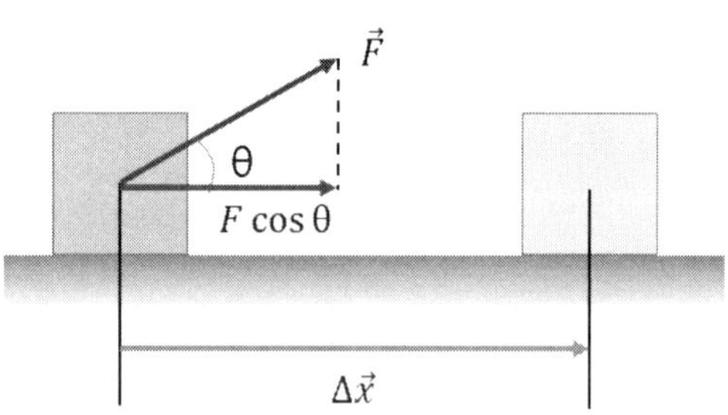

그림 2 개념의 일반화

이다. 위 식을 스칼라곱(scalar product)의 형태로 쓰면 일정한 힘이 한 일 W은

$$W = \vec{F} \cdot \vec{r} \tag{1.3}$$

으로 표현된다.

그림 3과 같이 힘 $\vec{F}$가 물체의 초기 위치 $\vec{r}_i$부터 나중 위치 $\vec{r}_f$까지 경로를 따라 연속적으로 작용하는 경우를 고려해 보자. 힘 $\vec{F}$가 한 일 W는

$$W = \int dW = \int_{\vec{r}_i}^{\vec{r}_f} \vec{F} \cdot d\vec{r} \tag{1.4}$$

와 같이 표현된다.

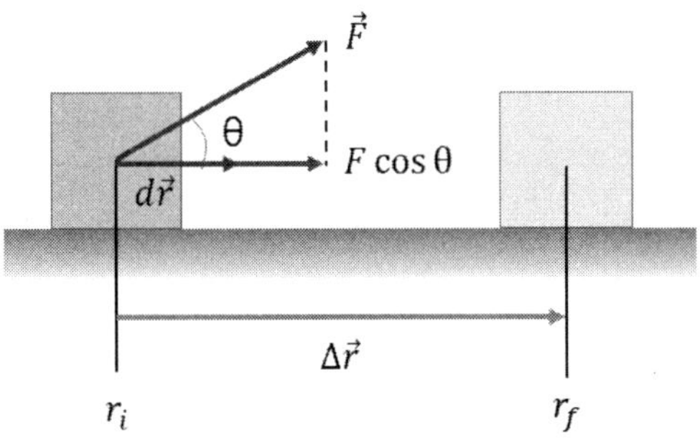

그림 3 일의 정의

4.2 에너지 보존(Conservation of Energy)

에너지가 보존된다는 개념은 중요하다. 이는 에너지는 생성되거나 소멸되지 않고 다른 형태로 변화될 수 있다는 것을 의미한다. 에너지 보존 법칙 중 역학적 에너지 보존(conservation of mechanical energy)에 대해서 알아보자.

일과 운동 에너지의 변화 사이에는

$$W = \Delta K \tag{2.1}$$

인 관계가 성립한다. 또한 일과 위치 에너지 변화 사이에도

$$W = -\Delta U \tag{2.2}$$

인 관계가 성립하므로, 위 두 식에서 운동 에너지와 위치 에너지는

$$\Delta K = -\Delta U \tag{2.3}$$

와 같이 표현된다. 이 식의 양변을 전개하면

$$K_f - K_i = -(U_f - U_i) \tag{2.4}$$

이고, 정리하면

$$K_f + U_f = K_i + U_i \tag{2.5}$$

이 성립한다. 이를 역학적 에너지 보존 원리(principle of conservation of mechanical energy)라고 한다. 위 식에 운동 에너지와 위치 에너지를 대입하면

$$\frac{1}{2}mv_f + mgy_f = \frac{1}{2}mv_i + mgy_i \tag{2.6}$$

이다. 역학적 에너지 보존에 대한 식을 간단하게 표현하면

$$\Delta E_{\mathrm{mec}} = \Delta K + \Delta U = 0 \tag{2.7}$$

이다. 역학적 에너지 보존 원리를 이용하면 물체의 운동에서 변위나 힘의 방향이 시간에 따라 계속 바뀌는 경우를 고려할 필요가 없으므로 Newton의 법칙만으로 풀기 어려운 문제도 쉽게 해결할 수 있다.

계의 역학적 에너지(mechanical energy) E_{mec}는

$$E_{\mathrm{mec}} = K + U \tag{2.8}$$

와 같이 운동 에너지 K와 위치 에너지 U의 합으로 정의된다. 단 이 식은 마찰력 같은 비보존력이 작용하지 않는 고립계에서 성립한다. 어떤 외력도 계에 작용하지 않아서 내부 에너지로의 변화는 없다는 조건에서 성립한다.

4.3 강체의 공간 운동

강체란 외부 변형력에 대하여 크기가 변하지 않는 물체를 의미한다. 다시 말해서 외력에

의하여 물체 내 임의의 두 지점 사이의 거리가 변하지 않는다. 강체의 운동에는 병진 운동 에너지와 회전 운동 에너지가 포함되어 있다.

경사면에서 강체가 미끄러짐 없이 굴러 내려올 때, 중력, 수직항력, 정지 마찰력을 받는다. 이때 중력은 보존력이고 수직항력은 항상 변위와 수직 하므로 일을 하지 않는다. 이번에는 정지 마찰력의 작용을 살펴보자. 미끄러짐이 없을 때 접촉점에서의 순간 속도는 0이다. 정지 마찰력은 병진 운동 에너지의 일부를 회전 운동 에너지로 전환하는 작용을 하므로, 경사면을 굴러 내려올 경우 역학적 에너지는 보존된다.

그림 4에서와 같이 반지름이 r이고 질량이 m인 구가 높이 h인 지점에서 정지 상태에서 출발하여 굴러 내려올 경우 역학적 에너지는 보존되므로, 처음 A에서 위치 에너지와 경사면 바닥 B에서의 운동 에너지는 같다. 따라서

$$mgh = \frac{1}{2}mv_b^2 + \frac{1}{2}I\omega_b^2 \tag{3.1}$$

이다. 여기서 v_b와 ω_b는 경사면 바닥에서 구의 선속력과 각속력이다. $\frac{1}{2}mv^2$은 병진 운동 에너지이고, $\frac{1}{2}I\omega^2$은 회전 운동 에너지이다. I는 관성 모멘트라고 하며, 회전 물체의 질량, 모양, 회전축 등에 의해 결정된다. 구의 관성 모멘트는 $I = \frac{2}{5}mr^2$이고 $v = r\omega$이므로, 경사면 바닥에서의 속력은

$$v_b = \sqrt{\frac{10}{7}gh} \tag{3.2}$$

가 된다.

이번에는 구가 높이 h인 A 지점에서 정지 상태로부터 굴러내려 원형 트랙의 꼭대기 T를 겨우 통과하는 경우, 꼭대기 T에서의 역학적 에너지 E_t와 점 B에서 구의 속력 v_b는 다음과 같이 구해진다. 원형 트랙의 꼭대기 T에서, 역학적 에너지는

$$E = \frac{1}{2}mv_t^2 + \frac{1}{2}I\omega_t^2 + 2mgR \tag{3.3}$$

이다. 여기서, v_t와 ω_t는 T에서 구의 선속력과 각속력이다. $v_t = r\omega_t$이며, R은 원형 트랙의 반지름이다. 구가 점 T에 겨우 도달하는 경우, T에서의 구심력과 중력이 같으므로 다음 조건을 만족해야 한다. 즉,

$$m\frac{{v_t}^2}{R} = mg \tag{3.4}$$

이다. 식 (3.4)와 $I = \frac{2}{5}mr^2$, 그리고 $v = r\omega$의 관계를 식 (3.3)에 대입하면

$$E = \frac{27}{10}mgR \tag{3.5}$$

이 된다. 출발점 A에서의 전체 에너지는 위치 에너지만 갖고 있으므로, 이를 점 T에서의 역학적 에너지와 같다고 놓으면,

$$mgh = \frac{27}{10}mgR \tag{3.6}$$

이 되어

$$h = \frac{27}{10}R \tag{3.7}$$

이 된다. 따라서 구가 꼭대기 T를 겨우 통과하는 경우 경사면 바닥 B에서의 선속력 v_b는 식 (3.7)을 식 (3.2)에 대입하여 얻을 수 있다. 즉,

$$v_b = \sqrt{\frac{10}{7}gh} = \sqrt{\frac{27}{7}gR} \tag{3.8}$$

이 된다.

이번에는 점 B와 C에서 역학적 에너지 보존을 적용하면

$$\frac{1}{2}mv_b^2 + \frac{1}{2}I\omega_b^2 = \frac{1}{2}mv_c^2 + \frac{1}{2}I\omega_c^2 + mgH \tag{3.9}$$

이다. 여기서 ω_c는 점 C에서 구의 각속력이며, H는 그림 1에서 보는 바와 같이 트랙의 바닥에서 트랙의 끝점인 점 C까지의 높이이다. 식 (3.9)를 정리하면

$$v_b^2 = v_c^2 + \frac{10}{7}gH \tag{3.10}$$

이다. 트랙의 끝점 C를 떠난 구는 포물선 운동을 하여 지면에 떨어진다. 점 C의 수직선이 지면과 만나는 점을 좌표축의 원점으로 하고 지면과 평행한 방향을 x축, 수직한 방향을

y축으로 하면, 구의 궤도는 다음 식으로 표현된다. 즉,

$$y = y_0 + (\tan\theta_0)x - \left(\frac{g}{2v_c^2\cos^2\theta_o}\right)x^2 \tag{3.11}$$

이다. 여기서 y_0는 실험실 바닥으로부터 점 C까지의 y 좌표이고, θ_0는 처음 각이다. 이 구가 실험실 바닥에 떨어진 좌표를 $(x_f,\ 0)$으로 표시하면, 식 (3.11)에서

$$v_c^2 = \frac{gx_f^2}{2(y_0 + x_f\tan\theta_0)\cos^2\theta_0} \tag{3.12}$$

이다.

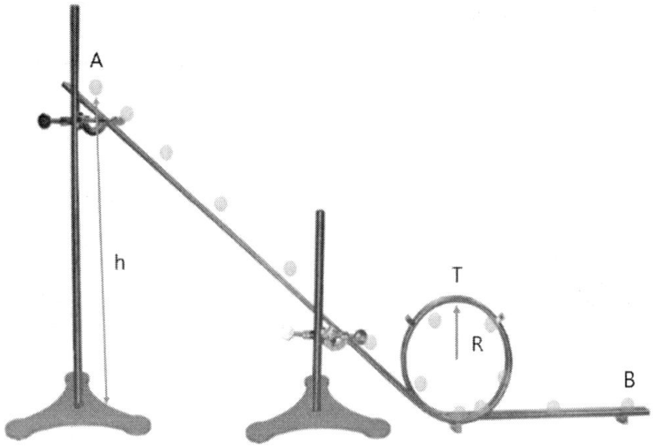

그림 4 구의 공간 운동 장치

5. 실험장비

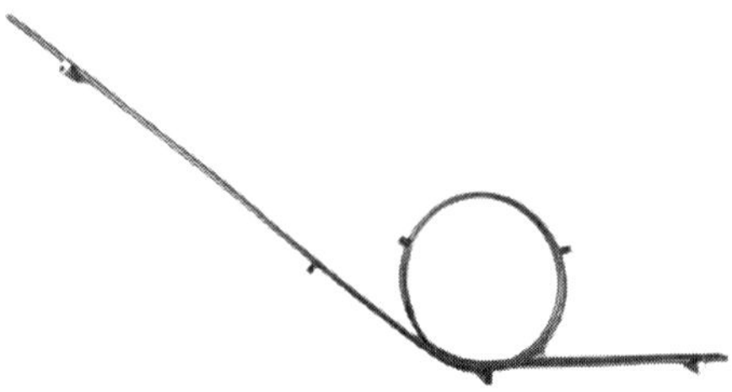	
• 트랙	• 삼발이와 지지대

• 질량이 다른 금속 구	• 직각 클램프

• 줄자	• 저울
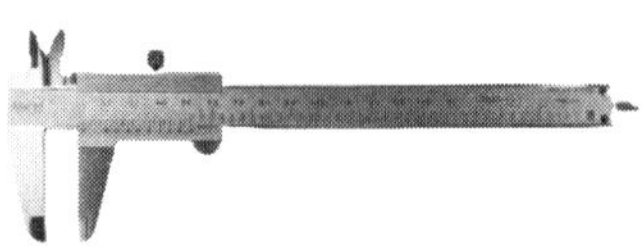	
• 버니어 캘리퍼스	• 먹지와 종이

• 수직추	

6. 실험방법

◎ 주의 사항

i) 구를 출발시킬 때 손으로 밀거나 굴리면 안 된다.

ii) 원형 트랙의 꼭대기 T 점을 간신히 접촉하면서 스치듯이 통과하는 위치를 반복 실험하여 정확히 찾아내야 한다.

iii) 트랙을 통과하는 금속 구는 빠른 속도로 움직이므로 실험을 할 때 얼굴 등에 맞지 않도록 주의해야 한다.

[실험 01 트랙 끝점과 테이블이 수평($\theta = 0°$)일 때]

① 그림 5와 같이 트랙 끝점이 테이블과 수평을 유지하도록 실험대에 장치하고 트랙으로부터 지면까지의 수직 거리 y_0와 및 원형 트랙의 반지름 R을 재어 기록한다.

② 구를 임의의 높이에서 낙하시키면서 구가 원형 트랙의 꼭대기 T 점을 간신히 접촉하면서 지나갈 때의 구가 위치한 높이 h를 측정하여 기록한다.

③ ②번 과정에서 높이 h가 결정되면 구의 낙하 예정 위치 부근에 종이를 테이프로 고정시킨 후, 그 위에 먹지를 올려놓는다. 구를 굴려내려 수평 거리 x_f를 10회 측정하여 기록한다.

④ 질량이 다른 구로 위 실험 과정을 반복하여 기록한다.

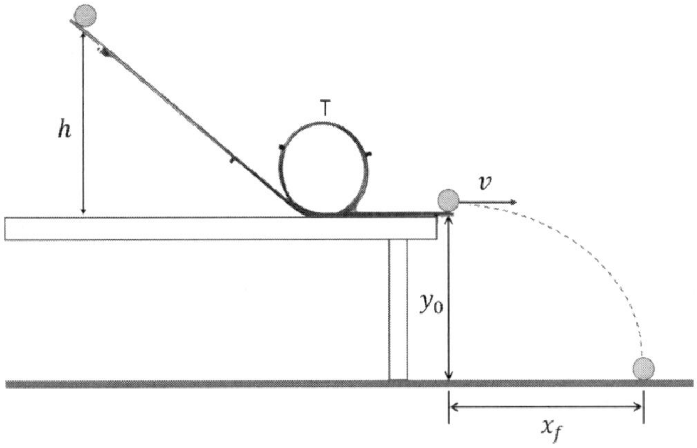

그림 5 구의 공간 운동 장치($\theta = 0°$)

[실험 02 트랙 끝점과 테이블이 θ_1의 각도를 이룰 때]

⑤ 트랙을 그림 6과 같이 트랙의 끝부분이 수평면과 각도 θ_1을 이루도록 설치하고 ②번 과정과 같이 높이 h_1를 측정하고, 트랙 끝점과 지면의 수직 거리 y_1을 재어 기록한다.

⑥ 구의 낙하 예정 위치에 종이와 먹지를 깔고 ④번 과정에서 정한 높이 h_1에서 굴려내려 수평 거리 x_f를 10회 측정하여 기록한다.

⑦ 질량이 다른 구로 위 실험 과정을 반복하여 기록한다.

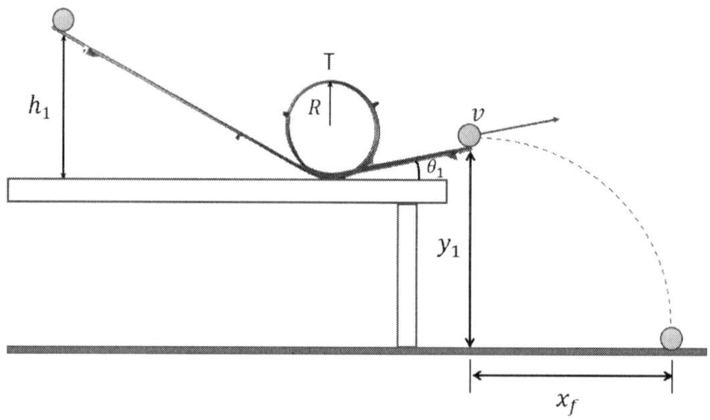

그림 6 구의 공간 운동 장치(θ 변경)

7. 다른 실험방법 구상

[실험구상 01 에너지 보존 법칙을 이용한 기계장치를 구상해 본다.]

- 기계 장치도를 설계해 본다.
- 작동원리를 설명해 본다.

[실험구상 02 일률을 측정할 수 있는 실험을 구상해 보고 원리를 설명해 본다.]

- 실험 장치도를 설계해 본다.
- 원리를 설명해 본다.

실험 06 강체의 운동과 에너지 보존 결과보고서

담당교수 : ________________ 교수님

실험일	월 일	제출일	월 일
학번		이름	
( )조 조원이름	• • •		

[실험 01 트랙 끝점과 테이블이 수평($\theta = 0°$) 일 때]

1. 측정값

표 1 원형 트랙의 반지름 R=____________ m

각도	측정값	금속구 1	금속구 2
$\theta = 0°$	트랙 끝점의 높이, y_0 (m)		
	출발점의 높이, h (m)		

① 금속구 1 (질량 : __________ kg, 반지름 : __________ m)

표 2 (단위 : m)

측정횟수	1	2	3	4	5	6	7	8	9	10	평균
x_f											

② 금속구 2 (질량 : __________ kg, 반지름 : __________ m)

표 3 (단위 : m)

측정횟수	1	2	3	4	5	6	7	8	9	10	평균
x_f											

2. 계산 및 분석

표 4

	금속구 1	금속구 2
$v_{c실험}=\sqrt{\dfrac{gx^2}{2y}}$	m/s	m/s
$v_{c이론}=\sqrt{\dfrac{10}{7}gh}$	m/s	m/s
$\dfrac{v_{c실험}}{v_{c이론}}$		
에너지 손실* $\Delta E=\dfrac{7}{10}mv_{이론}^2\left(1-\left(\dfrac{v_{실험}}{v_{이론}}\right)^2\right)$	J	J

* 구가 트랙 끝점을 통과할 때의 에너지

$$=\frac{1}{2}mv^2+\frac{1}{2}I\omega^2=\frac{1}{2}mv^2+\frac{1}{2}\left(\frac{2}{5}mr^2\right)\left(\frac{v^2}{r^2}\right)=\frac{7}{10}mv^2$$

* 에너지 손실 $\Delta E=\dfrac{7}{10}mv_{이론}^2-\dfrac{7}{10}mv_{실험}^2=\dfrac{7}{10}mv_{이론}^2\left(1-\left(\dfrac{v_{실험}}{v_{이론}}\right)^2\right)$

[실험 02 트랙 끝점과 테이블이 θ_1의 각도를 이룰 때]

1. 측정값

표 5 원형 트랙의 반지름 $R=$____________ m

각도	측정값	금속구 1	금속구 2
$\theta=\theta_1°$	트랙 끝점의 높이, y_1(m)		
	트랙의 경사각, θ_1(°)		
	출발점의 높이, h_1(m)		

① 금속구 1 (질량 : ________ kg, 반지름 : ________ m

표 6

(단위 : m)

측정횟수	1	2	3	4	5	6	7	8	9	10	평균
x_f											

② 금속구 2 (질량 : ________ kg, 반지름 : ________ m)

표 7

(단위 : m)

측정횟수	1	2	3	4	5	6	7	8	9	10	평균
x_f											

2. 계산 및 분석

표 8

	금속구 1	금속구 2
$v_{c실험}^2 = \dfrac{gx_f^2}{2(y_0 + x_f\tan\theta)\cos^2\theta}$	m^2/s^2	m^2/s^2
$v_{b실험} = \sqrt{v_c^2 + \dfrac{10}{7}gH}$	m/s	m/s
$v_{b이론} = \sqrt{\dfrac{27}{7}gR}$	m/s	m/s
$\dfrac{v_{b실험}}{v_{b이론}}$		

[실험구상 01 에너지 보존 법칙을 이용한 기계장치를 구상해 본다.]

실험 제목 : ______________________________

• 기계 장치도를 설계	• 작동원리를 설명

[실험구상 02 일률을 측정할 수 있는 실험을 구상해 보고 원리를 설명해 본다.]

실험 제목 : ______________________________

• 실험 장치도(그림으로 표현)	• 실험방법 설명(번호로 구분)

〈질문〉

◘ 아래 질문에 답하시오.

답변할 때는 자료를 찾아보고 토론을 해본 후 스스로 정리해보면 해결해야 할 문제에 대한 이해도가 높아지고 응용력도 향상됩니다.

1) 본 실험에서 오차의 원인은 무엇인가?
2) 오차를 줄일 수 있는 아이디어를 생각해 보고 방법을 서술하라.
3) 입자에 일정한 힘 $\vec{F} = (3.0\hat{i} + 2.0\hat{j} + \hat{k})\,N$이 수평으로 작용하여 변위 $\Delta\vec{r} = (2.0\hat{i} - 4.0\hat{j})\,m$만큼 움직였다. 힘의 크기와 힘이 입자에 한 일을 구하라.
4) 운동 에너지와 위치 에너지의 개념을 설명하라.
5) 역학적 에너지 보존 법칙에 대해서 설명하라.
6) 본 실험에서 구슬이 원형 트랙의 꼭대기 T지점을 스치듯이 지나가야 하는데 그 이유를 설명하라.
7) 지면으로부터 높이 y_i인 곳에서 질량이 m인 물체를 떨어뜨렸다. 물체와 공기 사이의 저항은 무시한다. 물체가 지면에서부터 높이 y_f인 위치에 도달할 때 속력을 구하라.

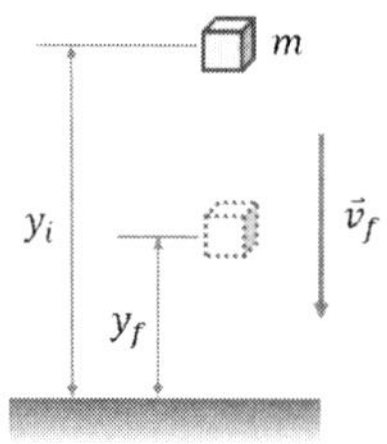

▷ 답변 :

〈실험 결과 요약〉

■ 서론 본론 결론 형식으로 자유롭게 기술하세요.

논문형식의 기술적 글쓰기(Technical Writing)를 통해서 주장하는 내용에 대한 의미전달 능력을 향상시킬 수 있고 창의적 생각 또한 키워나갈 수 있습니다.

실험제목 :
작성자 신원 :

〈서론〉

〈본론〉

〈결론〉

〈참고문헌〉

심화학습

〈스칼라곱(Scalar Product)〉

◆ 스칼라곱

▪ 두 벡터 A와 B의 스칼라곱

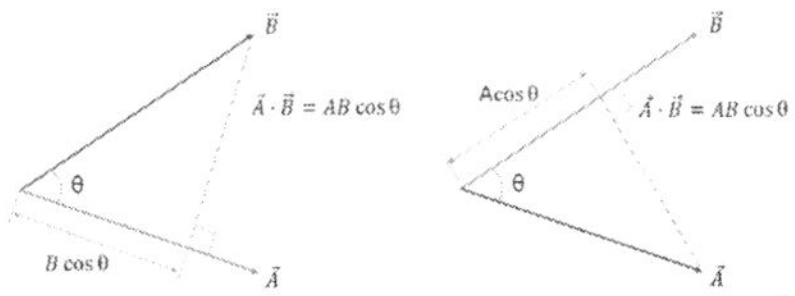

❖ 스칼라 곱

$$\boxed{\vec{A}\cdot\vec{B} = AB\cos\theta} \Longleftrightarrow \boxed{W = \vec{F}\cdot\vec{r}}$$

❖ 일

▪ 교환법칙:

$$\vec{A}\cdot\vec{B} = \vec{B}\cdot\vec{A}$$

▪ 분배법칙:

$$\vec{A}\cdot(\vec{B}+\vec{C}) = \vec{A}\cdot\vec{B} + \vec{A}\cdot\vec{C}$$

❖ 임의 두 벡터의 스칼라곱을 구해보면

$$\vec{A} = A_x\hat{i} + A_y\hat{j} + A_z\hat{k}$$

$$\vec{B} = B_x\hat{i} + B_y\hat{j} + B_z\hat{k}$$

⇩

$$\vec{A}\cdot\vec{B} = (A_x\hat{i} + A_y\hat{j} + A_z\hat{k})\cdot(B_x\hat{i} + B_y\hat{j} + B_z\hat{k})$$

⇩

✓ 단위벡터

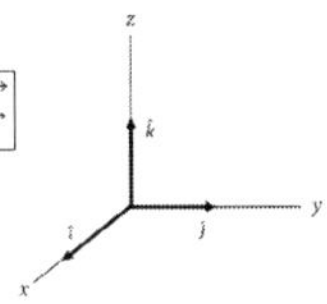

$$\hat{i}\cdot\hat{i} = (1)(1)\cos 0^\circ = (1)(1)(1) = 1$$

$$\hat{i}\cdot\hat{j} = (1)(1)\cos 90^\circ = (1)(1)(0) = 0$$

$$\hat{i}\cdot\hat{i} = \hat{j}\cdot\hat{j} = \hat{k}\cdot\hat{k} = 1$$

$$\hat{i}\cdot\hat{j} = \hat{i}\cdot\hat{k} = \hat{j}\cdot\hat{k} = 0$$

⇩

$$\boxed{\vec{A}\cdot\vec{B} = A_xB_x + A_yB_y + A_zB_z}$$

일의 정의 $W = \vec{F}\cdot\vec{r}$를 보면 스칼라곱(Scalar Product)으로 되어있다. 스칼라곱에 대해서 알아보자. 스칼라곱은 내적(inner product) 또는 도트곱(dot product)이라고도 한다.

임의의 두 벡터 $\vec{A}$와 $\vec{B}$의 스칼라곱의 정의는

$$\vec{A}\cdot\vec{B} = AB\cos\theta \tag{1}$$

이고, 스칼라량이다. 위 식에서 A와 B는 벡터 $\vec{A}$와 $\vec{B}$ 크기를 뜻하고, θ는 두 벡터 $\vec{A}$와 $\vec{B}$의 사이의 각도다. 그림 4에 두 벡터의 스칼라곱 $\vec{A}\cdot\vec{B}$이 기하학적 구조로 묘사되어있다. $B\cos\theta$는 $\vec{A}$에 대한 $\vec{B}$의 정사영이고, $A\cos\theta$는 $\vec{B}$에 대한 $\vec{A}$의 정사영이다. 그러므로 $\vec{A}\cdot\vec{B}$는 $\vec{A}$또는 $\vec{B}$ 벡터의 크기에 해당되는 정상영을 곱한 값이다. 즉 $A(b\cos\theta)$ 또는 $B(Acos\theta)$의 형태이다.

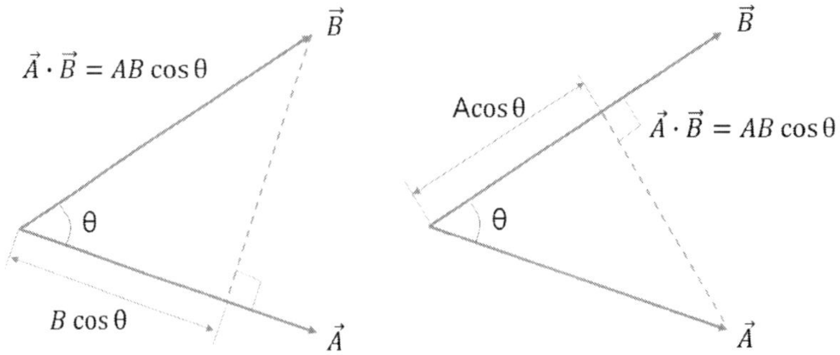

그림 1 스칼라곱

스칼라곱은 다음 두 가지 특징이 있다.

1) 스칼라곱은 교환 법칙(commutative law)이 성립한다.

$$\vec{A} \cdot \vec{B} = \vec{B} \cdot \vec{A} \tag{2}$$

2) 스칼라곱은 분배 법칙(distributive law)이 성립한다.

$$\vec{A} \cdot (\vec{B} + \vec{C}) = \vec{A} \cdot \vec{B} + \vec{A} \cdot \vec{G} \tag{3}$$

그렇다면 임의의 두 벡터를 $\vec{A}$와 $\vec{B}$가 다음과 같이 정의될 때

$$\vec{A} = A_x \hat{i} + A_y \hat{j} + A_z \hat{k} \tag{4}$$

$$\vec{B} = B_x \hat{i} + B_y \hat{j} + B_z \hat{k} \tag{5}$$

스칼라곱 $\vec{A} \cdot \vec{B}$는 어떻게 구하면 될까? 이 값을 구하기 위해서는 단위 벡터(unit vector)들 사이의 스칼라곱 결과를 알고 있으면 편리하다. 단위 벡터(unit vector)에 스칼라곱 $\vec{A} \cdot \vec{B} = AB\cos\theta$ 을 적용시켜 보자.

$$\hat{i} \cdot \hat{i} = (1)(1)\cos 0 = (1)(1)(1) = 1 \tag{6}$$

$$\hat{i} \cdot \hat{j} = (1)(1)\cos 90^{o} = (1)(1)(0) = 0 \tag{7}$$

이 된다. 위 관계를 이용하여 다른 단위 벡터들 사이의 관계를 정리하면

$$\hat{i} \cdot \hat{i} = \hat{j} \cdot \hat{j} = \hat{k} \cdot \hat{k} = 1 \tag{8}$$

$$\hat{i} \cdot \hat{j} = \hat{i} \cdot \hat{k} = \hat{j} \cdot \hat{k} = 0 \tag{9}$$

이다. 그러므로 두 벡터의 스칼라곱 $\vec{A} \cdot \vec{B}$은 다음과 같이 계산할 수 있는데,

$$\vec{A} \cdot \vec{B} = (A_x \hat{i} + A_y \hat{j} + A_z \hat{k}) \cdot (B_x \hat{i} + B_y \hat{j} + B_z \hat{k}) \quad 10)$$

여기에 위 단위 벡터들 사이의 스칼라곱 결과를 적용하면

$$\vec{A} \cdot \vec{B} = A_x B_x + A_y B_y + A_z B_z \tag{11}$$

이 된다.

실험 07

탄동진자와 완전 비탄성 충돌

1. 실험 목표

충돌 현상에는 탄성 충돌과 비탄성 충돌이 있다. 탄동진자 실험 장치를 이용하여 운동량 보존 법칙, 역학적 에너지 보존 법칙을 이용하여 탄환의 속도를 측정한다. 두 개의 쇠공을 충돌시켜 충돌 전후의 속력을 측정함으로써 충돌 전후의 선운동량을 비교하여 선운동량 보존 법칙을 이해한다.

2. 학습 목표

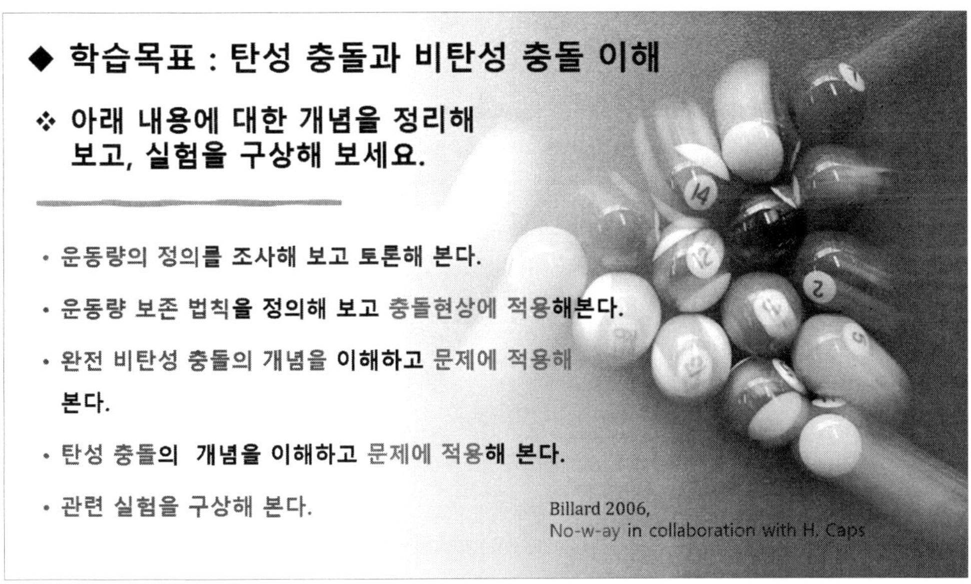

3. 기본개념에 대한 이해

◆ 운동량

- **운동량 :**
  질량과 **속도**의 **곱**

$$p = mv \quad [\text{kg} \cdot \text{m/s}]$$

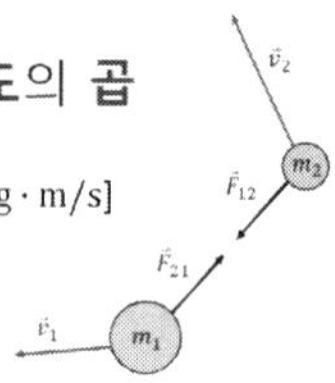

$$F_{net} = ma = m\frac{dv}{dt} = \frac{d(mv)}{dt}$$

- **선운동량**

$$\vec{F}_{12} + \vec{F}_{21} = 0$$

$$m_1\frac{d\vec{v}_1}{dt} + m_2\frac{d\vec{v}_2}{dt} = 0$$

$$\frac{d(m_1\vec{v}_1)}{dt} + \frac{d(m_2\vec{v}_2)}{dt} = 0$$

- **제2법칙의 일반화된 형태**

$$F_{net} = \frac{dp}{dt}$$

- **선운동량:**

$$\vec{p} = m\vec{v}$$

✓ 단위: kg · m/s

✓ 차원: ML/T

❖ 심화학습
운동량을 정의하면 어떤 점에서 편리할까? 같은 속도로 물체가 낙하하고 있다고 하더라도 탁구공이 떨어질 때와 쇠구슬이 떨어질 때를 비교해 보면 분명한 차이점이 있다. 운동량을 정의해보고 토론해 보자.

◆ 충돌

- **탄성 충돌(elastic collision)**

충돌 과정에서 계의 전체의

i) 운동량과

ii) 운동 에너지는 보존된다.

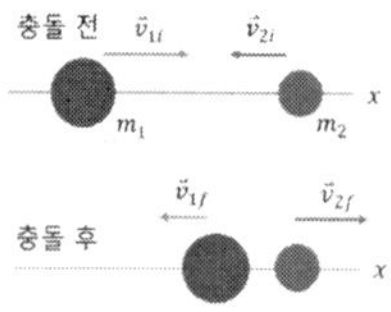

- **비탄성 충돌(inelastic collision)**

충돌 과정에서 계의 전체의

i) 운동량은 보존 된다.

ii) 운동 에너지는 보존되지 않는다.

→ 위치 에너지로 변함

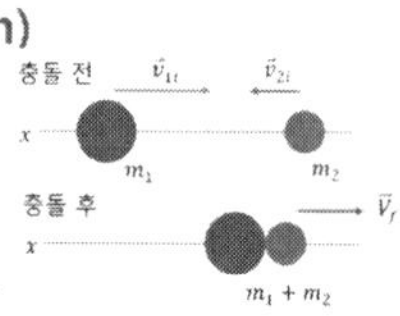

❖ 실험구상
탄성 충돌과 **비탄성 충돌**에 대한 실험 예를 들어 보고 의미에 대해서 토론해 보자.

4. 이론 및 원리

4.1 선운동량(linear momentum)

선운동량의 개념을 이해해 보자. 운동량은 물체의 질량과 속도의 곱으로 표현된다. 질량이 큰 물체가 천천히 움직이거나 질량이 작은 물체가 빠른 속도로 움직이게 되면 큰 운동량을 갖게 된다. 질량이 m인 물체가 속도 $\vec{v}$로 움직일 때 선운동량(linear momentum) $\vec{p}$는

$$\vec{p} = m\vec{v} \tag{1.1}$$

으로 정의되고, SI 단위는 kg • m/s 이다.

운동량의 개념을 운동 에너지 $K = \frac{1}{2}mv^2$와 연결시키면 $K = \frac{p^2}{2m}$으로 쓸 수 있다. 이 운동 에너지와 운동량에 대한 관계식은 빛의 속력에 비해 아주 느리게 움직이는 물체의 운동을 이해하는데 유용하다.

이제 우리가 이미 알고 있는 뉴턴의 제2법칙을 더 일반적인 형태로 기술해 보자. 가속도 $\vec{a}$는 속도 $\vec{v}$의 시간 변화율이기 때문에

$$\vec{F}_{net} = m\vec{a} = m\frac{d\vec{v}}{dt} = \frac{d(m\vec{v})}{dt} \tag{1.2}$$

이고, 위에서 정의한 운동량 $\vec{p}$의 개념을 도입하면

$$\vec{F}_{net} = \frac{d\vec{p}}{dt} \tag{1.3}$$

이다. 이 식은 입자의 시간에 대한 선운동량의 변화율이 그 입자에 작용하는 알짜힘과 같음을 뜻한다. 그러므로 한 물체의 운동량을 변화시키려면 그 물체에 힘이 작용해야 한다. 만약 알짜힘이 0이면 물체의 운동량은 변하지 않는다.

4.2 탄동진자

그림 1과 같이 초기속력 v로 운동하고 있는 질량 m인 탄환이 질량 M인 진자와 충돌한 후, 진자에 박힌 채 높이 h만큼 올라가는 장치를 탄동진자라고 부른다. 올라간 높이

h를 측정해서 박힌 탄환의 초기속도를 결정할 수 있는데, 충돌이 일어나는 동안 역학적 에너지는 보존되지 않으나, 운동량은 보존되기 때문이다. 충돌 전과 후의 운동 에너지는 운동량 보존 법칙에서부터

$$mv = (m + M)V \tag{2.1}$$

이 성립되고, 탄환의 속도 v에 관한 식으로 정리하면

$$v = \frac{(m + M)}{m} V \tag{2.2}$$

이다. 충돌 후에는 역학적 에너지가 보존되며, 진자가 높이 h에 위치했을 때의 운동 에너지는 위치 에너지 $(m + M)gh$ 로 전환되므로,

$$\frac{1}{2}(m + M)V^2 = (m + M)gh \tag{2.3}$$

에서 속도 V에 대한 식으로 정리하면

$$V = \sqrt{2gh} \tag{2.4}$$

이다. 식 (2.4)를 식 (2.2)에 대입하면

$$\therefore v = \left(\frac{m + M}{m}\right)\sqrt{2gh} \tag{2.5}$$

이고, 여기서 h는 진자의 최고 높이이고

$$h = R(1 - \cos\theta) \tag{2.6}$$

이다. R는 진자의 끝에서부터 탄환과 진자의 질량중심까지의 거리이다. 탄환의 초기속도 v 는

$$v = \left(\frac{m + M}{m}\right)\sqrt{2gR(1 - \cos\theta)} \tag{2.7}$$

가 된다.

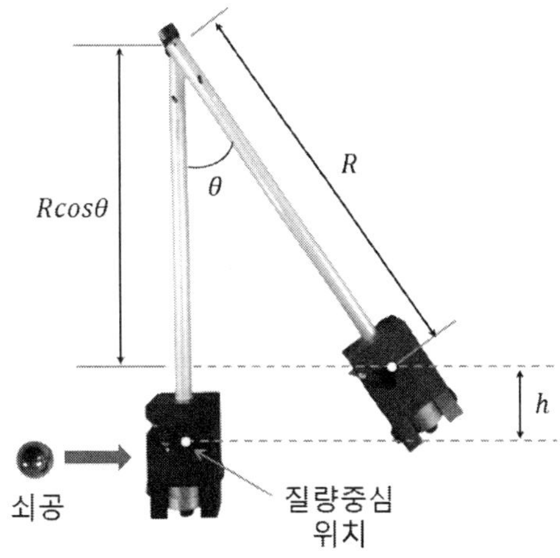

그림 1 탄동진

4.3 2차원 충돌

정지하고 있는 질량 m_2인 입자에 질량 m_1인 입자가 속도 v_{1i}으로 충돌하면 이 두 입자는 충돌 후 그림 2와 같이 운동한다. 이 충돌에서 외력은 0이므로 선운동량은 보존된다. 즉,

$$m_{1i}v_1 + 0 = m_1 v_{1f} + m_2 v_{2f} \tag{3.1}$$

이다.

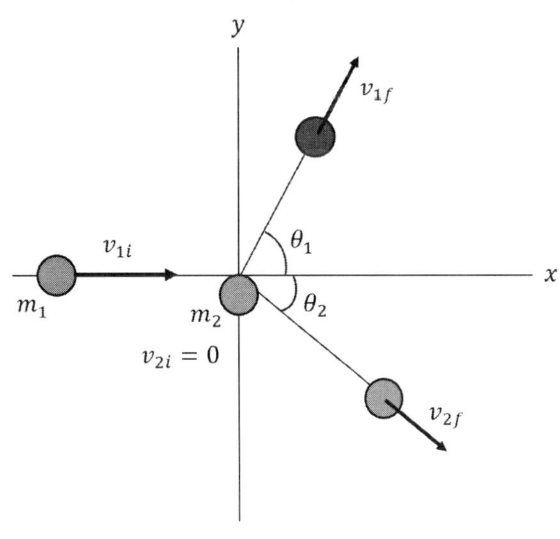

그림 2 2차원 충돌

식 (3.1)을 입사 방향을 x축, 이와 직각 방향을 y축으로 하는 좌표계에서 성분으로 표시하면

$$\begin{aligned} x\text{성분}: m_1 v_{1i} &= m_1 v_{1f}\cos\theta_1 + m_2 v_{2f}\cos\theta_2 \\ y\text{성분}: \quad 0 \quad &= m_1 v_{1f}\sin\theta_1 - m_2 v_{2f}\sin\theta_2 \end{aligned} \tag{3.2}$$

이다. 또 이 충돌이 탄성 충돌이라면 충돌 전후의 계의 운동 에너지가 보존되어야 하므로

$$\frac{1}{2}m_{1f}v_1^2 + 0 = \frac{1}{2}m_1 v_{1f}^2 + \frac{1}{2}m_2 v_{2f}^2 \tag{3.3}$$

이다. 만약, 입사입자 m_1과 표적입자 m_2의 질량이 같다면($m_1 = m_2$) 식 (3.3)은

$$v_1^2 = v_{1f}^2 + v_{2f}^2 \tag{3.4}$$

이 되어, 충돌 후 두 입자의 진행 방향은 직각을 이루게 된다. 즉,

$$\theta_1 + \theta_2 = \frac{\pi}{2} \tag{3.5}$$

이다.

5. 실험장비

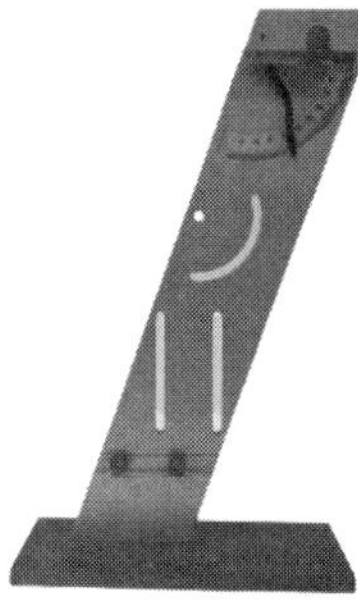	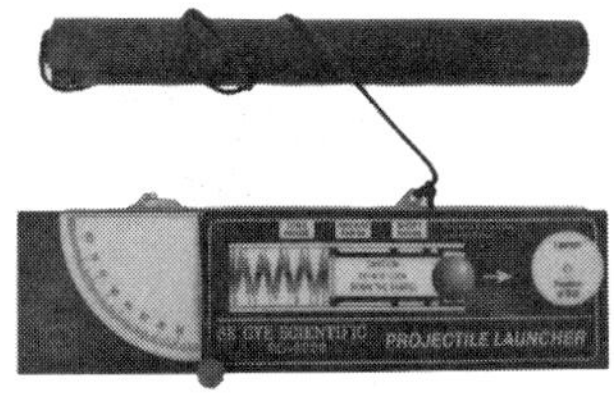
• 실험 장치대	• 발사 장치
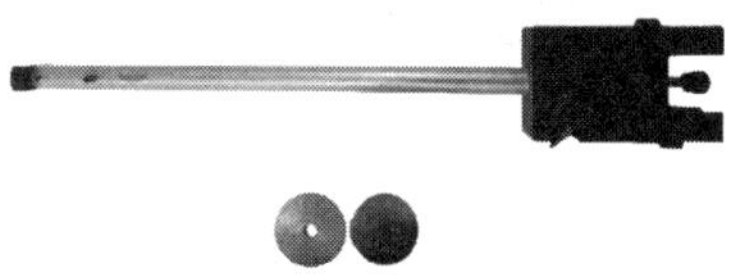	
• 진자와 추가 질량	• 쇠공과 플라스틱공
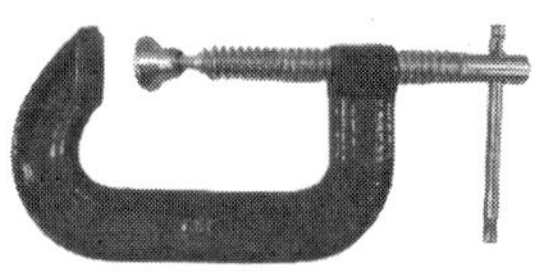	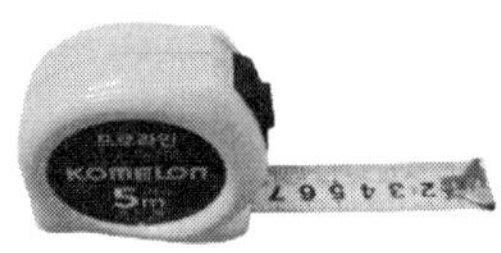
• 클램프	• 줄자

• 전자저울	

<table>
<tr><td></td><td>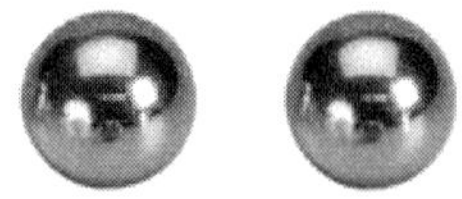</td></tr>
<tr><td>• 2차원 충동 장치</td><td>• 질량이 같은 쇠공 2개</td></tr>
<tr><td>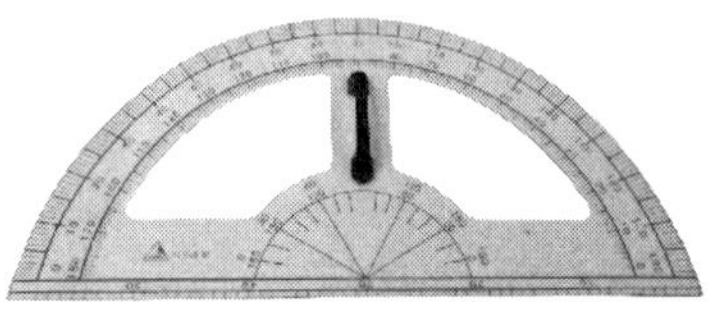</td><td>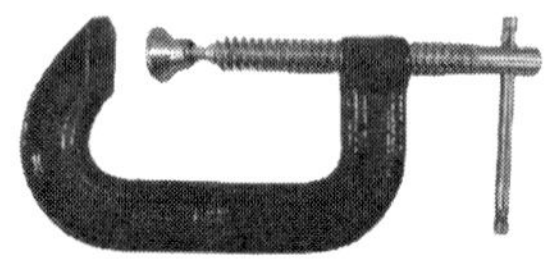</td></tr>
<tr><td>• 각도기</td><td>• 클램프</td></tr>
<tr><td></td><td>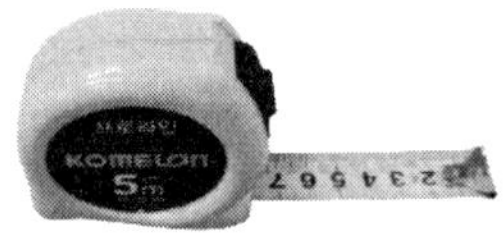
</td></tr>
<tr><td>•수직추</td><td>• 줄자</td></tr>
<tr><td>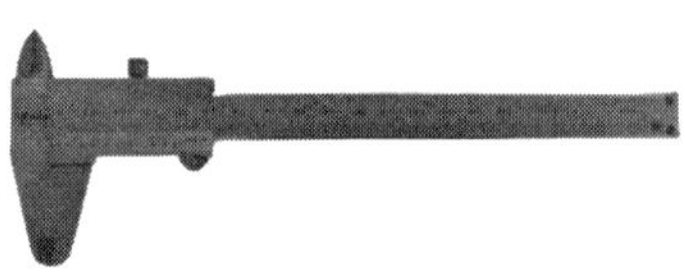</td><td></td></tr>
<tr><td>• 버니어 캘리퍼스</td><td>• 먹지와 갱지</td></tr>
<tr><td></td><td></td></tr>
<tr><td>• 전자저울</td><td></td></tr>
</table>

6. 실험방법

◎ 주의 사항

i) 발사총에 쇠공을 넣을 때는 막대를 이용하여 끝까지 밀어 넣어야 한다. 쇠공이 발사총의 중간쯤에 있으면 오차의 원인이 된다.

ii) 발사총에 장착되어있는 용수철은 탄성계수가 상당히 강함으로 손가락으로 쇠공을 넣지 않도록 한다.

iii) 탄동진자에 쇠공을 발사하기 전에 각도기를 그림 3과 같이 0도의 위치에 놓아야 한다.

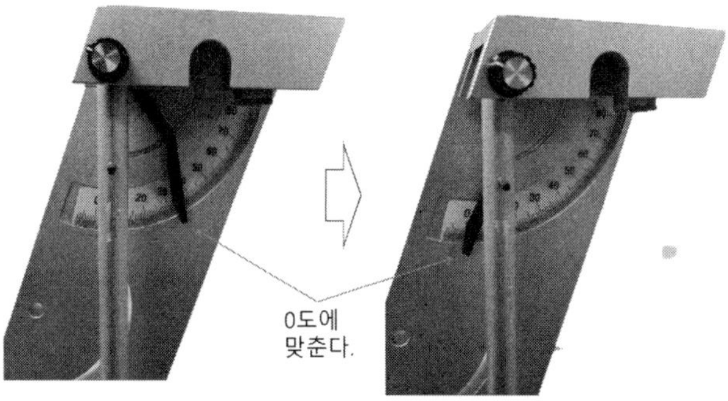

그림 3 각도기 영점

[실험 01 탄동진자와 완전 비탄성 충돌]

① 저울을 이용하여 탄환(쇠공)의 질량과 진자의 질량(황동제외)을 측정하고 기록한다.

② 그림 4와 같이 실험 장비를 설치하고, 발사총의 강도를 1단계로 조절하고, 쇠공을 막대를 이용하여 넣는다.

③ 탄동진자를 발사총구 정면에 흔들리지 않게 둔 후, 각도기를 0점으로 맞춘다.

④ 발사를 한 후 탄동진자가 움직인 각도를 기록한다.

⑤ 방법 ②~④를 5번 반복한다.

⑥ 그림 5를 참고하여 탄동진자의 질량중심까지의 길이 R 을 측정한다. 공을 넣은 채로 R 을 측정한다.

⑦ 발사총의 발사 강도를 중간(2단)으로 놓고 위 실험을 반복한다.

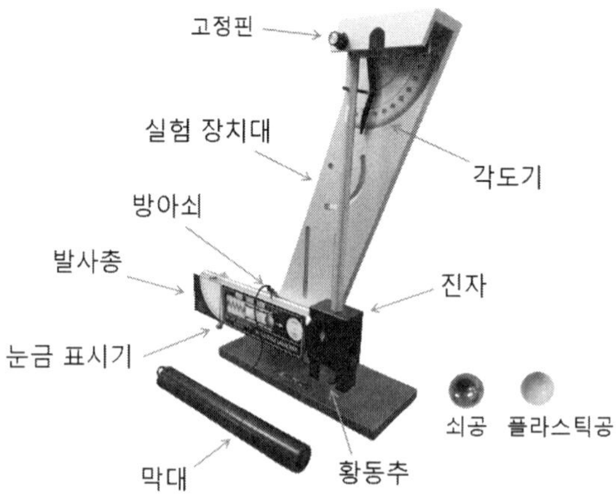

그림 4 탄동진자 실험장치

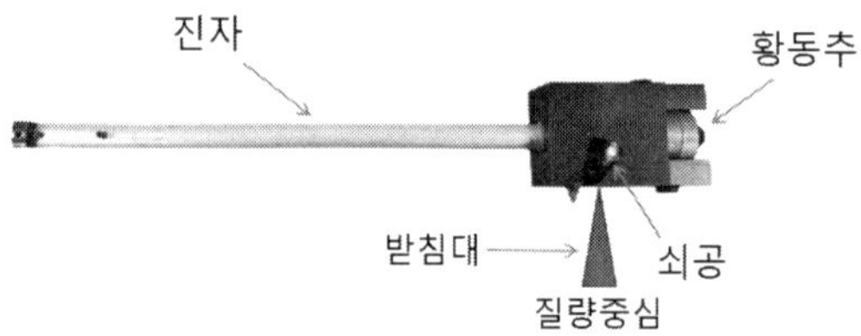

그림 5 진자의 질량중심

⑧ 발사총의 강도를 강하게(3단) 놓고 위 실험을 반복한다.

⑨ 탄동진자의 질량을 황동 환원을 이용하여 변화시킨 후 위 실험을 반복한다.

⑩ 탄환을 플라스틱공으로 변경하여 위 실험을 반복한다.

[실험 02 2차원 충돌과 탄성 충돌]

① 그림 6과 같이 2차원 충돌 장치를 실험대 끝에 클램프로 고정하고, 표적구 아래에 충돌 위치를 확인할 수 있도록 추를 매달고, 그 아래에 종이를 펼쳐 놓는다.

② 질량이 같은 두 개의 쇠공을 준비하여 하나는 표적구로, 또 하나는 입사구로 사용한다.

③ 그림 7의 측면도와 같이 표적구 없이 입사구를 일정한 높이의 기준점에서 굴러내려 떨어진 장소와 수직기 끝점이 지시하는 지점과의 수평거리 x_0를 5회 측정하여 평균을 구한다.

④ 입사구가 낙하한 수직거리 H를 구한다.

⑤ 과정 ③, ④의 측정값을 이용하여 입사구의 속도 v_1을 구한다.

⑥ 그림 7과 같이 표적구를 입사구와 약 20°의 각을 유지하도록 올려놓고, 과정 ③에서 정해놓은 기준점에서 입사구를 굴러내려 충돌시킨 후 두 공이 떨어진 지점의 수평거리 x_1과 x_2, 입사 방향과 이루는 각 θ_1과 θ_2를 측정한다. 이와 같은 과정을 5회 반복하여 평균을 구한다.

⑦ 표적구와 입사구의 각을 약 30°, 40° 정도로 놓고 과정 ⑥을 반복한다.

⑧ x_1, x_2, θ_1 및 θ_2로부터 충돌 후 입사구와 표적구의 속도 v_1'와 v_2'를 계산한다.

⑨ 입사구와 표적구의 질량과 반경을 측정하여 기록한다.

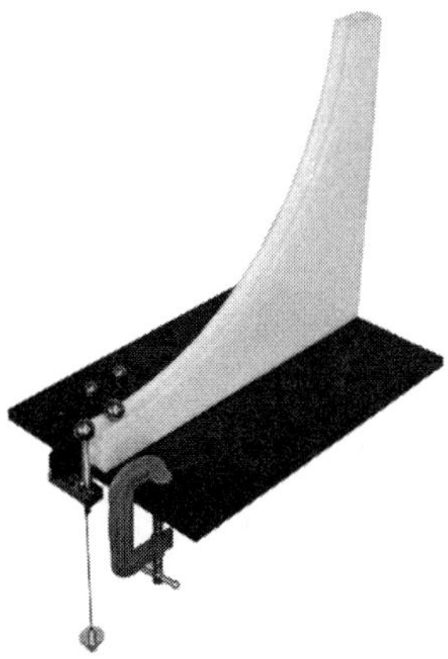

그림 6 2차원 충돌 실험장치

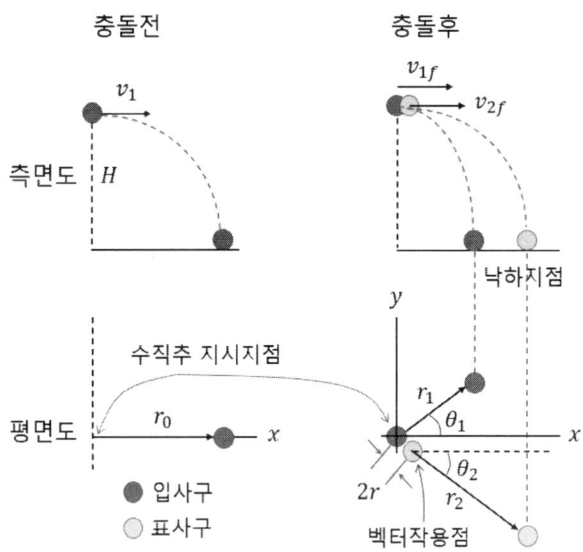

그림 7 충돌 전후의 물리량

7. 다른 실험방법 구상

[실험구상 01 로켓의 구조를 이해하고 추진 방법을 구상해 보자.]

- 로켓 추진 원리를 운동량 보존 법칙을 이용하여 설명해 보자.
- 로켓 방정식을 유도해 보자.

Soyuz TMA-9 launch 2006, NASA/Bill Ingalls

그림 8 로켓 추진

[실험구상 02 자동차 충돌에서 충격량을 줄일 수 있는 방법을 구상해 보고 설계해 보자.

- 실험 장치도를 그려본다.
- 원리를 설명해 본다.

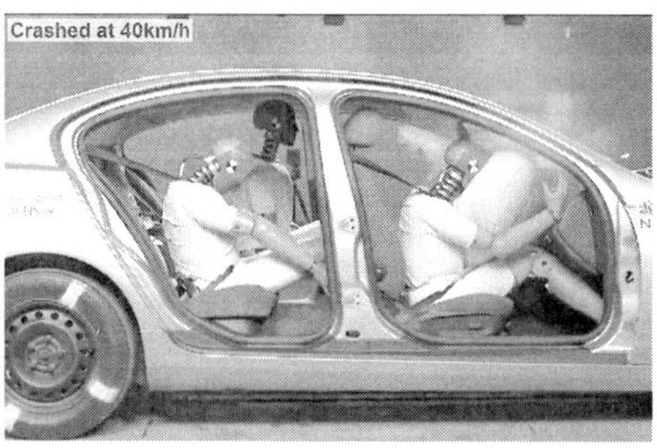

Crash test with airbag and safety belt 2019, Transport For NSW

그림 9 충격량

실험 07 탄동진자와 완전 비탄성 충돌 결과보고서

담당교수 : ________________ 교수님

실험일	월 일	제출일	월 일
학번		이름	
( )조 조원이름	• • •		

[실험 01 탄동진자와 완전 비탄성 충돌]

A. 쇠공을 이용한 측정

1. 측정값

쇠공의 질량 : ____________kg, 진자의 질량 : ____________kg,

황동 환원 질량 : ____________kg

① 강도: 1단

표 1

실험횟수	1	2	3	4	5	평균값
$\theta(°)$						
$h(\mathrm{m})$						

$h = R(1 - \cos\theta) =$

② 강도: 2단

표 2

실험횟수	1	2	3	4	5	평균값
$\theta(°)$						
h(m)						

$h = R(1 - \cos\theta) =$

③ 강도: 3단

표 3

실험횟수	1	2	3	4	5	평균값
$\theta(°)$						
h(m)						

$h = R(1 - \cos\theta) =$

2. 계산 및 분석

탄환의 질량(m) = ________ , 진자의 질량(M) = ________

전자가 올라간 높이 (h) = 진자의 길이(l) × $(1 - \cos\theta)$

① 강도: 1단 (쇠공을 이용한 방법)

$$v = \frac{M+m}{m}\sqrt{2gh}$$

② 강도: 2단 (쇠공을 이용한 방법)

$v =$

③ 강도: 3단 (쇠공을 이용한 방법)

$v =$

B. 쇠공을 이용한 측정_탄동진자의 황동 환원 질량 변경

1. 측정값

황동 환원 질량 : ____________kg

① 강도: 1단

표 4

실험횟수	1	2	3	4	5	평균값
$\theta(°)$						
$h(\mathrm{m})$						

$h = R(1 - \cos\theta) =$

② 강도: 2단

표 5

실험횟수	1	2	3	4	5	평균값
$\theta(°)$						
$h(\mathrm{m})$						

$h = R(1 - \cos\theta) =$

③ 강도: 3단

표 6

실험횟수	1	2	3	4	5	평균값
$\theta(°)$						
$h(\mathrm{m})$						

$h = R(1 - \cos\theta) =$

2. 계산 및 분석

탄환의 질량(m) = ________ , 진자의 질량(M) = ________

전자가 올라간 높이 (h) = 진자의 길이(l)× ($1 - \cos\theta$)

① 강도: 1단 (쇠공을 이용한 방법)

$$v = \frac{M+m}{m}\sqrt{2gh}$$

② 강도: 2단 (쇠공을 이용한 방법)

$v =$

③ 강도: 3단 (쇠공을 이용한 방법)

$v =$

C. 플라스틱공을 이용한 측정

1. 측정값

플라스틱공의 질량 : ____________kg, 진자의 질량 : ____________kg,

황동 환원 질량 : ____________kg

① 강도: 1단

표 7

실험횟수	1	2	3	4	5	평균값
$\theta(°)$						
h(m)						

$h = R(1-\cos\theta) =$

② 강도: 2단

표 8

실험횟수	1	2	3	4	5	평균값
$\theta(°)$						
$h(\mathrm{m})$						

$h = R(1 - \cos\theta) =$

③ 강도: 3단

표 9

실험횟수	1	2	3	4	5	평균값
$\theta(°)$						
$h(\mathrm{m})$						

$h = R(1 - \cos\theta) =$

2. 계산 및 분석

탄환의 질량(m) = ________ , 진자의 질량(M) = ________

전자가 올라간 높이 (h) = 진자의 길이(l) × $(1 - \cos\theta)$

① 강도: 1단 (플라스틱공을 이용한 방법)

$$v = \frac{M + m}{m}\sqrt{2gh}$$

② 강도: 2단 (플라스틱공을 이용한 방법)

$v =$

③ 강도: 3단 (플라스틱공을 이용한 방법)

$v =$

D. 플라스틱공을 이용한 측정_탄동진자의 황동 환원 질량 변경

1. 측정값

황동 환원 질량 : ____________kg

① 강도: 1단

표 10

실험횟수	1	2	3	4	5	평균값
$\theta(°)$						
h(m)						

$h = R(1 - \cos\theta) =$

② 강도: 2단

표 11

실험횟수	1	2	3	4	5	평균값
$\theta(°)$						
h(m)						

$h = R(1 - \cos\theta) =$

③ 강도: 3단

표 12

실험횟수	1	2	3	4	5	평균값
$\theta(°)$						
h(m)						

$h = R(1 - \cos\theta) =$

2. 계산 및 분석

탄환의 질량(m) = ________ , 진자의 질량(M) = ________

전자가 올라간 높이 (h) = 진자의 길이(l)$\times$ $(1 - \cos\theta)$

① 강도: 1단 (플라스틱공을 이용한 방법)

$$v = \frac{M+m}{m}\sqrt{2gh}$$

② 강도: 2단 (플라스틱공을 이용한 방법)

$v =$

③ 강도: 3단 (플라스틱공을 이용한 방법)

$v =$

[실험 02 2차원 충돌과 탄성 충돌]

표 13

입사구	질량 m_1	
	반경 r	
표적구	질량 m_2	
	반경 r	
수직낙하거리	H	

A. 입사구 m_1와 표적구 m_2의 사이 각도가 20°일 때

1. 측정값

표 14

		1	2	3	4	5	평균
충돌 전 입사구 수평거리	x_0						
충돌 후 입사구 수평거리	x_1						
충돌 후 입사구 각	θ_1						
충돌 후 표적구 수평거리	x_2						
충돌 후 표적구 각	θ_2						

2. 계산 및 분석

① 입사속도

$$v_1 = x_0\sqrt{\frac{g}{2H}}$$

② 충돌 후 입사구 속도

$$v_{1f} = x_1\sqrt{\frac{g}{2H}}$$

③ 충돌 후 표적구 속도

$$v_{2f} = x_2\sqrt{\frac{g}{2H}}$$

B. 입사구 m_1와 표적구 m_2의 사이 각도가 30° 일 때

1. 측정값

표 15

		1	2	3	4	5	평균
충돌 전 입사구 수평거리	x_0						
충돌 후 입사구 수평거리	x_1						
충돌 후 입사구 각	θ_1						
충돌 후 표적구 수평거리	x_2						
충돌 후 표적구 각	θ_2						

2. 계산 및 분석

① 입사속도

$$v_1 = x_0\sqrt{\frac{g}{2H}}$$

② 충돌 후 입사구 속도

$$v_{1f} = x_1\sqrt{\frac{g}{2H}}$$

③ 충돌 후 표적구 속도

$$v_{2f} = x_2\sqrt{\frac{g}{2H}}$$

C. 입사구 m_1와 표적구 m_2의 사이 각도가 40° 일 때

1. 측정값

표 16

	1	2	3	4	5	평균
충돌 전 입사구 수평거리 x_0						
충돌 후 입사구 수평거리 x_1						
충돌 후 입사구 각 θ_1						
충돌 후 표적구 수평거리 x_2						
충돌 후 표적구 각 θ_2						

2. 계산 및 분석

① 입사속도

$$v_1 = x_0\sqrt{\frac{g}{2H}}$$

② 충돌 후 입사구 속도

$$v_{1f} = x_1\sqrt{\frac{g}{2H}}$$

③ 충돌 후 표적구 속도

$$v_{2f} = x_2\sqrt{\frac{g}{2H}}$$

[실험구상 01 로켓의 구조를 이해하고 추진 방법을 구상해 보자.]

실험 제목 : ____

• 로켓 추진 원리	• 로켓 방정식을 유도

[실험구상 02 자동차 충돌에서 충격량을 줄일 수 있는 방법을 구상해 보고 설계해 보자.

실험 제목 : ______________________________

• 실험 장치도(그림으로 표현)	• 원리 설명

〈질문〉

■ 아래 질문에 답하시오.

답변할 때는 자료를 찾아보고 토론을 해본 후 스스로 정리해보면 해결해야 할 문제에 대한 이해도가 높아지고 응용력도 향상됩니다.

1) 본 실험에서 오차의 원인은 무엇인가?
2) 오차를 줄일 수 있는 아이디어를 생각해 보고 방법을 서술하라.
3) 선운동량과 선운동량 보존법칙에 대해서 서술하라.
4) 질량중심에 대해서 설명하라.
5) 탄동진자 실험에서 쇠공을 넣은 후 R을 측정하는 이유는 무엇인지 설명하라.
6) 완전 비탄성 충돌에서 보존되는 물리량은 무엇인가 설명하라.
7) 탄성충돌에서 보존되는 두 물리량의 개념을 설명하라.
8) 완전탄성충돌일 경우를 가정할 때, 입사구와 표적구의 질량이 같다면 $\theta_1+\theta_2$는 몇 도가 나올까? 이를 증명해 보라.
9) 마찰이 없는 수평면 위에서 질량이 $35.0\ \mathrm{kg}$인 물체가 오른쪽 방향으로 $9.50\ \mathrm{m/s}$의 속력으로 이동하고 있다. 맞은편에서 질량 $95.0\ \mathrm{kg}$의 물체가 왼쪽으로 $5.50\ \mathrm{m/s}$의 속력으로 이동해 오다가 정면으로 충돌한 후 두 물체가 함께 붙어서 움직였다. 충돌 후의 속도 V를 구하라.
10) 마찰이 없는 수평면에 질량 M인 물체가 용수철 상수 k인 용수철에 매달려 있다. 질량 m인 다른 물체가 v의 속도로 다가와 질량 M인 물체에 충돌하여 합쳐져 V의 속도로 운동한다. 합쳐진 물체가 이동할 수 있는 최대 거리를 구하라.

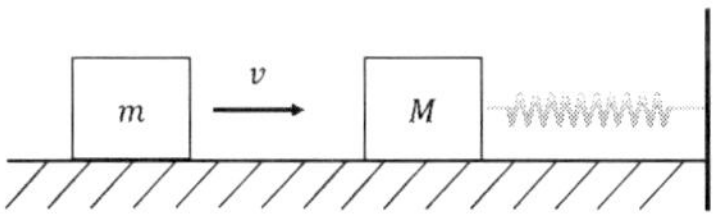

▷ 답변 :

〈실험 결과 요약〉

◘ 서론 본론 결론 형식으로 자유롭게 기술하세요.

논문형식의 기술적 글쓰기(Technical Writing)를 통해서 주장하는 내용에 대한 의미전달 능력을 향상시킬 수 있고 창의적 생각 또한 키워나갈 수 있습니다.

실험제목 :
작성자 신원 :

〈서론〉

〈본론〉

〈결론〉

〈참고문헌〉

심화학습

〈탄성 충돌(Elastic Collisions)〉

탄성 충돌에서는 운동량과 운동 에너지는 충돌 전후 보존된다. 즉

$$\vec{p}_i = \vec{p}_f\ ,\ \ K_i = K_f \tag{1}$$

와 같은 관계가 성립한다. 그림 1와 같이 직선을 따라 일차원 운동을 하는 두 물체를 고려해보자. 두 물체의 질량은 m_1과 m_2라고 하고, 초기속도를 v_{1i}, v_{2i}라 하자. 이 계를 고립계라고 하고 두 물체의 나중속도 v_{1f}, v_{2f}를 구해보자.

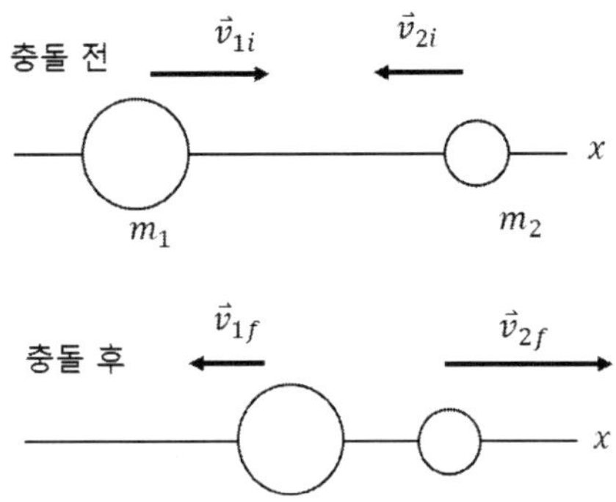

그림 1 탄성 충돌

먼저 선운동량 보존에 대해서 기술하면

$$m_1 v_{1i} + m_2 v_{2i} = m_1 v_{1f} + m_2 v_{2f} \tag{2}$$

이고, 질량에 대해서 정리하면

$$m_1(v_{1i} - v_{1f}) = m_2(v_{2f} - v_{2i}) \tag{3}$$

이 된다. 탄성 충돌에서는 운동 에너지 보존 법칙도 성립하므로

$$\frac{1}{2}m_1 v_{1i}^2 + \frac{1}{2}m_2 v_{2i}^2 = \frac{1}{2}m_1 v_{1f}^2 + \frac{1}{2}m_2 v_{2f}^2 \tag{4}$$

이 되고, 질량에 대해서 정리하면

$$m_1\left(v_{1i}^2 - v_{1f}^2\right) = m_2\left(v_{2f}^2 - v_{2i}^2\right) \tag{5}$$

이고, 이를 인수분해 하여 다시 쓰면

$$m_1(v_{1i} + v_{1f})(v_{1i} - v_{1f}) = m_2(v_{2f} + v_{2i})(v_{2f} - v_{2i}) \tag{6}$$

이 된다. 이 식을 선운동량에 대한 식으로 나누어 정리하면

$$\frac{m_1(v_{1i} + v_{1f})(v_{1i} - v_{1f})}{m_1(v_{1i} - v_{1f})} = \frac{m_2(v_{2f} + v_{2i})(v_{2f} - v_{2i})}{m_2(v_{2f} - v_{2i})} \tag{7}$$

이 되고, 약분하면

$$(v_{1i} + v_{1f}) = (v_{2f} + v_{2i}) \tag{8}$$

이다. v_{2f}에 대해서 이항하면 $v_{2f} = v_{1i} + v_{1f} - v_{2i}$ 이 되고, 선운동량 보존에 관한 식 $m_1(v_{1i} - v_{1f}) = m_2(v_{2f} - v_{2i})$ 에서 오른쪽 항만을 고려하여 대입하면

$$m_2\left[(v_{1i} + v_{1f} - v_{2i}) - v_{2i}\right] = m_2(v_{1i} + v_{1f} - 2v_{2i}) \tag{9}$$

이다. 이 항을 위 선운동량 보존에 관한 식 우변에 대입하여 다시 쓰면

$$m_1(v_{1i} - v_{1f}) = m_2(v_{1i} + v_{1f} - 2v_{2i}) \tag{10}$$

이다. 정리하면

$$v_{1f}(m_1 + m_2) = (m_1 - m_2)v_{1i} + 2m_2v_{2i} \tag{11}$$

이다. v_{1f}에 대해서 풀면

$$v_{1f} = \frac{m_1 - m_2}{m_1 + m_2}v_{1i} + \frac{2m_2}{m_1 + m_2}v_{2i} \tag{12}$$

와 같이 질량 m_1인 물체의 나중속도를 구할 수 있다.

또한 이 식을 $v_{2f} = v_{1i} + v_{1f} - v_{2i}$에 대입한 후 정리하면

$$v_{2f} = \frac{2m_1}{m_1 + m_2}v_{1i} + \frac{m_2 - m_1}{m_1 + m_2}v_{2i} \tag{13}$$

와 같이 질량 m_2인 물체의 나중속도도 구할 수 있다.

실험 08

회전관성 측정

1. 실험 목표

회전하는 물체의 회전 각속력 ω을 측정해서 에너지 보존의 법칙을 이용하여 회전관성(관성모멘트) I를 측정하고, 물리적 의미를 이해한다. 임의의 축에서 회전관성을 계산할 때 편리하게 사용되는 평행축 정리에 대해서 이해한다.

2. 학습 목표

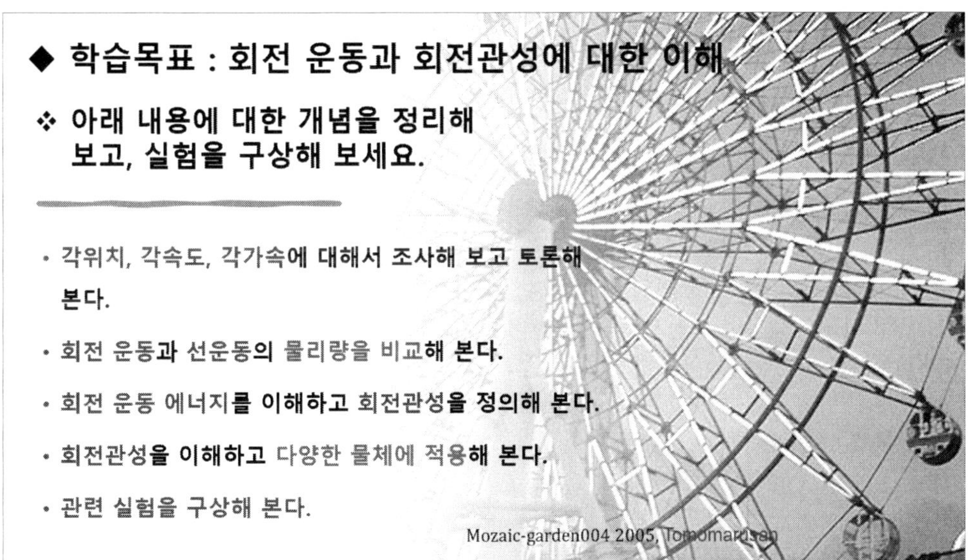

3. 기본개념에 대한 이해

◆ 회전 운동 에너지 개념이해

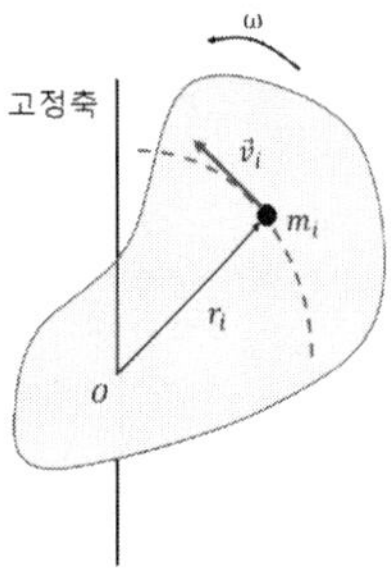

1) 선운동에서 운동 에너지

$$K = \frac{1}{2}mv^2$$

2) i 번째 입자의 운동 에너지

$$K_i = \frac{1}{2}m_iv_i^2$$

3) 전체 입자의 운동 에너지

$$K_R = \frac{1}{2}m_1v_1^2 + \frac{1}{2}m_2v_2^2 + \frac{1}{2}m_3v_3^2 + \cdots$$

$$K_R = \sum_i \frac{1}{2}m_iv_i^2$$

⇦ $v_i = r_i\omega$

$$K_R = \frac{1}{2}\sum_i m_ir_i^2\omega^2$$

$$\boxed{K_R = \frac{1}{2}I\omega^2} \quad \Leftrightarrow \quad \boxed{I = \sum_i m_ir_i^2}$$

❖ 심화학습

회전 운동과 선운동의 물리량 관계를 조사해 보고 토론해 보자.

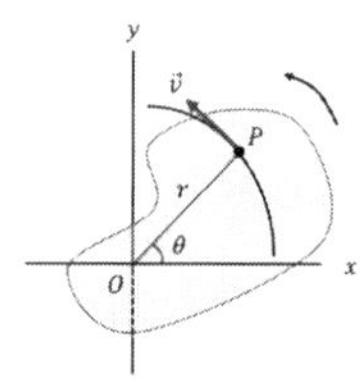

회전축을 중심으로 회전하는 물체

◆ 회전관성 개념이해

- 질량 중심 회전

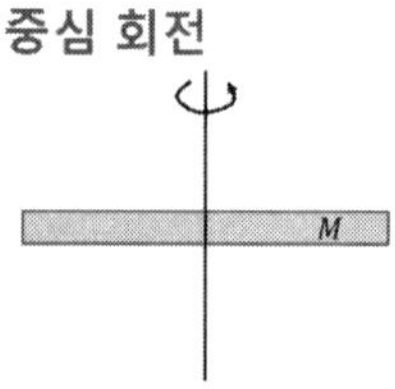

$$I = \lim_{\Delta m_i \to 0} \sum_i m_ir_i^2$$

$$\boxed{I = \int r^2 dm}$$

$$I = \int \rho r^2 dV$$

- 평행축 정리

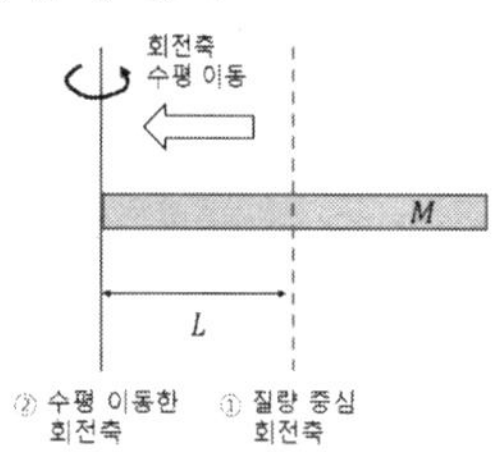

$$\boxed{I = I_{com} + ML^2}$$

✓ M : 강체의 질량
✓ L : 질량 중심과 이동한 축 사이의 거리

❖ 심화학습

회전관성(관성 모멘트)은 선운동에서 질량에 대응되는 양으로 물체가 자신의 회전운동을 유지하려는 정도를 나타내는 물리량이다. **다양한 모양의 강체의 회전관성**에 대해서 조사해 보고 토론해 보자. **회전축도 고려해서** 논해 보자.

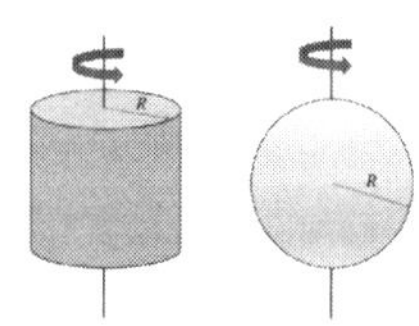

4. 이론 및 원리

4.1 회전관성 정의

강체가 몇 개의 입자로 구성이 되어 있다면 회전관성(관성모멘트)은 정의 $I = \sum_i m_i r_i^2$ 으로 계산할 수 있다. 그러나 대부분의 경우 강체는 질량이 $\triangle m_i$인 입자가 엄청나게 많이 조밀하게 모여 있는 경우이므로 극한 개념을 이용하면

$$I = \lim_{\triangle m_i \to 0} \sum_i m_i r_i^2 \tag{1.1}$$

이 되고, 고려하려는 입자들이 연속적이라고 하면

$$I = \int r^2 dm \tag{1.2}$$

와 같이 적분형태로 쓸 수 있다. 이제 위 적분을 풀어 회전관성을 계산해야 하는데 일반적으로 질량 요소 dm보다는 부피 요소 dV를 사용하여 계산하는 것이 쉽다. $dm = \rho dV$를 이용하며 위 식을 다시 쓰면

$$I = \int \rho r^2 dV \tag{1.3}$$

이 된다. 여기서 ρ는 밀도이다.

그림 1과 같이 어떤 물체가 질량 중심을 중심으로 회전하다가 회전축이 물체의 끝단으로 바뀐 경우를 가정해 보자. 그리고 우리는 질량 중심으로 회전 할 때의 회전관성 I_{com}를 알고 있다고 하자. 이와 같은 경우에 새로 설정된 축에 대한 회전관성 I를 다시 계산해야 할까? 회전축이 평행하게 이동한 경우에는

$$I = I_{\text{com}} + ML^2 \tag{1.4}$$

을 이용하면 편리하다. 이 식을 평행축 정리(parallel-axis theorem)라 한다. 여기서 M은 강체의 질량이고, L는 질량 중심과 이동한 축사이의 거리이다.

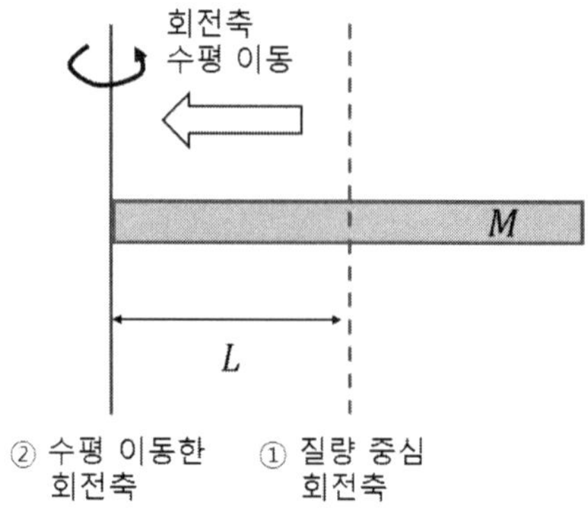

그림 1 평행축 정리의 예

4.2 점 질량의 회전관성

그림 2와 같이 수평막대(알루미늄 트랙)에 고정된 두 물체 m_1과 m_2를 회전축에 끈으로 감아 질량 M인 추와 연결해 놓았다. 질량 M인 추가 정지 상태로부터 시간 t 동안 거리 h 만큼 내려오면, 역학적 에너지 보존의 법칙에 의하여

$$Mgh = \frac{1}{2}Mv^2 + \frac{1}{2}I\omega^2 \tag{2.1}$$

이 성립한다. 추가 등가속도 a로 h 만큼 낙하한 지점에서의 속력은 $v = at$ 이고 $h = \frac{1}{2}at^2$ 이므로

$$v = \frac{2h}{t} \tag{2.2}$$

가 된다. 이 때 회전축의 각속력은

$$\omega = \frac{v}{R} \quad (R : \text{회전축의 반지름}) \tag{2.3}$$

이며, 식 (2.1)에 (2.2)와 (2.3)를 대입하면 회전체의 회전관성 I는

$$I = MR^2\left(\frac{gt^2}{2h} - 1\right) \tag{2.4}$$

이 됨을 알 수 있다.

표 1은 이론적으로 계산한 대표적인 모양의 회전관성 값이다.

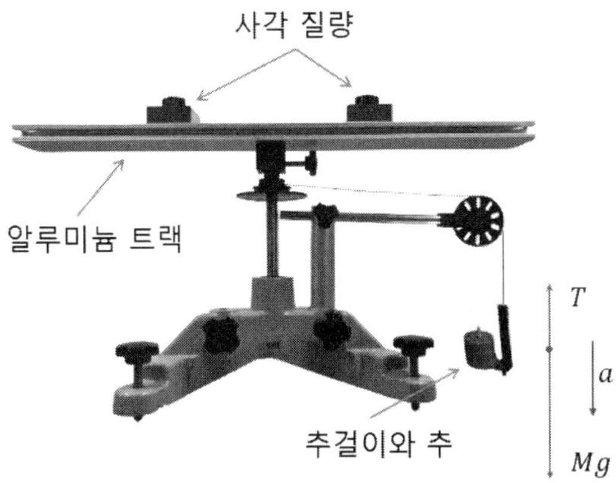

그림 2 점질량의 회전관성 실험 장치

표 1 여러 가지 대칭모양의 회전관성

외형	회전관성(관성모멘트)	물체의 모양과 회전축(질량 M)
고체 실린더	$\frac{1}{2}Mr^2$	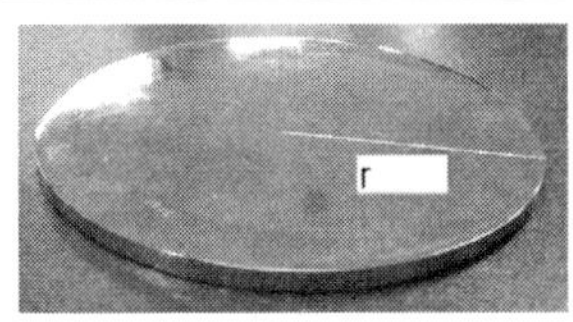
속이 빈 실린더	$\frac{1}{2}M(r_1^2+r_2^2)$	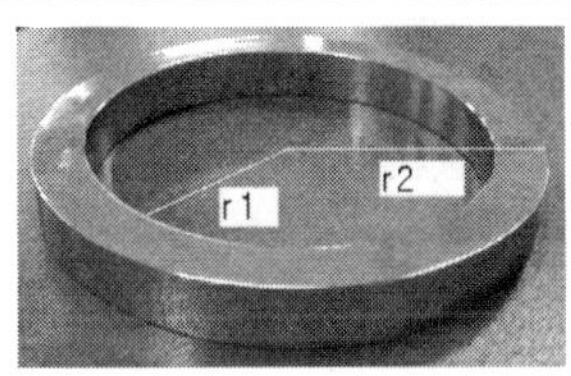
둥근 막대	$M\left(\frac{r^2}{4}+\frac{l^2}{12}\right)$	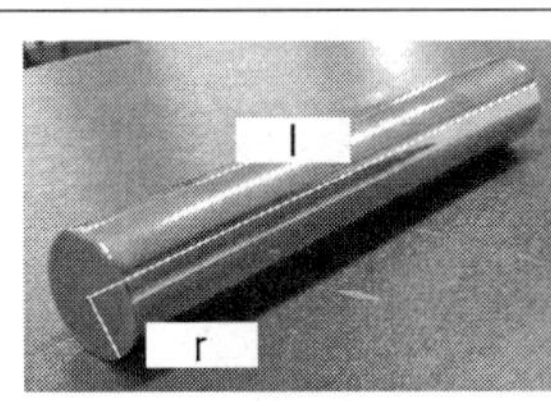
네모난 막대	$M\left(\frac{a^2}{12}+\frac{b^2}{12}\right)$	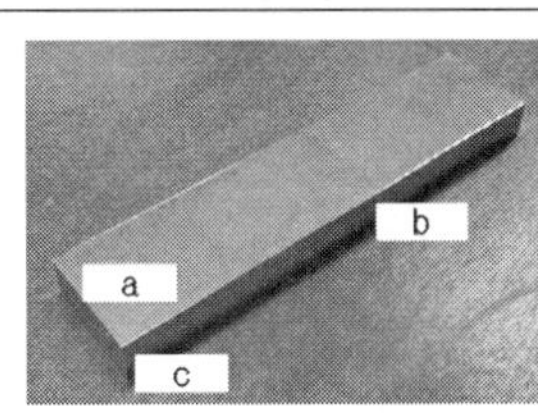

5. 실험장비

	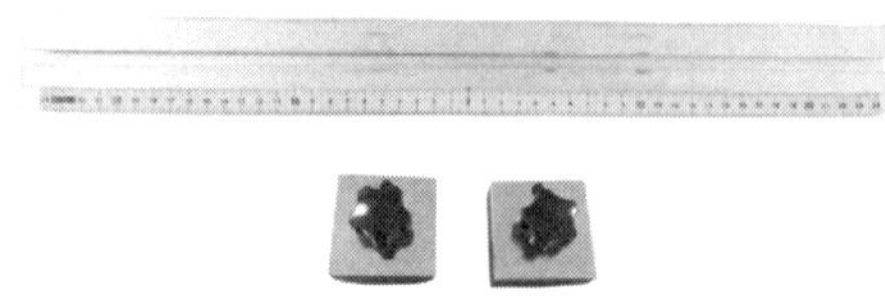
• A형 회전 스탠드	• 알루미늄 트랙과 사각추
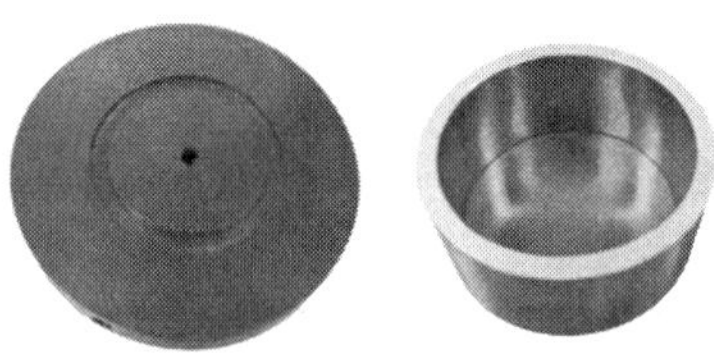	
• 원반과 원통	• 회전축 원반
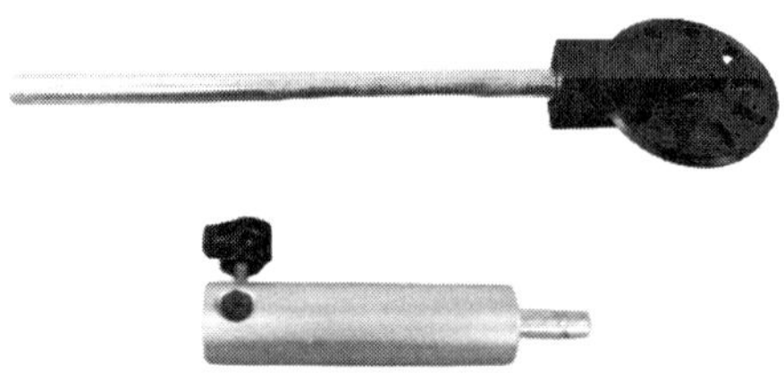	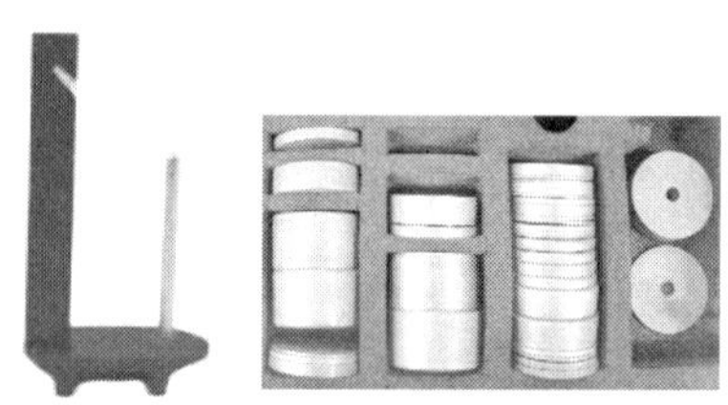
• 도르래와 지지대	• 추걸이와 추
	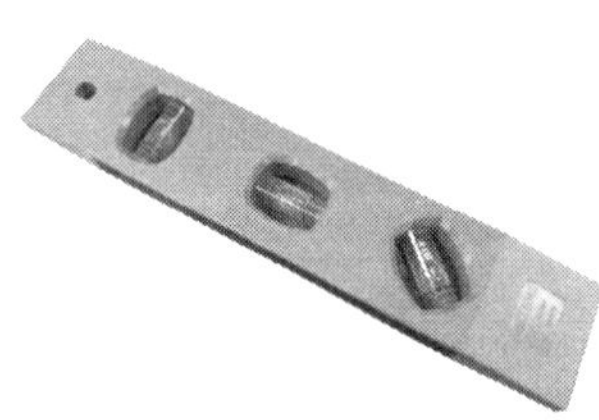
• 초시계	• 수준기

	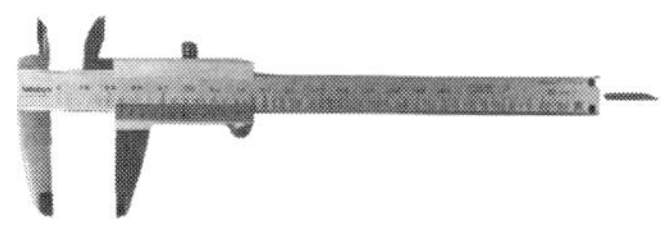
• 전자저울	• 버니어 캘리퍼스

• 줄자	• 끈(실)

6. 실험방법

◎ 주의 사항

i) 그림 3과 같이 수평 조절 나사와 수준기를 이용하여 수평을 맞춘다. 수준기의 공기 방울이 가운데에 위치하게 나사를 이용하여 높이를 조절하면 된다.

ii) 회전축과 추걸이를 연결하는 끈의 길이는 실험 테이블의 높이를 고려하여 약 1.5 m 정도로 한다.

iii) 끈과 도르래 지지봉 사이에는 위와 옆면에서 바라보았을 때 수평을 이루어야 한다.

iv) 초시계로 시간을 측정할 때 출발시간과 바닥면에 닿을 때의 시간을 주의해서 측정해야 한다. 오차의 원인이 된다.

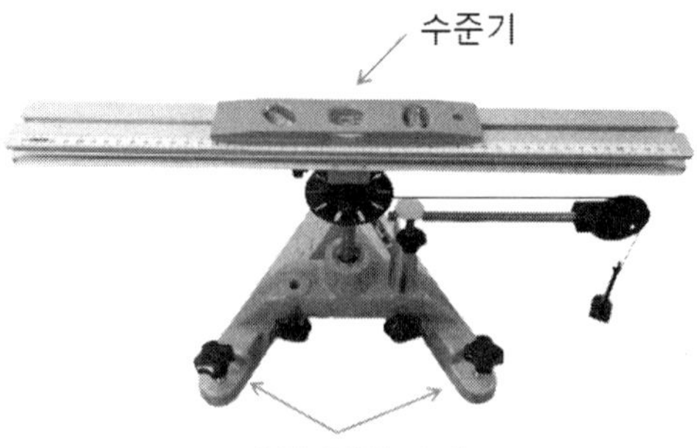

그림 3 수평 조절

[실험 01 사각질량(점 질량)의 회전관성 측정]

① 그림 4와 같이 수평 막대(알루미늄 트랙)를 회전 장치의 중앙에 수평으로 고정한다.

② 수준기를 수평 막대 위에 놓고 받침대의 나사를 돌려 수평을 맞춘다.

③ 추걸이와 연결된 끈의 한쪽은 도르래의 위에 올려놓고 다른 쪽 끝은 회전축에 연결하여 감는다.

④ 실을 감은 회전축의 반지름 R을 버니어 캘리퍼스로 측정하여 기록한다.

⑤ 사각 질량 m_1과 m_2를 측정하여 기록한 후 수평 막대의 양쪽에 회전축으로부터 거리 $r = 0.08\,\text{m}$의 위치에 고정한다.

⑥ 추걸이에 추를 달고 실을 회전축에 고르게 감아서 추가 임의의 기준점에 있도록 한다. M은 추와 추걸이 포함하여 약 $0.15\,\text{kg}$으로 한다.

⑦ 임의의 기준점에 있는 추걸이로부터 낙하한 바닥까지의 거리 h를 측정하여 기록한다.

⑧ 초시계를 누름과 동시에 추가 낙하하여 바닥에 도달할 때까지 시간 t를 3회 측정하여 기록한다.

⑨ 사각 추 사이의 거리 r을 변화시키면서 각각 3회씩 측정하여 낙하 시간을 기록한다.

⑩ 수평 막대로부터 사각 질량을 제거한 후 수평 막대만을 이용하여 ⑥~⑧번 과정을 반복 측정하여 시간 t_0를 기록한다.

⑪ 식 (2.4)를 이용하여 회전관성 I와 I_0를 계산하여 기록한다.

⑫ 회전관성에 대한 실험값과 이론값 사이의 상대오차를 구한다.

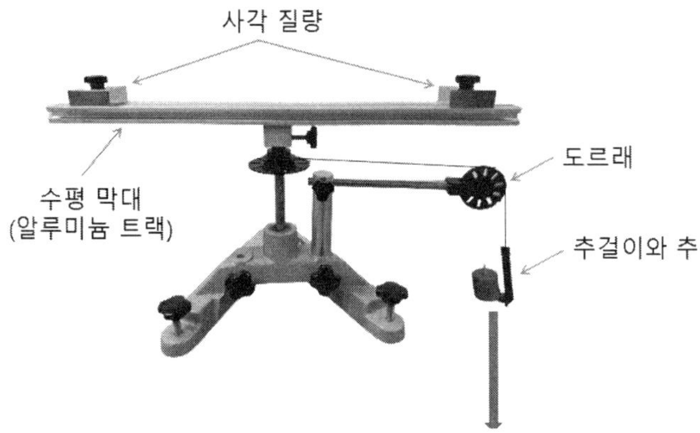

그림 4 사각 질량의 회전관성 측정

[실험 02 원반의 회전관성 측정]

① 수평 막대를 회전축에서 제거한다.

② 원반의 질량 $m_{원반}$과 반지름 $R_{원반}$을 측정하여 기록한다.

③ 원반면의 평평한 부분이 아래 방향으로 향하게 하여 그림 5와 같이 회전축에 직접 올려놓는다.

④ 추걸이에 추를 달고 실을 회전축에 고르게 감아서 추가 임의의 기준점에 있도록 한다.

⑤ 초시계를 누름과 동시에 추가 낙하하여 바닥에 도달할 때까지 시간 t를 측정하여 기록한다.

⑥ 이 과정을 5회 반복하여 기록한다.

⑦ 식 (2.4)를 이용하여 계산한 회전관성의 실험값과 이론값 사이의 상대오차를 구한다.

그림 5 원반의 회전관성 측정

[실험 03 원반과 원통의 회전관성 측정]

① 원통의 안쪽 반지름 R_1, 바깥쪽 반지름 R_2, 그리고 질량 $m_{원통}$을 측정하여 기록한다.

② 그림 6과 같이 원반 위에 원통을 올려놓는다.

③ 추걸이에 추를 달고 실을 회전축에 고르게 감아서 추가 임의의 기준점에 있도록 한다.

④ 초시계를 누름과 동시에 추가 낙하하여 바닥에 도달할 때까지 시간 t를 측정하여 기록한다.

⑤ 이 과정을 5회 반복하여 기록한다.

⑥ 식 (2.4)를 이용하여 계산한 회전관성에 대한 실험값과 이론값 사이의 상대오차를 구한다.

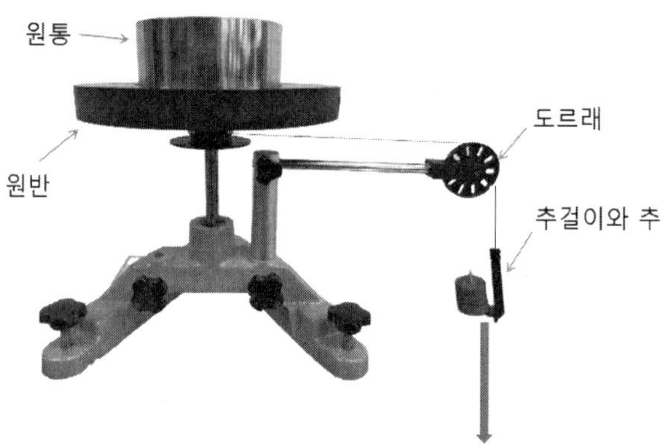

그림 6 원반과 원통의 회전관성 측정

[실험 04 평행축 정리]

① 수준기를 이용하여 다시 수평을 확인한다.

② 회전축에서 원반과 원통을 제거한 후 그림 7과 같이 다시 수평 막대를 설치한다.

③ 둥근 모양의 나사를 회전축으로부터 $d = 0.05\ \mathrm{m}$ 되는 지점에 단단히 고정시킨 후 그 위에 원반을 설치한다. 이때 원반의 평평한 면이 위 방향으로 향하게 설치한다.

④ 추걸이에 추를 달고 실을 회전축에 고르게 감아서 추가 임의의 기준점에 있도록 한다.

⑤ 초시계를 누름과 동시에 추가 낙하하여 바닥에 도달할 때까지 시간 t를 측정하여

기록한다.

⑥ 이 과정을 5회 반복하여 기록한다.

⑦ 거리를 회전축으로 부터 $d = 0.10\,\mathrm{m}$ 로 변경하여 실험을 반복한다.

⑧ 식 (2.4)를 이용하여 계산한 회전관성의 실험값 ($I_{실험} = I - I_0$)과 이론값 사이의 상대오차를 구한다.

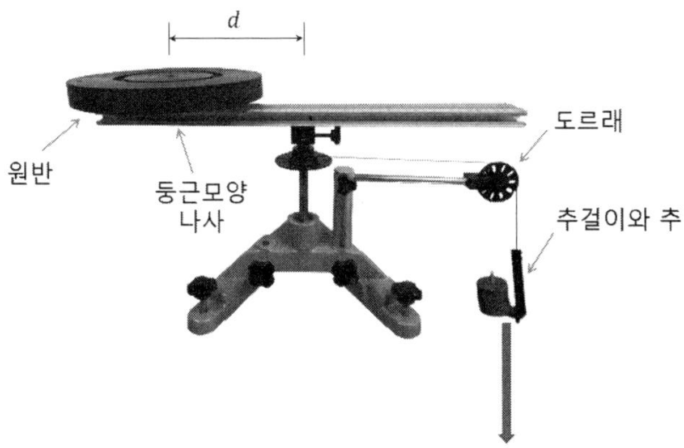

그림 7 평행축정리

7. 다른 실험방법 구상

[실험구상 01 회전관성을 이용한 실험을 구상해 본다.]

- 실험 장치도를 그려본다.
- 실험 방법과 원리를 설명해 본다.

실험 08 회전관성 측정 결과보고서

담당교수 : ________________ 교수님

실험일	월 일	제출일	월 일
학번		이름	
( )조 조원이름	• • •		

[실험 01 사각질량(점 질량)의 회전관성 측정]

1. 측정값

회전축의 반지름 $R =$ ____________ m

표 1

횟수	M (kg)	h (m)	I 측정					I_0 측정		실험값	이론값	상대오차 (%)
			m_1+m_2 (kg)	r (m)	t (s)	$t_{평균}$ (s)	I (kg · m^2)	t_0 (s)	I_0 (kg · m^2)	$I_{실험}=I-I_0$ (kg · m^2)	$I_{이론}=(m_1+m_2)r^2$ (kg · m^2)	
1				8.0								
2				10.0								
3				15.0								
4				20.0								

2. 계산 및 분석

① 식 (2.4)를 이용하여 각 경우의 회전관성 $I_{실험}$을 계산한다.

② $I_{실험}$과 $I_{이론}$의 상대오차를 구한다.

③ 데이터를 이용하여 $I_{실험}$과 r^2의 그래프를 그려라.
최소제곱법을 이용하여 기울기를 구하고, 이를 (m_1+m_2)와 비교하라.

*$I_{실험}$과 반지름 r^2에 대한 그래프

그래프

[실험 02 원반의 회전관성 측정]

1. 측정값

표 2

횟수	M (kg)	h (m)	I 측정					이론값	상대오차 (%)
			$m_{원반}$ (kg)	$R_{원반}$ (m)	t (s)	$t_{평균}$ (s)	$I_{실험}$ (kg · m²)	$I_{이론}=\frac{1}{2}mR^2_{원반}$ (kg · m²)	
1									
2									
3									
4									
5									

2. 계산 및 분석

① 식 (2.4)를 이용하여 각 경우의 회전관성 $I_{실험}$을 계산한다.

② $I_{실험}$과 $I_{이론}$의 상대오차를 구한다.

[실험 03 원반과 원통의 회전관성 측정]

1. 측정값

원통의 안쪽 반지름 R_1 = ______________ m

원통의 바깥쪽 반지름 R_2 = ______________ m

표 3

횟수	M (kg)	h (m)	I 측정				이론값 $I_{원반}+\frac{1}{2}m_{원통}(R_1^2+R_2^2)$ (kg · m²)	상대오차 (%)
			$m_{원통}$ (kg)	t (s)	$t_{평균}$ (s)	$I_{실험}$ m²)		
1								
2								
3								
4								
5								

2. 계산 및 분석

① 식 (2.4)를 이용하여 각 경우의 회전관성 $I_{실험}$을 계산한다.

② $I_{실험}$과 $I_{이론}$의 상대오차를 구한다.

[실험 04 평행축 정리]

A. $d = 0.050\ \mathrm{m}$

1. 측정값

원반의 반지름 $R =$ ______________ m

표 4

횟수	M (kg)	h (m)	I 측정				이론값	상대오차 (%)
			$m_{원반}$ (kg)	t (s)	$t_{평균}$ (s)	$I_{실험} = I - I_0$ ($\mathrm{kg \cdot m^2}$)	$I_{이론} = \frac{1}{2} m_{원반} R^2_{원반} + m_{원반} d^2$ ($\mathrm{kg \cdot m^2}$)	
1								
2								
3								
4								
5								

2. 계산 및 분석

① 식 (2.4)를 이용하여 각 경우의 회전관성 $I_{실험}$을 계산한다.

② $I_{실험}$과 $I_{이론}$의 상대오차를 구한다.

B. $d = 0.10\ \mathrm{m}$

1. 측정값

표 5

횟수	M (kg)	h (m)	I 측정				이론값	상대오차 (%)
			$m_{원반}$ (kg)	t (s)	$t_{평균}$ (s)	$I_{실험} = I - I_0$ (kg · m²)	$I_{이론} = \frac{1}{2}m_{원반}R_{원반}^2 + m_{원반}d^2$ (kg · m²)	
1								
2								
3								
4								
5								

2. 계산 및 분석

① 식 (2.4)를 이용하여 각 경우의 회전관성 $I_{실험}$을 계산한다.

② $I_{실험}$과 $I_{이론}$의 상대오차를 구한다.

[실험구상 01 회전관성을 이용한 실험을 구상해 본다.]

실험 제목 : ______________________________

• 실험 장치도(그림으로 표현)	• 실험방법 설명(번호로 구분)

• 원리 설명

〈질문〉

아래 질문에 답하시오.

답변할 때는 자료를 찾아보고 토론을 해본 후 스스로 정리해보면 해결해야 할 문제에 대한 이해도가 높아지고 응용력도 향상됩니다.

1) 본 실험에서 오차의 원인은 무엇인가?
2) 오차를 줄일 수 있는 아이디어를 생각해 보고 방법을 서술하라.
3) 회전관성(관성모멘트)의 정의와 의미에 대해서 설명하라.
4) 평행축 정리에 대해서 설명하라.
5) 길이가 L 이고 질량을 무시할 수 있는 막대의 끝에 질량이 M인 두 입자가 연결되어 있다.
   a) 막대의 질량 중심을 수직 하게 지나는 회전축을 중심으로 회전시킬 때 회전관성을 구하라.
   b) 회전축을 왼쪽 끝단으로 수평 이동하여 회전시킬 때 회전관성을 구하라.

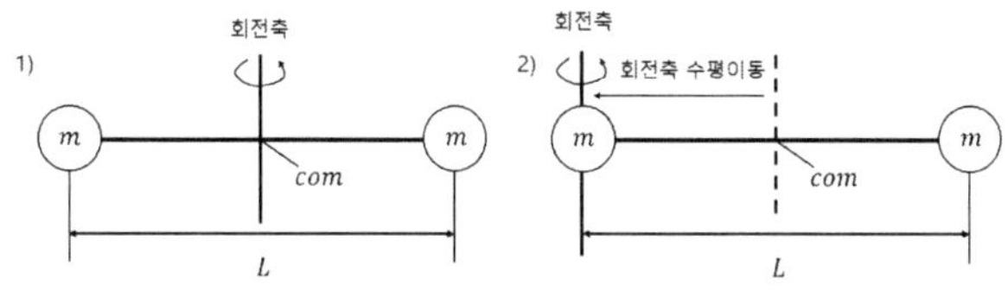

6) 마찰이 없는 회전축에 길이가 L이고 질량이 m인 균일한 막대의 한쪽 끝이 연결되어 있다. 질량 중심에 대한 막대의 회전관성은 $\frac{1}{12}mL^2$이다. 막대를 지면과 수평인 위치에서 가만히 놓았다. a) 회전축에 대한 관성 모멘트를 구하라. b) 막대의 처음 각가속도를 구하라.

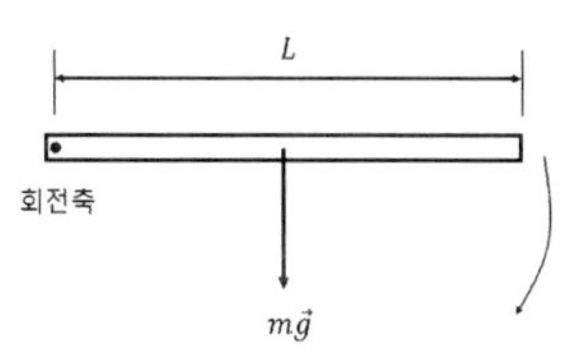

▷ 답변 :

〈실험 결과 요약〉

➡ 서론 본론 결론 형식으로 자유롭게 기술하세요.

논문형식의 기술적 글쓰기(Technical Writing)를 통해서 주장하는 내용에 대한 의미전달 능력을 향상시킬 수 있고 창의적 생각 또한 키워나갈 수 있습니다.

실험제목 :
작성자 신원 :

〈서론〉

〈본론〉

〈결론〉

〈참고문헌〉

심화학습

1. 회전운동에너지(Rotational Kinetic Energy)

물체가 병진 운동을 할 때의 운동 에너지 $K=\frac{1}{2}mv^2$ 은 질량 중심의 운동 에너지를 나타내기 때문에 고정축에서 물체가 회전할 때는 질량 중심이 움직이지 않으므로 0이 된다. 그러나 회전하는 강체속의 모든 입자들은 서로 다른 속력을 가지고 움직이고 있으므로 각 입자는 회전 운동과 관련된 에너지를 갖게 된다. 그러므로 각각의 입자들의 운동 에너지를 구해서 모두 합하게 되면 강체의 회전 운동 에너지를 구할 수 있다.

그림 1에서 강체는 입자들의 결합체라고 생각하고 고정축을 중심으로 각속력 ω로 회전하고 있다고 생각해 보자. 강체 내부의 i번째 입자를 m_i라고 하고, 입자까지의 거리를 r_i이라고 하자. 이 i번째 입자의 접선 속력을 v_i라 하면 운동 에너지는

$$K_i=\frac{1}{2}m_iv_i^2 \tag{1.1}$$

가 된다. 이렇게 한 개의 입자의 운동 에너지를 정의했다. 그렇다면 전체 운동 에너지는 각각의 입자들의 운동 에너지를 모두 더하면 구할 수 있을 것이다. 모두 더해 보면

$$K_R=\frac{1}{2}m_1v_1^2+\frac{1}{2}m_2v_2^2+\frac{1}{2}m_3v_3^2+\cdots \tag{1.2}$$

이고, 간단하게 표현하면

$$K_R=\sum_i\frac{1}{2}m_iv_i^2 \tag{1.3}$$

이다. 선속도와 각속도의 관계식 $v_i=r_i\omega$ 를 위 식에 대입하면

$$K_R=\frac{1}{2}\sum_i m_ir_i^2\omega^2 \tag{1.4}$$

이 되는데, 여기서 각속도 ω는 강체 내의 모든 입자에서 동일하다. 위 식에서 상수 $\frac{1}{2}$와 각속도 ω를 제외하고 괄호로 묶으면

$$K_R = \frac{1}{2}\left(\sum_i m_i r_i^2\right)\omega^2 \tag{1.5}$$

으로 쓸 수 있다. 괄호 안의 양을 I 라 놓으면

$$I = \sum_i m_i r_i^2 \tag{1.6}$$

가 되는데, 이 식이 회전관성 또는 관성 모멘트(moment of inertia)의 정의이다. SI 단위는 $\mathrm{kg \cdot m^2}$이다. 그리고 회전관성의 정의를 이용하여 운동 에너지를 단순화시키면

$$K_R = \frac{1}{2} I \omega^2 \tag{1.7}$$

가 되는데, 이 식이 구하려고 했던 전체 회전 운동 에너지이다.

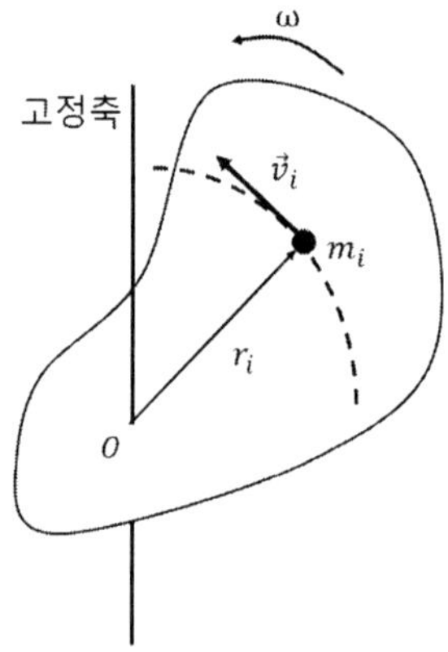

그림 1 i번째 입자와 전체 회전 운동 에너지

2. 벡터곱(Vector Product)

회전 운동에서 중요한 개념인 토크나 각운동량은 벡터곱(Vector Product)의 형태로 정의된다. 벡터곱이라는 용어는 두 벡터를 곱한 결과가 벡터가 되기 때문에 붙은 이름으로 외적 또는 크로스곱(cross product)이라고도 한다.

두 벡터 $\vec{A}$와 $\vec{B}$가 있을 때 벡터곱은

$$\vec{C} = \vec{A} \times \vec{B} \tag{2.1}$$

와 같이 정의된다. $\vec{C}$ 벡터의 크기는

$$C = AB\sin\theta \tag{2.2}$$

이다. $\vec{C}$ 벡터의 방향은 그림 2와 같이 오른손 검지와 중지로 두 벡터 $\vec{A}$와 $\vec{B}$를 가리키면, 엄지손가락 방향이 $\vec{C}$ 벡터의 방향이다.

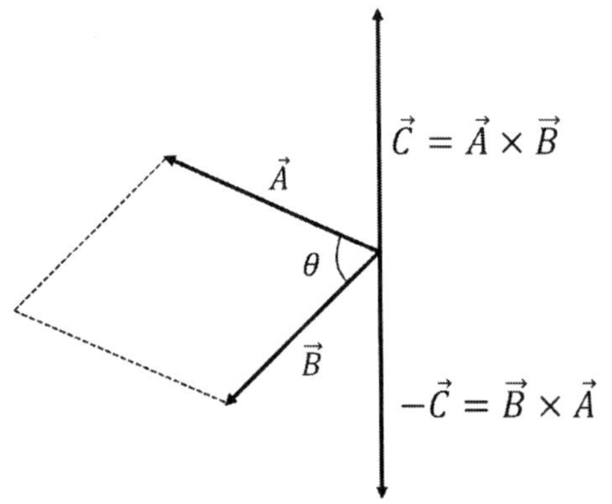

그림 2 벡터곱

베터곱에는 몇 가지 중요한 성질이 있다.

첫째, 벡터곱은 교환 법칙이 성립하지 않는다.

$$\vec{A} \times \vec{B} \neq \vec{B} \times \vec{A} \tag{2.3}$$

그러므로 곱하는 순서를 바꾸면 부호도 바꾸어 주어야 한다.

$$\vec{A} \times \vec{B} = -\vec{B} \times \vec{A} \tag{2.4}$$

둘째, 두 벡터 $\vec{A}$와 $\vec{B}$가 같은 방향이면 벡터곱의 결과는 0이다.

$$\vec{A} \times \vec{B} = 0 \text{ 또는 } \vec{A} \times \vec{A} = 0 \tag{2.5}$$

셋째, 두 벡터 $\vec{A}$와 $\vec{B}$가 수직이면 $\sin 90^0 = 1$이므로

$$|\vec{A} \times \vec{B}| = AB \tag{2.6}$$

이다.

넷째, 벡터곱은 분배 법칙이 성립한다.

$$\vec{A}\times(\vec{B}+\vec{C})=\vec{A}\times\vec{B}+\vec{A}\times\vec{B} \tag{2.7}$$

다섯째, 벡터곱의 미분은

$$\frac{d}{dt}(\vec{A}\times\vec{B})=\frac{d\vec{A}}{dt}\times\vec{B}+\vec{A}\times\frac{d\vec{B}}{dt} \tag{2.8}$$

이다.

직각 좌표계에서 단위 벡터 사이에는 다음의 관계가 있다.

$$\hat{i}\times\hat{i}=\hat{j}\times\hat{j}=\hat{k}\times\hat{k}=0 \tag{2.9}$$

$$\hat{i}\times\hat{j}=\hat{k}=-\hat{j}\times\hat{i}$$

$$\hat{j}\times\hat{k}=\hat{i}=-\hat{k}\times\hat{j}$$

$$\hat{k}\times\hat{i}=\hat{j}=-\hat{i}\times\hat{k}$$

임의 두 벡터를 고려하여 벡터곱 $\vec{A}\times\vec{B}$를 계산하는 방법에 대해서 알아보자. 첫 번째 방법은 아래와 같이 두 벡터를 곱한 후

$$\begin{aligned}\vec{A}\times\vec{B}&=\left(A_x\hat{i}+A_y\hat{j}+A_z\hat{k}\right)\times\left(B_x\hat{i}+B_y\hat{j}+B_z\hat{k}\right) \\ &=\left(A_x\hat{i}\right)\times\left(B_x\hat{i}+B_y\hat{j}+B_z\hat{k}\right)+\left(A_y\hat{j}\right)\times\left(B_x\hat{i}+B_y\hat{j}+B_z\hat{k}\right) \\ &\quad+\left(A_z\hat{k}\right)\times\left(B_x\hat{i}+B_y\hat{j}+B_z\hat{k}\right)\end{aligned} \tag{2.10}$$

단위 벡터들 사이의 관계를 이용하여 정리하는 방법이다. 우변의 첫 항을 전개하면

$$\begin{aligned}&\left(A_x\hat{i}\right)\times\left(B_x\hat{i}+B_y\hat{j}+B_z\hat{k}\right) \\ &=A_xB_x\left(\hat{i}\times\hat{i}\right)+A_xB_y\left(\hat{i}\times\hat{j}\right)+A_xB_z\left(\hat{i}\times\hat{k}\right) \\ &=A_xB_x(0)+A_xB_y\left(\hat{k}\right)+A_xB_z\left(-\hat{j}\right) \\ &=A_xB_y\hat{k}-A_xB_z\hat{j}\end{aligned} \tag{2.11}$$

이다. 나머지 두 항도 같은 방법으로 계산하여 정리하면

$$\vec{A} \times \vec{B} = (A_y B_z - A_z B_y)\,\hat{i} - (A_x B_z - A_z B_x)\,\hat{j} + (A_x B_y - A_y B_x)\,\hat{k} \tag{2.12}$$

이다.

두 번째 방법은 행렬식을 이용하는 방법이다.

$$\vec{A} \times \vec{B} = \begin{vmatrix} \hat{i} & \hat{j} & \hat{k} \\ A_x & A_y & A_z \\ B_x & B_y & B_z \end{vmatrix} \tag{2.13}$$

$$= \begin{vmatrix} A_y & A_z \\ B_y & B_z \end{vmatrix}\hat{i} - \begin{vmatrix} A_x & A_z \\ B_x & B_z \end{vmatrix}\hat{j} + \begin{vmatrix} A_x & A_y \\ B_x & B_y \end{vmatrix}\hat{k}$$

$$= (A_y B_z - A_z B_y)\,\hat{i} - (A_x B_z - A_z B_x)\,\hat{j} + (A_x B_y - A_y B_x)\,\hat{k}$$

두 방법 모두 같은 결과가 나오는 것을 알 수 있다.

실험 09 각운동량과 구심력 측정

1. 실험 목표

고립계에서는 역학적 에너지, 선운동량, 그리고 각운동량은 모두 보존된다. 본 실험에서 회전하는 물체에서 회전관성(관성모멘트)이 변할 때 각운동량 보존의 법칙을 이용하여 각속도의 변화를 알아본다. 또한 물체가 일정한 각속도로 원운동 할 때 그 물체에 작용하는 구심력을 측정한다.

2. 학습 목표

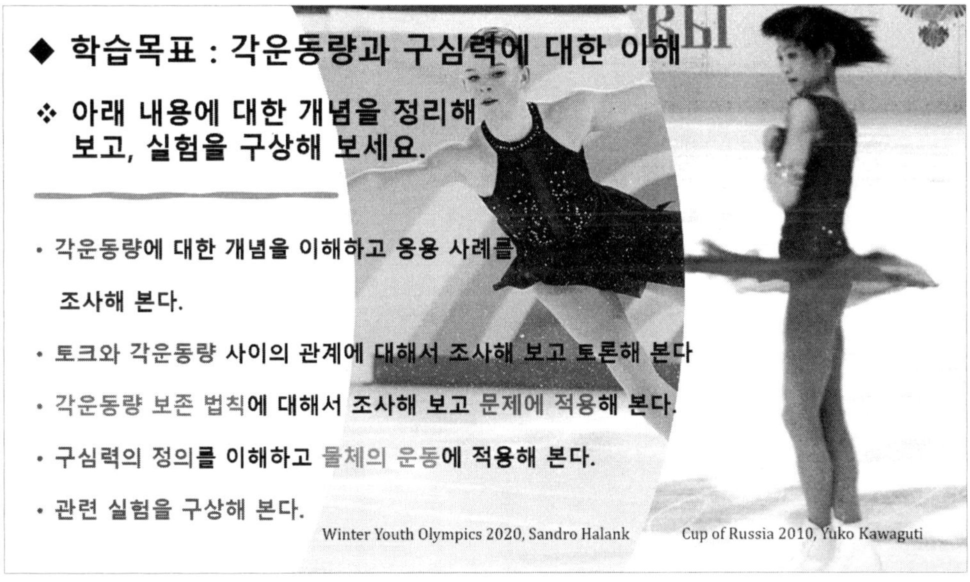

3. 기본개념에 대한 이해

◆ 각운동량

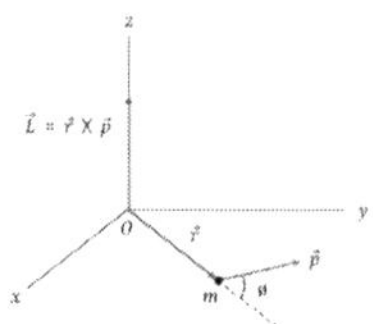

▪ 각운동량 :

$$\sum \vec{F} = \frac{d\vec{p}}{dt}$$

• 입자에 작용하는 알짜힘은 → 선운동량의 시간 변화율과 같으므로

$$\vec{r} \times \sum \vec{F} = \vec{r} \times \frac{d\vec{p}}{dt}$$

$$\sum \vec{\tau} = \vec{r} \times \frac{d\vec{p}}{dt} + \frac{d\vec{r}}{dt} \times \vec{p}$$

$$\sum \vec{\tau} = \frac{d(\vec{r} \times \vec{p})}{dt} \Leftarrow \boxed{\frac{d\vec{r}}{dt} \times \vec{p} = 0}$$

$$\boxed{\sum \vec{\tau} = \frac{d\vec{L}}{dt}} \Leftrightarrow \boxed{\vec{L} = \vec{r} \times \vec{p}}$$

• 회전 운동에 관한 Newton의 제2법칙

• 각운동량
✓ 벡터량
✓ 단위: $kg \cdot m^2/s$

❖ 심화학습
자이로스코프(Gyroscope)의 원리를 조사해보고 응용예를 찾아보자.

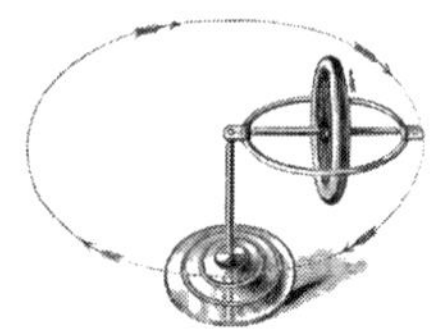

AmCyc Gyroscope, 미상

◆ 등속 원운동

• **반지름** r인 원궤도를 **일정한 속도** v로 **원운동하는 입자**

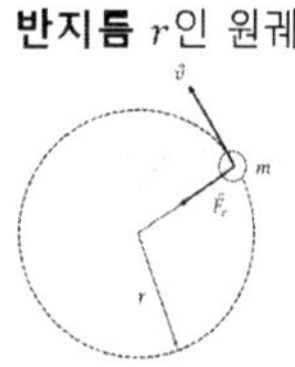

✓ 구심가속도의 크기 : $a_c = \dfrac{v^2}{r}$

✓ 구심력 : $F_{net} = ma_c = m\dfrac{v_2}{r}$

◆ 회전 운동과 선운동의 물리량

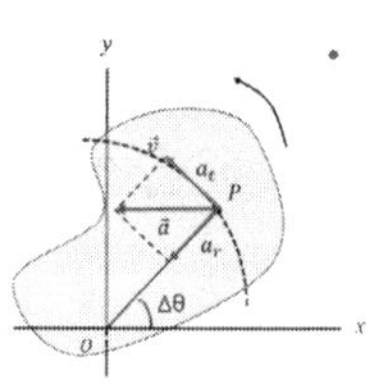

• 구심 가속도 :

$$a_c = \frac{v^2}{r} = \frac{(r\omega)^2}{r} = r\omega^2$$

• 전체 가속도 :

$$a = \sqrt{a_t^2 + a_c^2} = \sqrt{(r\alpha)^2 + (r\omega^2)^2} = r\sqrt{\alpha^2 + \omega^4}$$

a_t : 접선 방향 가속도
a_c : 구심 가속도

❖ 심화학습
우리 주변에는 회전 운동을 하는 물체를 흔히 볼 수가 있다. 선속도와 각속도를 정의해 보고 예를 들어 설명해 보자.

4. 이론 및 원리

4.1 각운동량(Angular Momentum)의 정의

그림 1과 같이 질량 m인 입자가 회전축으로부터 거리 $\vec{r}$의 위치에서 선운동량 $\vec{p}$를 갖고 움직이는 경우를 고려해 보자.

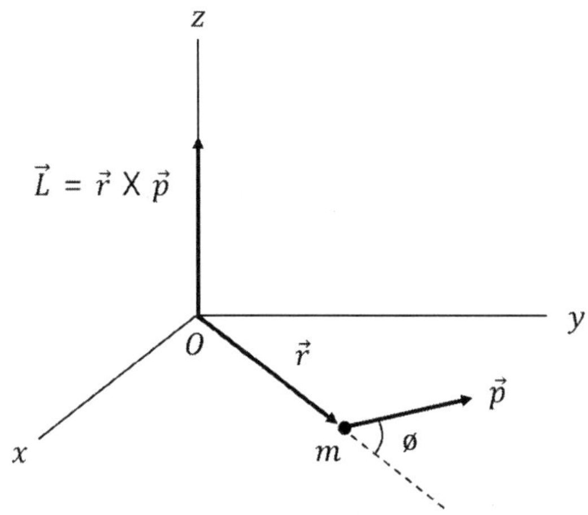

그림 1 각운동량

입자에 작용하는 알짜힘은 선운동량의 시간 변화율과 같으므로

$$\sum \vec{F} = \frac{d\vec{p}}{dt} \tag{1.1}$$

가 되고, 양변에 위치 벡터 $\vec{r}$에 대한 벡터곱을 취하면

$$\vec{r} \times \sum \vec{F} = \vec{r} \times \frac{d\vec{p}}{dt} \tag{1.2}$$

가 된다. 이 식을 정리해야 하는데 우선 왼쪽항은 토크 $\vec{\tau}$의 정의 임을 알 수 있다. 오른쪽항은 $\vec{r}$이 벡터곱으로 연결되어 있어 변화율 안으로 들어갈 수 없으므로 $\frac{d\vec{r}}{dt} \times \vec{p}$을 더해준다. 이 값을 더해주어도 되는 이유는 $\vec{v}$와 $\vec{p}$가 평행하므로 $\frac{d\vec{r}}{dt} \times \vec{p} = 0$이기 때문에 원식에 영향을 주기 못하기 때문이다. 이제 다시 정리해서 쓰면

$$\sum\vec{\tau}=\vec{r}\times\frac{d\vec{p}}{dt}+\frac{d\vec{r}}{dt}\times\vec{p} \tag{1.3}$$

이다. 오른쪽 항을 정리하면

$$\sum\vec{\tau}=\frac{d(\vec{r}\times\vec{p})}{dt} \tag{1.4}$$

가 되는데, $\vec{r}\times\vec{p}$를 $\vec{L}$로 놓으면 알짜 토크는

$$\sum\vec{\tau}=\frac{d\vec{L}}{dt} \tag{1.5}$$

이 된다. 이 식이 회전 운동에 관한 Newton의 제2법칙(Newton's 2nd Law in Angular Form)이다. 여기서 $\vec{L}$를 각운동량이라고 한다. 그러므로 원점 O를 지나는 축에 대한 질량 m인 입자의 각운동량은

$$\vec{L}=\vec{r}\times\vec{p} \tag{1.6}$$

로 정의 된다. SI단위는 $kg \cdot m^2/s$ 이다.

4.2 각운동량의 크기와 각속도

질량 m과 속도 $\vec{v}$로 회전하는 물체에서 각운동량 $\vec{L}$은

$$\vec{L}=\vec{r}\times\vec{p}=\vec{r}\times m\vec{v} \tag{2.1}$$

와 같이 정의되며, 이의 크기는

$$L=|\vec{L}|=|\vec{r}\times\vec{p}|=|\vec{r}\times m\vec{v}|=mrv\sin\phi \tag{2.2}$$

이다. 여기서 ϕ는 $\vec{r}$과 $\vec{v}$ 사이의 각도이다. 원점을 중심으로 원운동하는 물체의 순간속도 $\vec{v}$는 원의 반지름 r에 수직이므로 $\phi=90°$ 이다. $v=r\omega$이고, 입자의 회전관성은 $I=mr^2$이므로

$$L=mr(r\omega)=mr^2\omega=I\omega \tag{2.3}$$

이다. 계에 작용하는 돌림힘(알짜 토크)이 영이면 회전하는 계의 각운동량은 보존된다. 그러므로 원운동 하는 물체의 회전 반지름이 변하면

$$L = mr_1^2\omega_1 = mr_2^2\omega_2 \tag{2.4}$$

이고, 여기에 실험에서 입자 이외에 같이 회전하는 물체들을 포함하면

$$\omega_2 = \left(\frac{mr_1^2 + I_{\text{트랙}} + I_{\text{기타}}}{mr_2^2 + I_{\text{트랙}} + I_{\text{기타}}}\right)\omega_1 \tag{2.5}$$

이 된다. 여기서, $I_{\text{트랙}}$은 회전 지지대(알루미늄 트랙)의 회전관성이고, $I_{\text{기타}}$는 중앙 지지대 및 정지나사등 기타 회전하는 부분의 회전관성이다.

4.3 구심력

물체가 원주 상을 일정한 속력으로 운동할 때에는 물체의 운동을 그 원주 상에 구속하는 힘이 필요하다. 이것을 그 물체에 작용하는 구심력이라 하며, 원의 중심 방향으로 작용하는 힘 F는 물체의 질량 M, 접선 방향의 선속도 v, 그리고 원의 반지름 r에 대하여

$$F = M\frac{v^2}{r} \tag{3.1}$$

의 관계가 있다.

선속도 v와 각속도 w의 관계는 $v = rw$이므로, 구심력 F를 각속도 ω로 나타내면

$$F = Mr\omega^2 \tag{3.2}$$

이 된다. 또 ω 대신에 진동수 f를 쓰면 $\omega = 2\pi f$ 이므로

$$F = 4\pi^2 Mrf^2 \tag{3.3}$$

으로 된다. 또한 여기서 1회전에 걸리는 시간(주기, T)을 이용하면, 진동수 $f = 1/T$ 이므로

$$F = 4\pi^2 Mr\left(\frac{1}{T^2}\right) \tag{3.4}$$

이다.

5. 실험장비

•A형 회전 스탠드	•알루미늄 트랙과 사각추
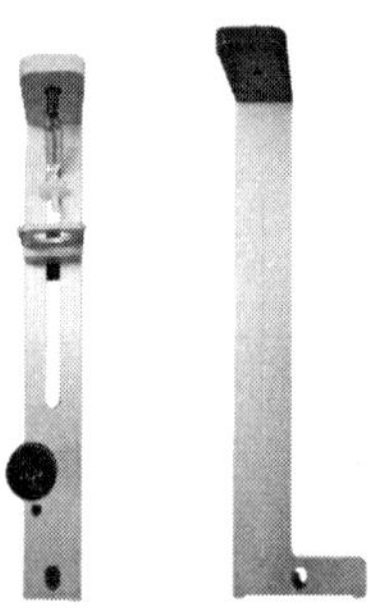	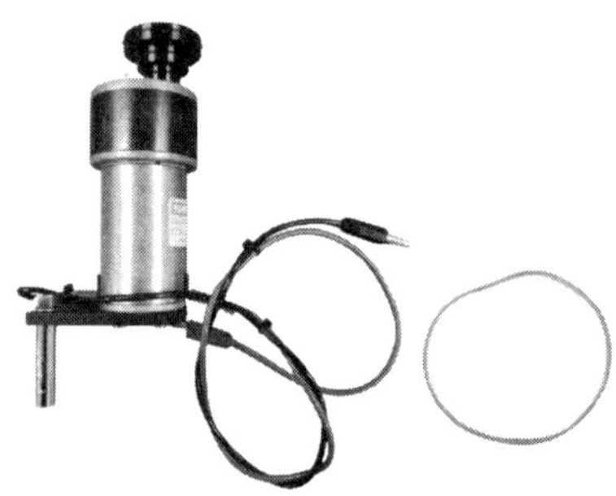
•중앙지지대와 추걸이 기둥	•모터와 고무밴드

•도르래	•회전축원반

•3중 고리달린 추	•추걸이와 추

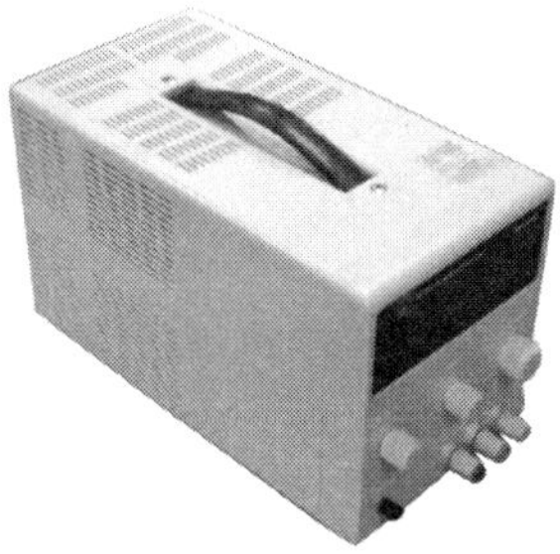	
•전원공급 장치	•전자저울

•줄자	•끈(실)
	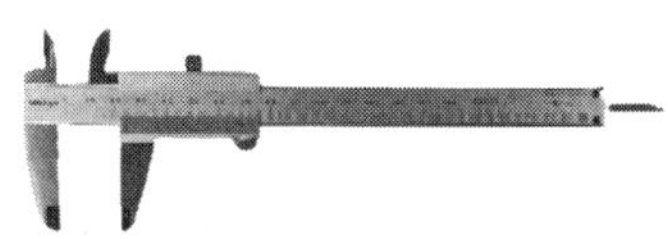
•초시계	•버니어 캘리퍼스
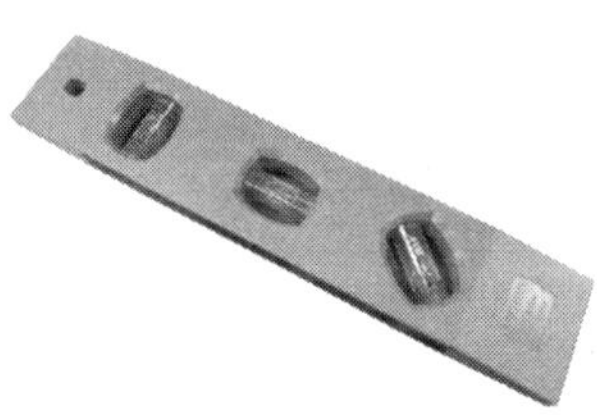	
• 수준기	

6. 실험방법

◎ 주의 사항

i) 실험 장치를 설치하기 전에 A형 회전 트랙의 수평을 맞추어야 한다. 수평을 맞추는 방법은 수준기를 이용하는 방법(그림 2)과 역학적인 방법(그림 3)이 있다.

ii) 실험에서 끈(실)의 강도를 확인해 보아야 한다. 실험 중 끈이 끊어지면 안전 문제가 발생할 수 있다.

iii) 회전 시 알루미늄 트랙에 얼굴이 다치지 않도록 조심해야 한다.

iv) 구심력 측정 실험에서 밴드를 너무 단단하게 설치하면 회전하지 않으므로, 적절한 탄력을 갖도록 한다.

v) 구심력 측정 실험에서 모터를 회전할 때 전압과 전류는 급격히 올리면 끈이 끊어지는 등 안전 문제가 발생할 수 있다. 0V에서부터 천천히 회전속도를 확인하며 올려야 한다.

vi) 구심력 측정 실험에서 추걸이와 추 그리고 추걸이 도르래를 제거하고 회전시켜야 한다.

6.1 회전 스탠드의 수평 조절 방법

1) 수준기를 이용하는 방법

그림 2와 같이 수평 조절 나사와 수준기를 이용하여 수평을 맞춘다. 수준기의 공기 방울이 가운데에 위치하게 나사를 이용하여 높이를 조절하면 된다.

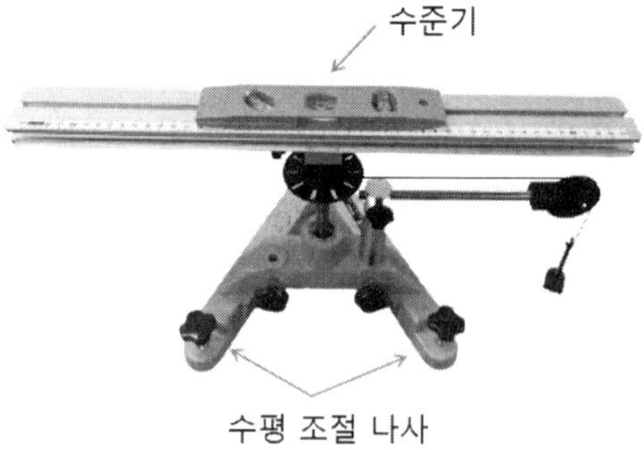

그림 2 수평 조절

2) 역학적인 방법

① 그림 4와 같이 알루미늄 트랙의 한쪽 끝에 사각질량을 얹고, 질량이 트랙 위에서 미끄러지지 않도록 조임나사로 고정한다.

② 먼저 오른쪽 수평조절나사를 조절하여, 알루미늄 트랙이 왼쪽 수평조절나사의 위치와 수직으로 일치가 되도록 한다.

③ 알루미늄 트랙을 90도 회전시켜 A형 스탠드의 다리와 평행이 되도록 한 다음, 다른 한쪽 수평조절나사를 조절하여 알루미늄 트랙이 이위치를 유지하도록 한다.

④ 이제 트랙의 수평이 조절되었다. 트랙을 살짝 움직여 회전시켜 보아라. 트랙이 일정하게 회전운동을 한다면, 수평이 조절된 상태이다.

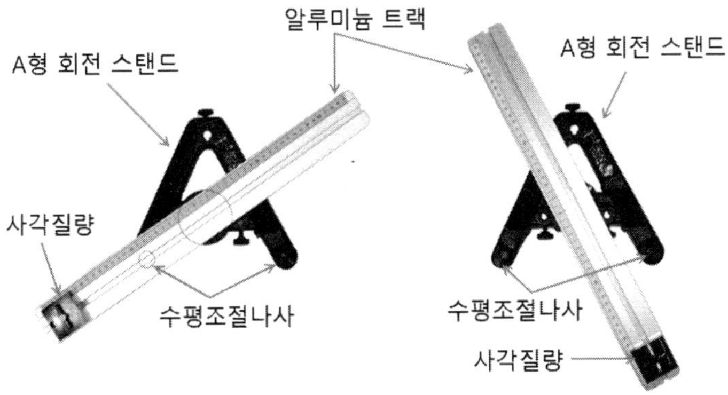

그림 3 수평조절

[실험 01 회전 운동에서 각운동량 측정]

① 사각질량을 트랙 위에 놓은 상태에서 트랙의 수평을 맞춘다.

② 그림 4와 같이 알루미늄 트랙 위쪽 홈에 나사와 너트를 넣고 중심으로부터 약 0.040m (r_2) 떨어진 위치에 조인다. 이 정지 나사는 사각질량를 멈추게 하는 역할을 한다.

③ 사각질량의 구멍에 끈(실)을 연결시키고 끈이 중앙표시 기둥의 도르래와 위의 받침대의 구멍을 통과하도록 한다.

④ 사각질량 측면의 구멍이 중앙표시 기둥 쪽으로 향하게 하여 트랙 위에 놓고 알루미늄 트랙 홈 안쪽에 사각 너트를 넣는다. 그렇지만 나사를 단단히 조이지 말고 사각

질량이 자유롭게 미끄러질 정도로 조인다.

⑤ 알루미늄 트랙에 두 번째 나사와 너트를 알루미늄 트랙 $0.16m(r_1)$ 떨어진 곳에 넣고 고정시킨다. 이제 사각질량은 두 지점 사이에서 자유롭게 움직일 수 있다.

⑥ 중앙표시 기둥 위에 실을 연결하여 잡는다. 바깥쪽 정지 나사 끝에 사각질량이 위치한 상태에서 트랙을 손으로 회전시킨다. 5회전 하는 동안의 시간을 초시계로 측정하고, 이 시간 t_1을 기록한다. 이때 시간 측정 후에도 트랙이 연속적으로 회전하고 있어야 한다.

⑦ 트랙과 함께 회전하는 사각질량을 바깥쪽 정지 나사에서 안쪽 정지 나사까지 이동시키기 위해 실을 끌어당긴다.

⑧ 실을 위로 잡아당긴 상태에서 계가 5회전 하는 동안의 시간을 측정하고, 이 시간을 t_2에 기록한다. 위의 과정을 5회 반복 실험한다.

⑨ 두 번째 정지 나사를 중심으로부터 $0.20m(r_1)$ 떨어진 곳으로 변경하여 위 실험을 반복한다.

⑩ 두 번째 정지 나사를 중심으로부터 $0.24m(r_1)$ 떨어진 곳으로 변경하여 위 실험을 반복한다.

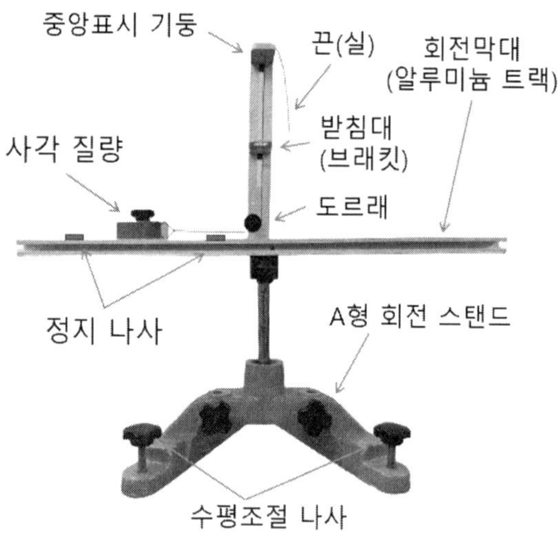

그림 4 각운동량 보존 장치

[실험 02 원운동에서 구심력 측정]

(1) 측면 추걸이 기둥 설치 방법

① 그림 5와 같이 추걸이 기둥을 너트와 고정나사를 이용하여 알루미늄 트랙의 측면에 고정시킨다.

② 약 30cm 정도의 끈(실)을 준비하여, 기둥의 위쪽에 있는 양쪽 끈(실) 구멍을 통하게 한다.

③ 3중 고리 달린 추를 연결하고, 높이를 조절한 다음 조임 나사를 조여서 실을 고정시킨다.

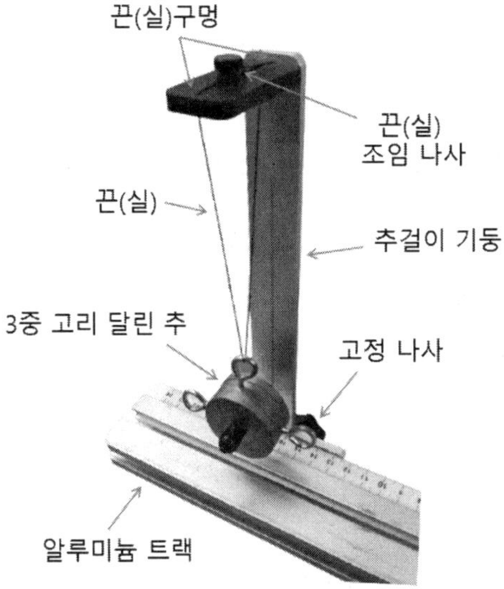

그림 5 3중 고리 달린 추의 연결

(2) 중앙 표시 기둥 설치 방법

① 그림 6과 같이 너트와 조임 나사를 사용하여 알루미늄 프레임의 측면에 중앙표시 기둥을 고정한다. 이때 중앙표시 기둥은 알루미늄 프레임에 장착된 눈금자의 0점에 고정시키도록 한다.

② 지표판 아래쪽 구멍에 실을 묶고, 도르래를 거쳐 3중 고리 달린 추와 연결한다.

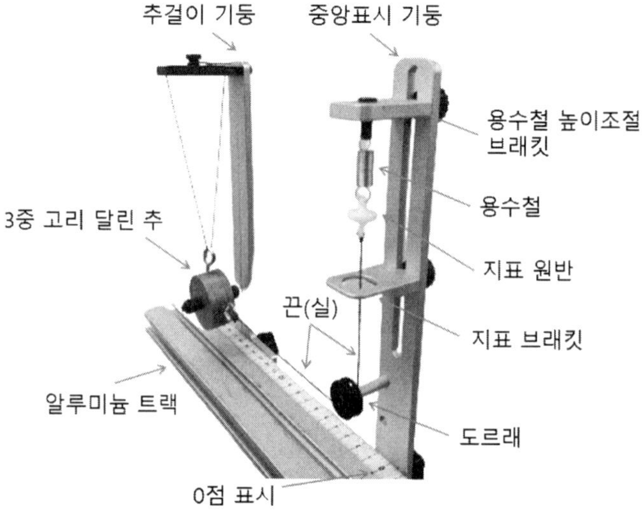

그림 6 구심력 측정을 위한 연결 방법

A. 거리변화에 따른 구심력 측정(M, mg : 일정, r : 변화)

① 그림 7과 같이 A형 회전 스탠드에 회전축원반을 끼우고 모터를 설치하고 밴드(고무줄)로 모터와 회전축원반에 고정한다.

② A형 회전 스탠드에 회전막대(알루미늄 트랙)를 설치하고 수평이 맞는지 확인한다.

③ 회전막대 중심에 중앙표시 기둥을 설치하고 회전막대 중심에서 임의 위치($r =$ 0.17 m)에 추걸이 기둥을 설치한다.

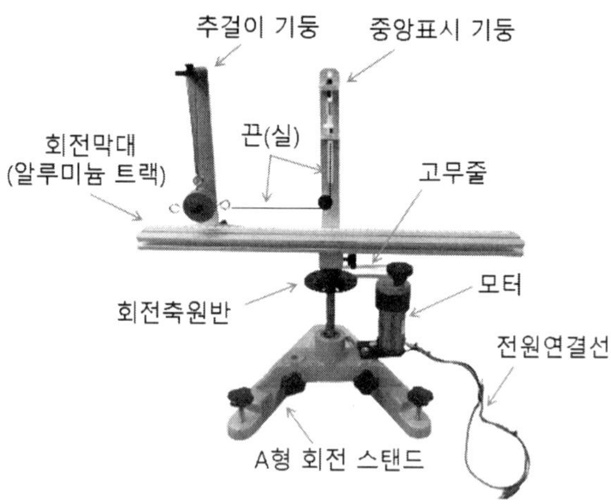

그림 7 기본 장치 연결

④ 3중 고리 달린 추의 질량 M을 측정하여 기록한 뒤, 3중 고리를 끈으로 연결하여 추걸이 기둥에 매달고 중앙표시 기둥에 달려있는 용수철도 연결한다.

⑤ 그림 8과 같이 회전막대 끝에 추걸이 도르래를 설치한다.

⑥ 추걸이와 추의 질량 m을 측정하여 기록하고 끈으로 3중 고리 달린 추 M과 연결한다.

⑦ 3중 고리 달린 추 M가 추걸이 기둥의 중심에 오도록 중앙표기 기둥의 용수철을 위로 올려 조절한다.

⑧ 모터에 전원을 연결한다.

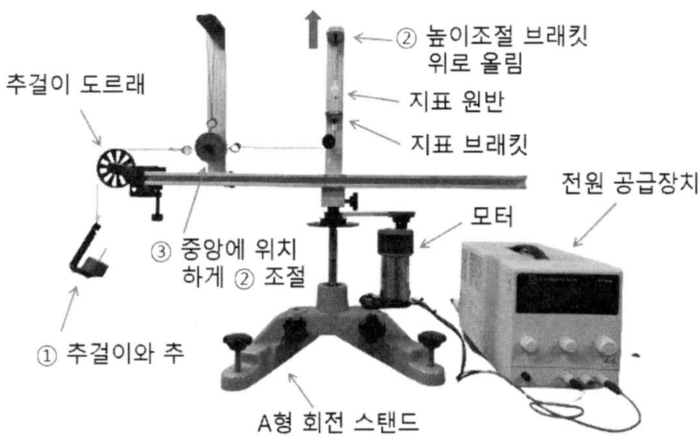

그림 8 추와 전원공급 장치 연결

⑨ 그림 9와 같이 지표 브래킷을 움직여서 용수철에 달린 흰색 지표 원반과 일치하도록 조절한다.

⑩ 도르래와 추걸이와 추를 제거한다.

⑪ 전원을 켜서 흰색 지표 원반이 지표 브래킷과 일치하도록 회전 속도를 조절한다.

⑫ 회전막대(알루미늄 트랙)가 5회 회전할 때 걸린 시간을 측정하여 주기 T를 기록한다.

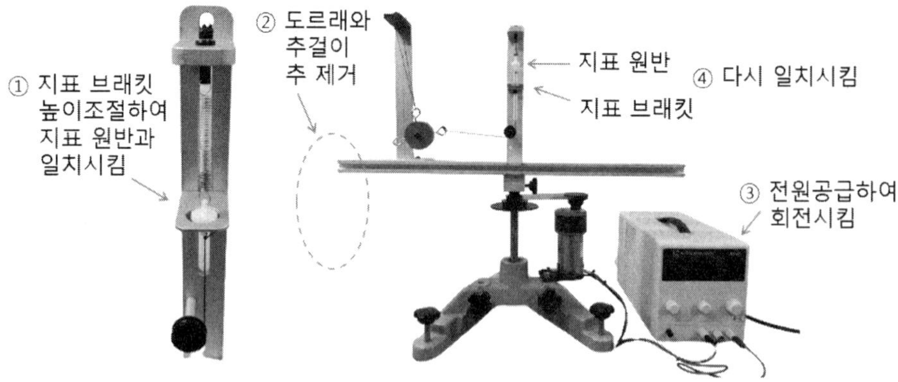

그림 9 구심력 측정

⑬ 추걸이 기둥의 위치를 변화시키면서 실험과정을 반복한다.

B. 추걸이와 추의 질량 변화에 따른 구심력 측정(M, r : 일정, mg : 변화)

① 앞에서 설치한 실험 조건에서 추걸이와 추 질량 m을 변경하고, 회전막대 중심에서 떨어진 거리인 반지름 r은 처음 측정한 값으로 고정한다.

② 질량 m을 변화를 주어 반복 실험하고, 그 결과를 기록한다.

C. 3중 고리 추 질량 변화에 따른 구심력 측정(mg, r : 일정, M : 변화)

① 앞에서 설치한 실험 조건에서 추걸이와 추의 질량 m과, 회전막대에서 떨어진 거리인 반지름 r을 처음 측정값으로 고정한다.

② 3중 고리 추를 분리한 후, 질량(M)을 변화시켜가며 실험을 반복한다. 그 결과를 기록한다.

7. 다른 실험방법 구상

[실험구상 01 각운동량을 이용한 실험을 구상해 본다.]

- 실험 장치도를 그려본다.
- 실험 방법과 원리를 설명해 본다.

[실험구상 02 토크를 이용한 실험 장치를 구상해 본다.]

- 실험 장치도를 그려본다.
- 실험 방법과 원리를 설명해 본다.

[실험구상 03 구심력을 이용한 실험 장치를 구상해 본다.]

- 실험 장치도를 그려본다.
- 실험 방법과 원리를 설명해 본다.

실험 09 각운동량과 구심력 측정

결과보고서

담당교수 : ________________ 교수님

실험일	월 일	제출일	월 일
학번		이름	
( )조 조원이름	• • •		

[실험 01 회전 운동에서 각운동량 측정]

A. r_1이 0.16m일 때의 각운동량

1. 측정값

표 1

사각추의 질량						
트랙의 질량						
트랙의 길이						
r_1						
r_2						
	회수	1	2	3	4	5
실을 잡아 당기기 전	t_1 (s)					
	$\overline{\omega_1}$ (rad/s)					
실을 잡아 당긴 후	t_2 (s)					
	$\overline{\omega_{2실험}}$ (rad/s)					
	$\overline{\omega_{2이론}}$ (rad/s)					
상대오차(%)						

2. 계산 및 분석

① $\overline{\omega_1} = \dfrac{2\pi f_1}{t_1} =$ ______________________ rad/s

$\overline{\omega_{2실험}} = \dfrac{2\pi f_2}{t_2} =$ ______________________ rad/s

② $\overline{\omega_{2이론}} = \left(\dfrac{mr_1^2 + I_{트랙} + I_{기타}}{mr_2^2 + I_{트랙} + I_{기타}} \right) \overline{\omega_{1실험}} =$ ______________________ rad/s

$mr_1^2 =$ ______________________ $\text{kg}\cdot\text{m}^2$

$mr_2^2 =$ ______________________ $\text{kg}\cdot\text{m}^2$

$I_{트랙} = \dfrac{1}{12}ML^2 =$ ______________________ $\text{kg}\cdot\text{m}^2$

$I_{기타}$ = 중앙 지지대 및 정지 나사등 기타 회전하는 부분의 회전관성 $= 0.006$

③ 상대오차

$$\left| \frac{\overline{\omega_{2이론}} - \overline{\omega_{2실험}}}{\overline{\omega_{2이론}}} \right| \times 100 = \text{______________________} \%$$

B. r_1이 0.20m일 때의 각운동량

1. 측정값

표 2

사각추의 질량						
트랙의 질량						
트랙의 길이						
r_1						
r_2						
	회수	1	2	3	4	5
실을 잡아 당기기 전	t_1 (s)					
	$\overline{\omega_1}$ (rad/s)					
실을 잡아 당긴 후	t_2 (s)					
	$\overline{\omega_{2실험}}$(rad/s)					
	$\overline{\omega_{2이론}}$(rad/s)					
상대오차(%)						

2. 계산 및 분석

① $\overline{\omega_1} = \dfrac{2\pi f_1}{t_1} = $ ________________ rad/s

$\overline{\omega_{2실험}} = \dfrac{2\pi f_2}{t_2} = $ ________________ rad/s

② $\overline{\omega_{2이론}} = \left(\dfrac{mr_1^2 + I_{트랙} + I_{기타}}{mr_2^2 + I_{트랙} + I_{기타}}\right)\overline{\omega_{1실험}} = $ ________________ rad/s

$mr_1^2 = $ ________________ $\text{kg}\cdot\text{m}^2$

$mr_2^2 = $ ________________ $\text{kg}\cdot\text{m}^2$

$I_{트랙} = \dfrac{1}{12}ML^2 = $ ________________ $\text{kg}\cdot\text{m}^2$

$I_{기타} = $ 중앙 지지대 및 정지 나사 등 기타 회전하는 부분의 회전관성 $= 0.006$

③ 상대오차

$$\left|\frac{\overline{\omega_{2\text{이론}}} - \overline{\omega_{2\text{실험}}}}{\overline{\omega_{2\text{이론}}}}\right| \times 100 = \_\_\_\_\_\_\_\_\_\_\_\_\_\_\_\%$$

C. r_1이 0.24m일 때의 각운동량

1. 측정값

표 3

사각추의 질량						
트랙의 질량						
트랙의 길이						
r_1						
r_2						
	회수	1	2	3	4	5
실을 잡아 당기기 전	t_1 (s)					
	$\overline{\omega_1}$ (rad/s)					
실을 잡아 당긴 후	t_2 (s)					
	$\overline{\omega_{2\text{실험}}}$(rad/s)					
	$\overline{\omega_{2\text{이론}}}$(rad/s)					
상대오차(%)						

2. 계산 및 분석

① $\overline{\omega_1} = \dfrac{2\pi f_1}{t_1} = \_\_\_\_\_\_\_\_\_\_\_\_\_\_\_$ rad/s

$\overline{\omega_{2\text{실험}}} = \dfrac{2\pi f_2}{t_2} = \_\_\_\_\_\_\_\_\_\_\_\_\_\_\_$ rad/s

② $\overline{\omega_{2\text{이론}}} = \left(\dfrac{mr_1^2 + I_{\text{트랙}} + I_{\text{기타}}}{mr_2^2 + I_{\text{트랙}} + I_{\text{기타}}}\right)\overline{\omega_{1\text{실험}}} =$ ____________________ rad/s

$mr_1^2 =$ ____________________ $\text{kg}\cdot\text{m}^2$

$mr_2^2 =$ ____________________ $\text{kg}\cdot\text{m}^2$

$I_{\text{트랙}} = \dfrac{1}{12}ML^2 =$ ____________________ $\text{kg}\cdot\text{m}^2$

$I_{\text{기타}}$ = 중앙 지지대 및 정지 나사 등 기타 회전하는 부분의 회전관성 = 0.006

③ 상대오차

$$\left|\frac{\overline{\omega_{2\text{이론}}} - \overline{\omega_{2\text{실험}}}}{\overline{\omega_{2\text{이론}}}}\right| \times 100 = \text{____________________}\%$$

[실험 02 원운동에서 구심력 측정]

A. 거리 변화에 따른 구심력 측정(M, mg : 일정, r : 변화)

1. 측정값

3중 고리 추의 질량 (M) = ______________ kg

추와 추걸이의 질량 (m) = ______________ kg

표 4

반지름 r (m)	주기 T (s)				T^2 (s^2)			
	1	2	3	평균	1	2	3	평균

2. 계산 및 분석

① 추걸이와 추의 무게 mg는 용수철에 작용한 구심력과 같다. 질량 m에 중력 가속도 g를 곱한 구심력 F를 계산하여 기록한다. $g = 9.8\ \mathrm{m/s^2}$이다.

② 위 값을 이용하여 r과 T^2의 그래프를 그린다. 이는 다음을 만족하는 직선이 될 것이다.

$$r = \frac{F}{4\pi^2 M} T^2$$

③ 최소제곱법으로 이 직선의 기울기를 구하고, 이를 기록한다.

④ 기울기로부터 구심력 F를 계산하여 기록한다. (F=기울기$\times 4\pi^2 M$)

⑤ 상대오차를 계산한다.

표 5

구심력 (mg)	(N)
기울기	
기울기로부터 구한 구심력 F	(N)
상대오차 $\left(=\frac{\lvert F-mg \rvert}{mg} \times 100\right)$	(%)

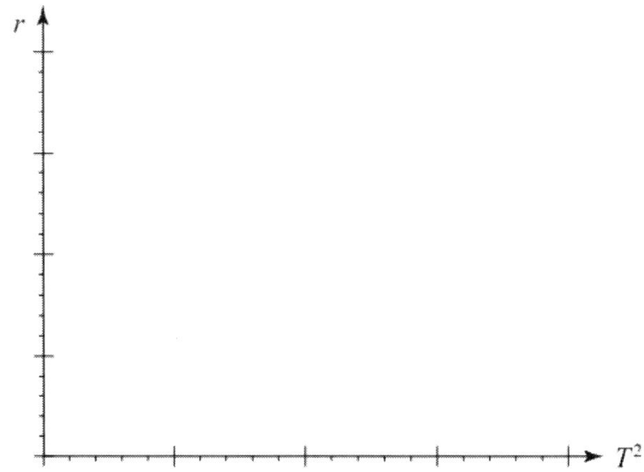

그래프 1

B. 추걸이와 추의 질량 변화에 따른 구심력 측정(M, r : 일정, mg : 변화)

1. 측정값

3중 고리 추의 질량 (M) = ______________ kg

반지름 (r) = ______________ m

표 6

m (kg)	T (s)			
	1	2	3	평균

2. 계산 및 분석

① 추걸이와 추의 무게 mg는 용수철에 작용한 구심력과 같다. 질량 m에 중력 가속도 g를 곱한 구심력 F를 계산하여 기록한다.

② T^2의 역수를 계산하여 기록한다.

③ 구심력 F와 $1/T^2$의 그래프를 그린다. 이는 다음을 만족하는 직선이 될 것이다.

$$F = (4\pi^2 Mr)\left(\frac{1}{T^2}\right)$$

④ 최소제곱법을 이용하여 기울기를 구하고, 이를 기록한다.

⑤ 기울기의 예상값 $4\pi^2 Mr$을 계산한다.

⑥ 측정한 기울기와 이론적으로 계산한 기울기와의 상대오차를 계산한다.

표 7

m (kg)	F (N)	$\frac{1}{T^2}$ (s^{-2})	기울기 (실험)	기울기 (이론) ($=4\pi^2 Mr$)	상대오차 (%)

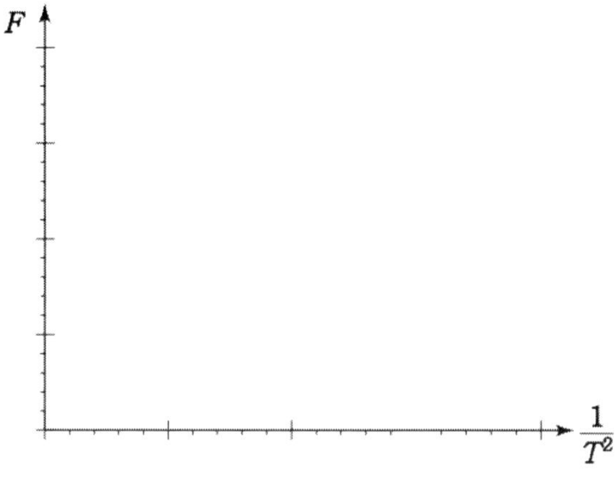

그래프 2

C. 3중 고리 추 질량 변화에 따른 구심력 측정(mg, r : 일정, M : 변화)

1. 측정값

추와 추걸이의 질량 (m) = ______________ kg

구심력(F) = ______________ N

반지름 (r) = ______________ m

표 8

3중 고리 달린 추의 질량 M(kg)	T(s)			
	1	2	3	평균

2. 계산 및 분석

① 각각의 질량 M에 대하여 구심력 F를 계산하여 기록한다.

$$F = \frac{4\pi^2 Mr}{T^2}$$

② 추와 추걸이의 무게 mg는 용수철에 작용한 구심력 F와 같다. 질량 m에 중력 가속도 g를 곱한 구심력을 계산하여 기록한다.

③ 계산한 구심력 F와 mg 사이의 상대오차를 계산한다.

표 9

M (kg)	F (N)	mg (N)	상대오차 (%)

[실험구상 01 각운동량을 이용한 실험을 구상해 본다.]

실험 제목 : ______________________________

• 실험 장치도(그림으로 표현)	• 실험방법 설명(번호로 구분)

• 원리 설명

[실험구상 02 토크를 이용한 실험 장치를 구상해 본다.]

실험 제목 : ______________________________

• 실험 장치도(그림으로 표현)	• 실험방법 설명(번호로 구분)

• 원리 설명

[실험구상 03 구심력을 이용한 실험 장치를 구상해 본다.]

실험 제목 : ______________________________

• 실험 장치도(그림으로 표현)	• 실험방법 설명(번호로 구분)

• 원리 설명

〈질문〉

■ 아래 질문에 답하시오.

답변할 때는 자료를 찾아보고 토론을 해본 후 스스로 정리해보면 해결해야 할 문제에 대한 이해도가 높아지고 응용력도 향상됩니다.

1) 본 실험에서 오차의 원인은 무엇인가?
2) 오차를 줄일 수 있는 아이디어를 생각해 보고 방법을 서술하라.
3) $\vec{F} = m\vec{a}$ 에서 각운동량 $\vec{L} = \vec{r} \times \vec{p}$ 를 유도하라.
4) 각운동량보존 법칙이 성립되는 경우를 예를 들어 서명하라.
5) 반지름은 R이고 테두리의 질량은 M이며 바퀴살의 무게는 무시할 수 있는 도르래가 있다. 이 도르래에 질량이 m_1과 m_2인 물체가 가벼운 끈에 연결되어 있다. 물체 m_2가 마찰이 없는 책상면 위에서 수평으로 미끄러지고 있을 때, 두 물체의 선가속도를 토크와 각운동량과의 개념을 이용하여 구하라.

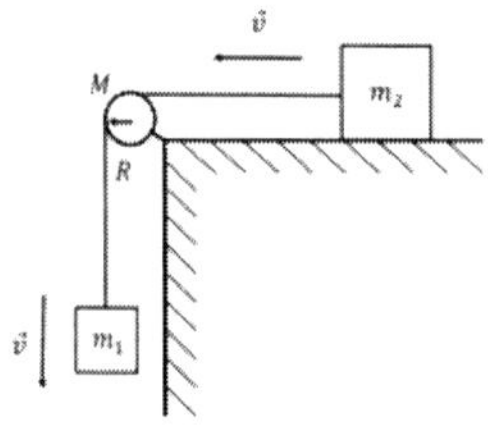

6) 마찰 없이 회전할 수 있는 길이가 l이고 질량이 M인 천칭이 있다. 천칭 위에 질량이 다른 두 물체를 천칭의 중심으로부터 같은 거리만큼 떨어지게 올려놓았다. 물체의 질량은 m_1이 m_2보다 크다. 이 계가 각속력 ω로 회전하기 시작한다. 시소의 관성 모멘트는 $I = \frac{1}{12}Ml^2$ 이다.
   a) 계의 각운동량의 크기 L를 구하라.
   b) 천칭이 수평면과 θ의 각도를 이룰 때 계의 각가속도의 크기 α를 구하라.
7) 등속 원운동(uniform circular motion)과 부등속원운동(nouniform circular motion)의 차이점을 설명하라.
8) 구심가속도와 구심력에 관한 식을 쓰고 의미를 설명하라.
9) 구심력은 정의가 되어있는 힘이다. 그렇다면 일상생활에서 사용하는 원심력은 어떤 힘인가?

▷ 답변 :

〈실험 결과 요약〉

■ 서론 본론 결론 형식으로 자유롭게 기술하세요.

논문형식의 기술적 글쓰기(Technical Writing)를 통해서 주장하는 내용에 대한 의미전달 능력을 향상시킬 수 있고 창의적 생각 또한 키워나갈 수 있습니다.

실험제목 :
작성자 신원 :

〈서론〉

〈본론〉

〈결론〉

〈참고문헌〉

1. 토크(Torque)

토크를 정의해보자. 그림 1에서 스패너에 가해진 힘 $\vec{F}$는 수평에 대해 각도 ϕ로 작용한다. 볼트의 중심 O를 수직으로 통과하는 축에 대하여 힘 $\vec{F}$에 의한 토크는

$$\vec{\tau} = \vec{r} \times \vec{F} \tag{1.1}$$

와 같이 정의된다. 토크의 SI 단위는 N · m 이다. 토크는 벡터량인데 우선 크기만을 고려하여 생각해 보면

$$\tau = rF\sin\phi \tag{1.2}$$

와 같이 정의 된다. 이 계산은 두 가지 방법으로 할 수 있는데

$$\tau = (r\sin\phi)(F) = r_{\perp}F = dF \tag{1.3}$$

와

$$\tau = (r)(F\sin\phi) = rF_t \tag{1.4}$$

이다. r은 회전축과 $\vec{F}$의 작용점 사이의 거리이고, d는 힘 $\vec{F}$의 연장선과 회전축 사이의 수직 거리이다. 이 $\vec{F}$의 연장선을 작용선이라 한다. d는 $\vec{F}$의 모멘트팔(moment arm)이라고 한다.

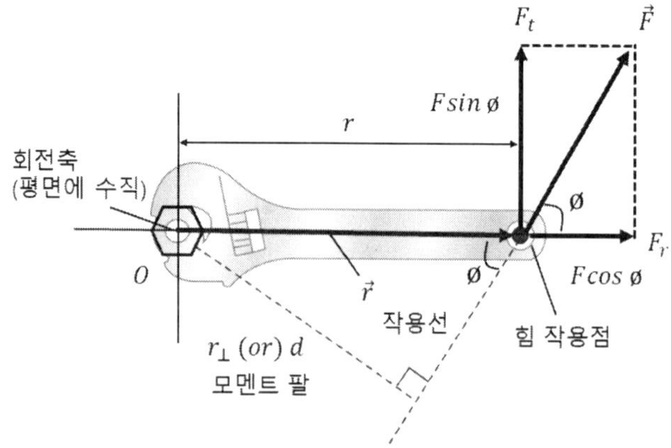

그림 1 토크

2. 각충격량-각운동량 정리(angular impulse-angular momentum theorem)

원점 O를 지나는 축에 대한 질량 m인 입자의 각운동량은

$$\vec{L} = \vec{r} \times \vec{p} \tag{2.1}$$

로 정의된다. SI 단위는 kg · m^2/s 이다. 위 식은 $\vec{p} = m\vec{v}$ 이므로

$$\vec{L} = \vec{r} \times (m\vec{v}) \tag{2.2}$$

로도 쓸 수 있고, 크기는

$$L = \mathrm{v}\sin\phi \tag{2.3}$$

이다. ϕ는 회전축으로부터 물체까지의 위치 벡터 $\vec{r}$와 운동량 $\vec{p}$사이의 각도이므로 $\vec{r}$과 $\vec{p}$가 같은 방향이면 각운동량 $\vec{L}$은 0이 된다.

그림 2와 같이 그려보면 각운동량 $\vec{L}$의 방향과 크기를 쉽게 이해할 수 있다. 우선 각운동량 $\vec{L}$의 방향을 알기 위해 원점으로 각운동량 벡터를 평행 이동시키고 오른손 법칙을 적용해 보자. 검지는 위치 벡터 $\vec{r}$을 가리키고 중지는 운동량 벡터 $\vec{p}$를 가리키게 되면 엄지가 각운동량 $\vec{L}$의 방향이 된다. 이 경우 시계 반대 방향으로 회전하는 경우이다. 위에서 각운동량 크기를 결정했는데 $L = rmv\sin\phi$는 두 가지 방법

$$L = rm(v\sin\phi) = rp_{\perp} = rmv_{\perp} \tag{2.4}$$

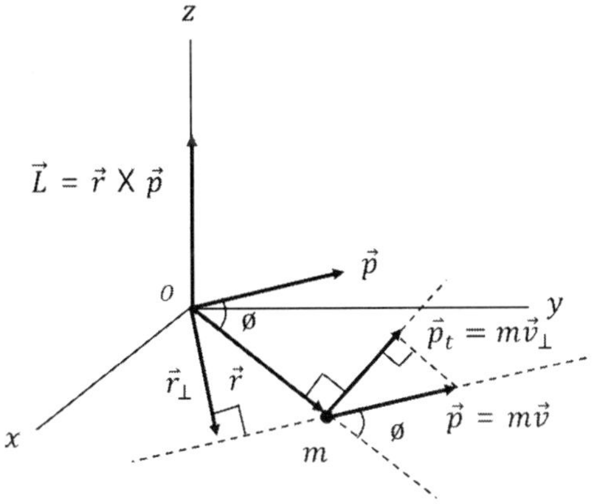

그림 2 각운동량 이해

$$L = (r\sin\phi)mv = r_{\perp}p = r_{\perp}mv \tag{2.5}$$

으로 계산이 가능하다.

이제 입자계의 각운동량(Angular Momentum of System of Particles)을 고려해 보자. 입자계의 전체 각운동량은

$$\vec{L}_{tot} = \vec{L}_1 + \vec{L}_2 + \vec{L}_3 + \cdots + \vec{L}_n = \sum_{i=1}^{n} \vec{L}_i \tag{2.6}$$

이고, 계안에 있는 모든 입자 n개의 합으로 주어진다. 이 식을 시간에 대해서 미분하면

$$\frac{d\vec{L}_{tot}}{dt} = \sum_{i=0}^{n} \frac{d\vec{L}_{tot}}{dt} \tag{2.7}$$

이다. 오른쪽 항은 전체 알짜 토크를 뜻한다. 좌 항과 우 항을 바꾸어 써주면

$$\sum_{i=0}^{n} \vec{\tau}_{tot} = \frac{d\vec{L}_{tot}}{dt} \tag{2.8}$$

으로 쓸 수 있다. 그래서 입자계에 작용한 전체 외부 알짜힘은 이 계에 작용한 전체 각운동량의 시간 변화율과 같게 된다. 이 식을 적분하면

$$\int \sum_{i=0}^{n} \vec{\tau}_{tot} dt = d\vec{L}_{tot} \tag{2.9}$$

이다. 이 식을 각충격량-각운동량 정리(angular impulse-angular momentum theorem)라고 한다.

PART III

유체와 열 및 진동과 파동

실험 10 고체의 비중과 액체의 표면장력 측정

1. 실험 목표

본 실험에서는 Jolly의 용수철저울을 사용하여 무게를 재고 아르키메데스 원리를 적용하여 물보다 무거운 고체의 비중을 구한다. 탄성 계수가 작은 용수철저울을 이용하여 액체의 표면장력을 측정한다.

2. 학습 목표

3. 기본개념에 대한 이해

◆ 압력과 밀도

▪ 압력

✓ 정지한 유체가 물체에 가하는 힘은 → 물체의 모든 표면에 수직으로 작용

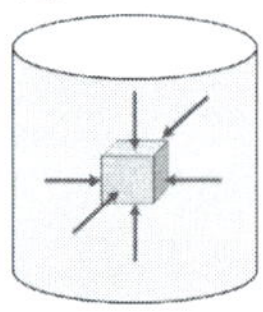

• 압력 : $P = \dfrac{F}{A}$

✓ 스칼라량
✓ 단위 : N/m^2
Pa(파스칼)

✓ A : 평평한 면적
✓ F : 면에 수직으로 가해지는 힘

➢ **압력 : 면적당 작용하는 수직 힘**

▪ 밀도

✓ 물체의 전체 질량을 → 전체 부피로 나눈 값

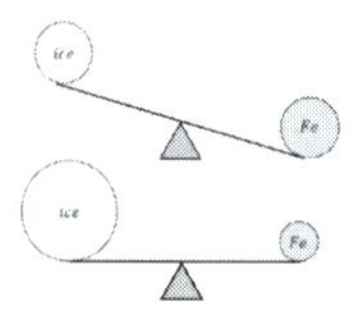

• 밀도 : $\rho = \dfrac{m}{V}$

✓ 스칼라량
✓ 단위 : kg/m^3

➢ **밀도 : 단위 부피당 질량**

❖ **심화학습**
파스칼의 원리를 조사해 보고 유압 지렛대의 작동방법에 대해서 설명해 보자.

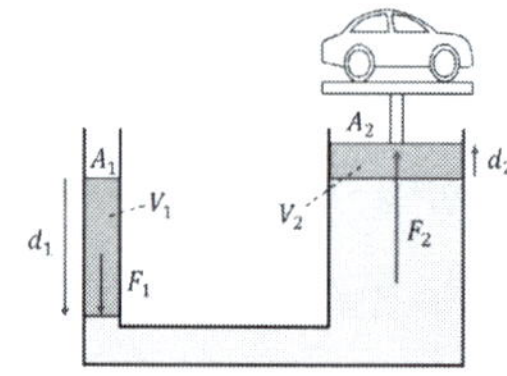

◆ 아르키메데스의 원리

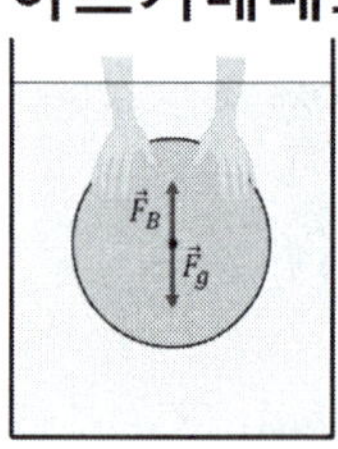

▪ 아르키메데스의 원리 (Archimedes' principle):
어떤 물체가 유체에 전부 또는 부분적으로 잠기게 되면 부력을 받게 되는데 부력의 크기는 그 물체에 의해 밀려난 유체의 무게와 같다.

▪ 부력의 원리

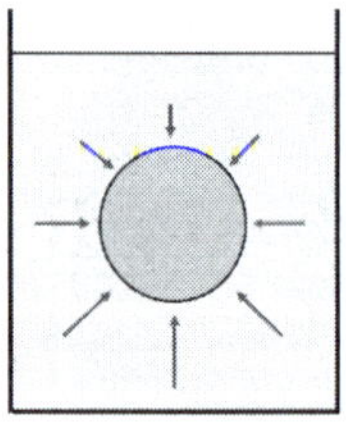

• 구를 가라앉히려는 중력 = 구를 띄우려는 부력

$F_B = Mg$

$F_B = \rho g V$

⇦ $M = \rho V$

❖ **심화학습**
아르키메데스의 원리를 이해하고 물체가 유체 속에 완전히 잠긴 경우와 일부 떠있는 경우로 구분하여 물체운동을 논해 보자. 이때 **물체와 유체의 밀도를 고려**해서 생각해 보자.

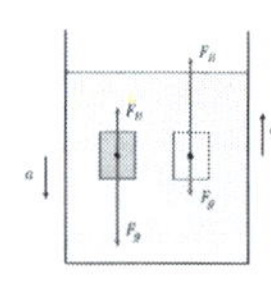

완전히 잠긴 경우

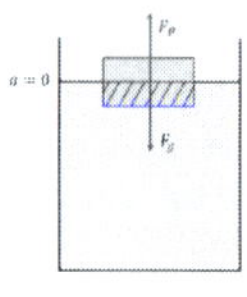

일부 떠 있는 경우

4. 이론 및 원리

4.1 아르키메데스의 원리(Archimedes' principle)

부력의 원리 또는 아르키메데스의 원리(Archimedes' principle)는 고대 왕관과 관련된 일화와 함께 잘 알려져 있다. 그 원리는 다음과 같이 표현된다.

「어떤 물체가 유체에 전부 또는 부분적으로 잠기게 되면 부력을 받게 되는데 부력의 크기는 그 물체에 의해 밀려난 유체의 무게와 같다.」

이 원리를 이해하기 위하여 하나의 실험을 가정해 보자. 그림 1과 같이 물놀이를 하다가 공을 물속에 밀어 넣으려고 한다. 어떤 결과가 벌어질까? 공을 물속에 밀어 넣기가 매우 어려운데 그 이유는 공에는 물에 의해서 위로 떠오르려는 힘이 작용하기 때문이다. 이렇게 유체에 잠긴 공에 작용하여 위로 떠오르게 하는 힘을 부력(buoyant force)이라고 한다.

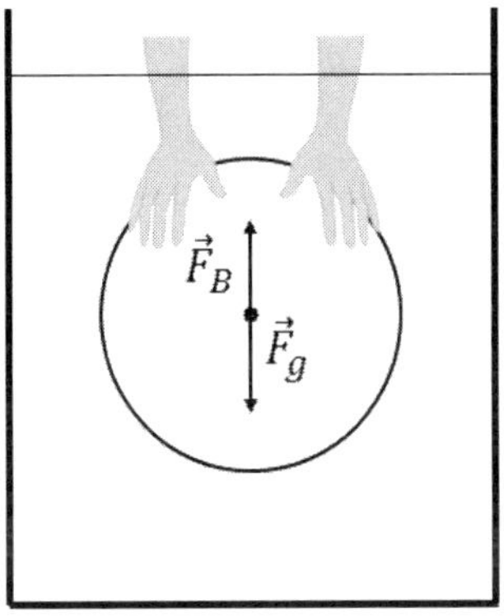

그림 1 유체 속의 공

이번에는 그림 2와 같이 정지한 유체 속에서 얇은 비닐 안에 유체를 담고, 이 유체구를 임의의 깊이 넣었다고 상상해 보자. 그리고 이 유체구은 정적 평형 상태에 있다고 가정해 보자. 이 경우 유체구 안에 있는 물에 가해진 중력은 유체구를 향하여 모든 방향으로 작용하는 알짜힘과 균형을 이루어야 한다. 이는 중력에 의해 아래 방향으로 움직이려는 힘을 상쇄시켜주는 위쪽 방향의 힘인 부력이 존재해야 함을 뜻한다. 부력은 유체 속에서 압력이 깊이에 따라 증가하기 때문에 생긴다. 즉 위쪽에서 가해지는 압력보다 아래쪽으로

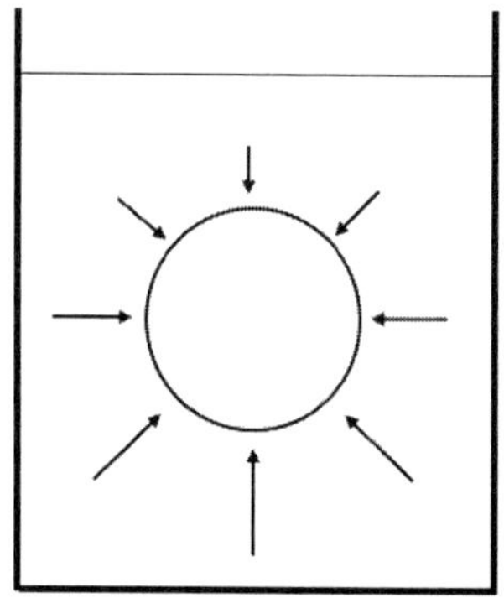

그림 2 가상의 유체구에 가해지는 힘

갈수록 유체구에 작용하는 압력은 커지게 된다. 또한 부력의 크기는 구를 채우고 있는 유체의 무게와 같다.

부력의 크기가 구를 채우고 있는 유체의 무게와 같은 이유를 생각해 보자. 이는 유체구가 정적 평형 상태에 있기 때문이다. 다시 말해서 유체구를 가라앉히려는 중력 F_g와 띄우려는 부력 F_B가 같다는 의미이다. 즉

$$F_B = Mg \tag{1.1}$$

이다. 여기서 M은 구 안에 있는 유체의 질량이다. 위 식은 $M = \rho V$의 관계를 이용하면

$$F_B = \rho g V \tag{1.2}$$

로 쓸 수 있다.

4.2 물체의 비중

물질의 특성을 나타내는 밀도는 물질의 단위 부피당 질량을 말하고, 비중은 상대밀도, 즉 표준물질에 대한 어떤 물질의 밀도의 비를 말한다. 이 표준물질이란 물질의 상태에 따라서 달라지게 되는데 고체와 액체는 4℃의 순수한 물의 밀도를 표준으로 하고, 기체의 경우에는 0℃, 1기압에서의 공기의 밀도를 표준으로 한다.

어떤 물체의 무게를 W, 그 물체와 같은 부피를 가진 온도 T℃의 물의 무게를 ω_T, 이온도에서의 물의 비중을 S_T라고 하면, 그 물체의 비중 S는 다음과 같다.

$$S = \frac{W}{\omega_T} S_T \tag{2.1}$$

한편, 밀도 또는 비중을 측정하기 위한 편리한 방법은 아르키메데스의 원리를 이용하는 것이다. 이 원리에 의하면 어떤 물체를 액체 속에 담그면 그 물체는 물체의 부피와 같은(액체의 무게와 같은) 크기의 힘을 연직 방향으로 받게 되는데 이 힘을 부력이라고 부르고, 이 부력은 배제된 액체의 중심에 작용한다. Jolly의 용수철저울에 의한 방법은 물체의 공기 중에서의 무게와 물속에서의 무게를 각각의 용수철의 길이 변화로 측정하여 비중을 구한다.

Jolly의 용수철저울에 달린 용수철 눈금 기준점을 n_0라하고, 공기 중에서의 물체의 무게에 해당하는 눈금을 n_1, 또 물속에서의 물체의 무게에 해당하는 눈금을 n_2라 하면 $n_1 - n_2$는 물체의 공기 속에서의 무게에 비례하고, $n_2 - n_0$는 물속에서의 무게에 비례하게 된다. 여기서 물체와 같은 부피를 가지는 물의 무게는 아르키메데스의 원리에 따라, 공기 중에서 물체의 무게와 물속에서 무게의 차에 의해 구해진다. 즉, 식 (2.1)의 비중은 다음과 같이 표현된다.

$$S = \frac{(n_1 - n_0)k}{[(n_1 - n_0) - (n_2 - n_0)]k} S_T = \frac{(n_1 - n_0)}{(n_1 - n_2)} S_T \tag{2.2}$$

여기서 k는 용수철 상수, S_T는 ℃에서 물의 비중이다.

표 1 온도에 따른 물의 비중

온도(℃)	0°	1°	2°	3°	4°	5°	6°	7°	8°	9°
1°	0. 99987	0. 99993	0. 99997	0. 99999	1.00000	0. 99999	0. 99997	0. 99993	0. 99988	0. 99981
10°	99973	99963	99952	99940	0.99927	99913	99897	99880	99862	99843
20°	99823	99802	99780	99757	99733	99707	99681	99654	99626	99597
30°	99568	99537	99505	69473	99440	99406	99371	99336	99299	99262
40°	99220	99190	99150	99110	99070	99020	98980	98940	98900	98850
50°	98810	98760	98720	98670	98620	98570	98530	98480	98430	98380
60°	98320	98270	98220	98170	98110	98060	98010	97950	97890	97940
70°	97780	97720	97370	97610	97550	97490	97430	97370	97310	97250
80°	97180	97120	97060	96990	96930	96870	96800	96730	96670	9660
90°	96530	96470	96400	96330	96260	96190	96120	96050	95980	95910
100°	95480	95770	95690							

표 2 금속의 비중

원소명	비중 (20℃)
알루미늄(Al)	2.70
철(Fe)	7.86
구리(Cu)	8.93
황동(합금)	8.4

4.3 액체의 표면장력

분자들이 모여서 액체를 만들 때 분자들 사이에는 서로 잡아당기는 인력이 작용한다. 실제로 두 분자가 아주 가까이 있을 때 인력은 상당하다. 그러나 분자 크기의 몇 배 정도만 떨어져도 인력은 거의 무시된다. 대부분의 물리 현상에서 두 입자 사이에 작용하는 힘은 거리의 제곱에 반비례한다. 그러나 분자 사이에 작용하는 힘은 이 역제곱의 법칙을 따르지 않고 더 높은 지수의 곱으로 감소하는 것으로 알려져 왔다. 그 이유는 정확히 알려져 있지 않으나 주로 화학 결합의 영향 때문이 아닌가 생각하고 있다. 액체의 표면에 있는 분자들에게는 내부에 존재하는 분자에 작용하는 힘과는 전혀 다른 힘이 작용하는데, 이 힘을 액체의 표면장력이라고 한다. 표면장력의 크기는 일반적으로 단위 길이당 작용하는 힘으로 나타내며, SI 단위는 N/m이다.

그림 3과 같이 액체의 내부에 존재하는 물 분자 A는 모든 방향에 있는 인접한 분자들로부터 똑같은 크기의 힘을 받음으로 합력의 크기는 영이다. 그러나 표면에 존재하는 물 분자

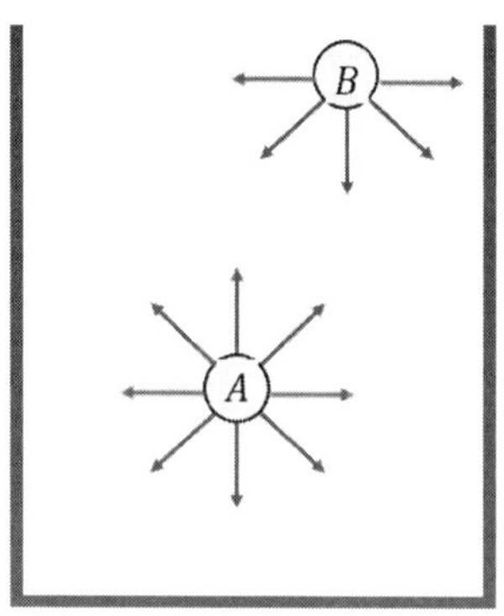

그림 3 물 내부와 표면에서의 물 분자.

B는 액체 표면 위의 공기 분자의 농도가 상대적으로 작기 때문에 표면에 수직한 방향으로 알짜 힘 $\vec{R}$을 받는다. 따라서 내부에 있는 분자가 표면으로 이동하려면 이 힘에 대항하는 힘으로 일을 해주어야 한다. 그러므로 표면에 존재하는 분자들은 내부의 분자들보다 더 큰 에너지를 보유하고 있다. 단위 표면적당 존재하는 자유 표면 잉여 에너지를 표면장력 T라고 하며, J/m^2의 단위로 나타낼 수도 있다.

그림 4에서처럼 U자로 구부린 철사 위에 길이가 l인 철사 도막으로 비누막을 만든다고 해보자. 철사 도막을 오른쪽으로 거리 d만큼 잡아당길 때 비누막의 표면적은 ld만큼 증가하게 된다.

비누막의 표면적 cm^2당 T의 에너지가 존재하므로 Tld만큼의 자유 표면 에너지가 증가하게 된다. 이 에너지는 철사 도막을 F의 힘으로 d만큼 밀 때, 한 일 Fd에 의하여 생성된 에너지이다. 따라서

$$Fd = Tld \tag{3.1}$$

이다. 그러므로 표면장력에 관한 식

$$T = F/l \tag{3.2}$$

을 쉽게 구할 수 있다. 이 식은 표면장력이 단위 길이당 작용하는 힘, 즉 N/m를 사용하여 나타낼 수 있음을 보여준다.

그림 5는 액체의 표면장력을 재는 실험방법의 개략도이다. 철사가 액체 표면으로부터 떨어지는 직전에 철사에 작용하는 힘을 측정하는 방법을 이용한다. 이 측정 방법은 안지름과 지름이 각각 $2r_1$과 $2r_2$인 원통형 고리를 액체 표면에 접촉 시키고, 액체 표면을 고리에

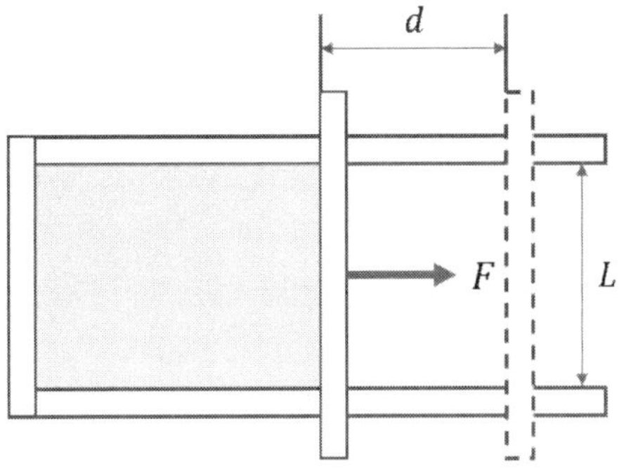

그림 4 U로 구부린 철사에서의 비누막

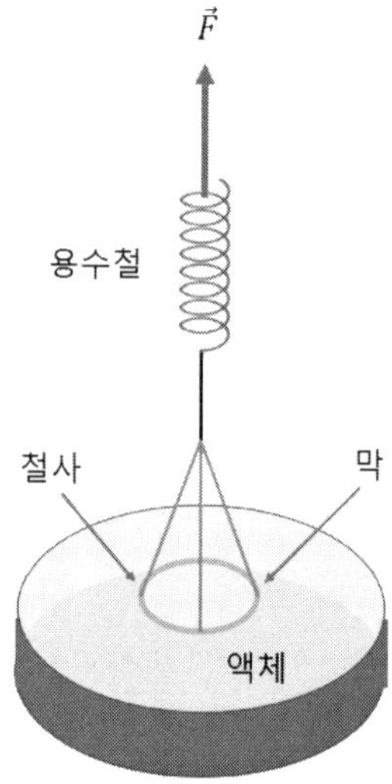

그림 5 표면장력을 재는 기구

가까이하여 완전히 잠기게 한 후, 액체 표면을 천천히 아래로 내려가도록 하여, 고리와 액체 표면이 막 떨어지려는 순간의 액체 기둥의 높이 h와 용수철의 탄성력 mg를 측정하여 표면장력 T를 구한다.

그림 6에서 고리를 아래로 끄는 힘 장력과 액체 기둥의 무게의 합은 용수철의 탄성력과 같다. 즉

$$2\pi(r_1+r_2)T+\pi(r_1^2-r_2^2)h\rho g = mg \tag{3.3}$$

이다. 여기서 ρ는 현재 온도에서의 액체의 밀도이다. 식 (3.3)에서 액체의 표면장력은

$$T=\frac{mg}{2\pi(r_1+r_2)}-\frac{(r_1-r_2)}{2}h\rho g \tag{3.4}$$

가 되고, 고리의 두께가 아주 얇아서 $r_1 \approx r_2 = r$ 이라고 가정하면, 식 (3.4)에서 두 번째 항은 무시되어

$$T=\frac{mg}{4\pi r} \tag{3.5}$$

가 된다.

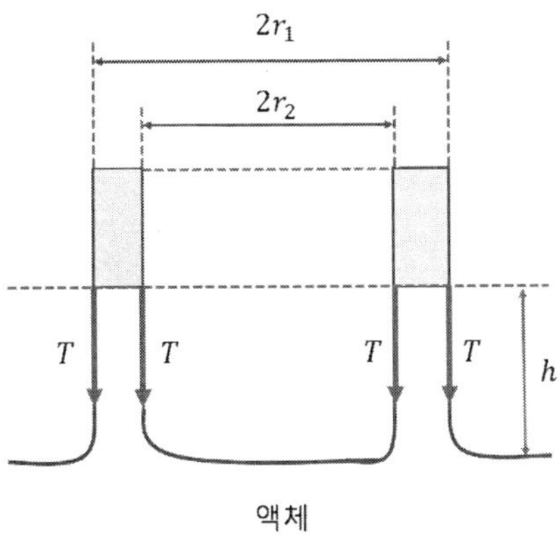

그림 6 액체 기둥

표 3은 표준상태($0^o C$, 대기압)에서 여러 가지 물질의 밀도이고 표 4는 여러 종류 액체의 표면장력 값이다.

표 3 표준상태($0^o C$, 대기압)에서 여러 가지 물질의 밀도

물질	$\rho(kg/m^3)$	물질	$\rho(kg/m^3)$
공기	1.29	얼음	0.917×10^3
알루미늄	2.70×10^3	철	7.86×10^3
벤젠	0.879×10^3	납	11.3×10^3
구리	8.92×10^3	수은	13.6×10^3
물(순수한)	1.00×10^3	바닷물	1.03×10^3

표 4 여러 가지 액체의 표면장력

액체	$T(^o C)$	표면장력(N/m)
에틸알코올	20	0.022
수은	20	0.465
비눗물	20	0.25
물	20	0.073
물	100	0.059

5. 실험장비

• 스탠드

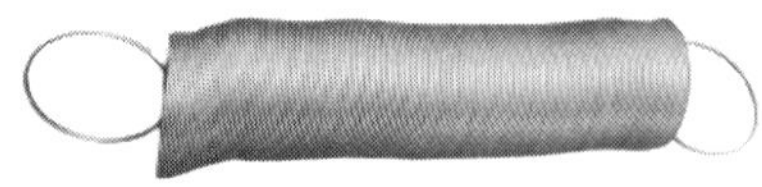

• 용수철 저울

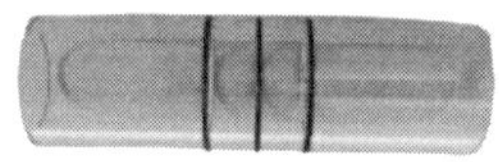

• 투명관

• 지침

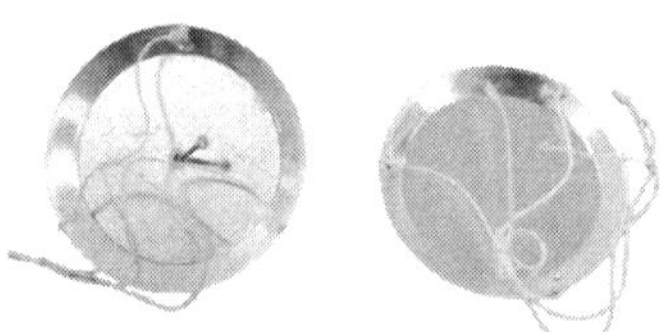

• 고리 달린 접시와 분동 접시

• 분동

• 원형 고리

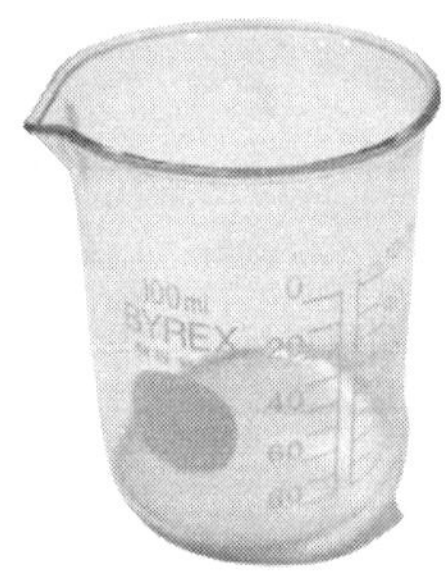

• 비커

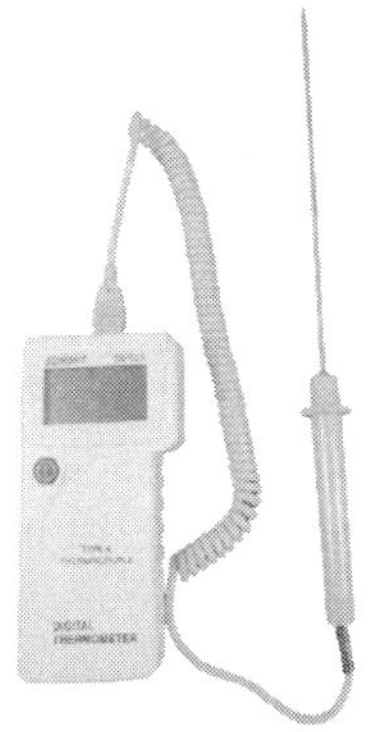	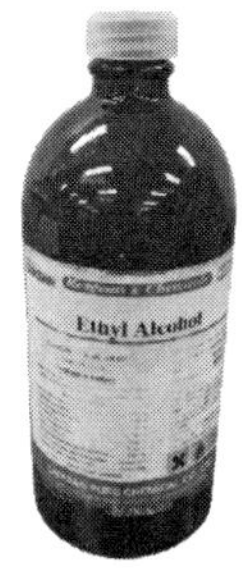
•온도계	•알콜

•핀셋	•마른 수건 또는 티슈

6. 실험방법

◎ 주의 사항

i) 물에 젖은 원형 고리는 마른 수건이나 티슈로 물기를 제거해야 한다. 젖은 상태로 놓아두면 녹이 스는 원인이 된다.

ii) 비커와 알콜 병 등 깨질 수 있는 장비는 주의해서 다루어야 한다.

iii) 분동은 크기가 작고 원통형이라 굴러갈 수 있으므로 분실하지 않도록 주의해야 한다.

iv) 비중 측정에서 시료는 비커에 담긴 물의 중앙에 위치해야 한다. 비커 옆면에 닿거나 바닥면에 가라앉으면 안 된다.

[실험 01 용수철 상수 측정]

Jolly의 용수철저울은 그림 7과 같은 장치이며 실험 절차는 다음과 같다.

① 고정나사 A, B를 사용하여 H, I, D가 일직선상에 놓이도록 조절한다. 이때 비커 받침대 D는 가능한 아래쪽으로 위치하도록 한다.
② 비커 받침대 D 위에 수준기를 올려놓고 수평조절 나사 L을 돌려 수평이 되도록 조절한다.
③ 고정나사 C를 조절하여 용수철 끝에 달린 지침이 I의 투명관 중심을 통과하도록 용수철 지지대 H의 길이를 조절한다.

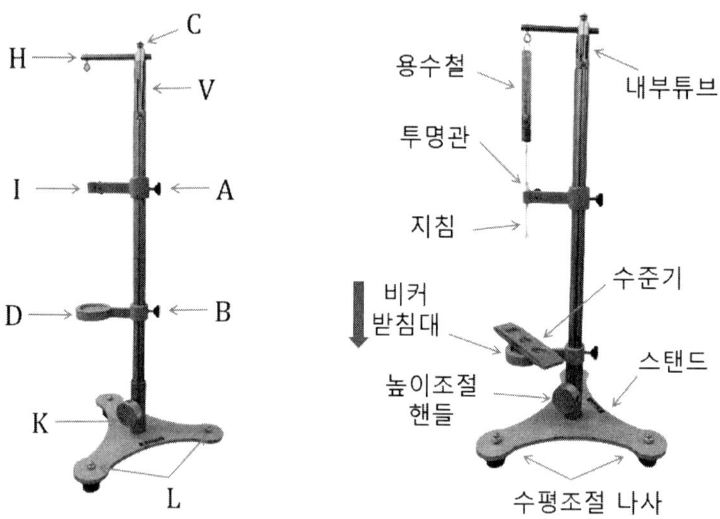

그림 7 Jolly의 용수철저울 구성도

④ 그림 8과 같이 지침 끝에 분동 접시를 매달고 나서, 지침의 눈금과 투명관에 그어진 눈금이 일치하도록 I의 위치를 조절한다. 이때 내부튜브 V는 아래로 내려져 있어야 한다. 질량이 증가하면서 내부 튜브가 위로 움직일 수 있는 여유가 많아야하기 때문이다.
⑤ 분동 접시 위에 1g의 추를 올려놓고 나서, 높이조절 핸들 K를 돌려 지침과 투명관에 그어진 눈금이 일치할 때까지 돌린다. 이때의 눈금과 질량을 기록한다.
⑥ 분동 접시 위에 2g의 추를 올려놓고 위의 과정을 반복한다.

⑦ 1 g 추와 2 g 추를 조합하여 1 g~5 g까지 질량을 변화시키면서 실험한다. 추를 1 g씩 감소시키면서 위의 실험을 반복하여 기록한다.

⑧ 위 결과의 평균값으로부터 Hook의 법칙을 이용하여 용수철 상수 k를 계산한다.

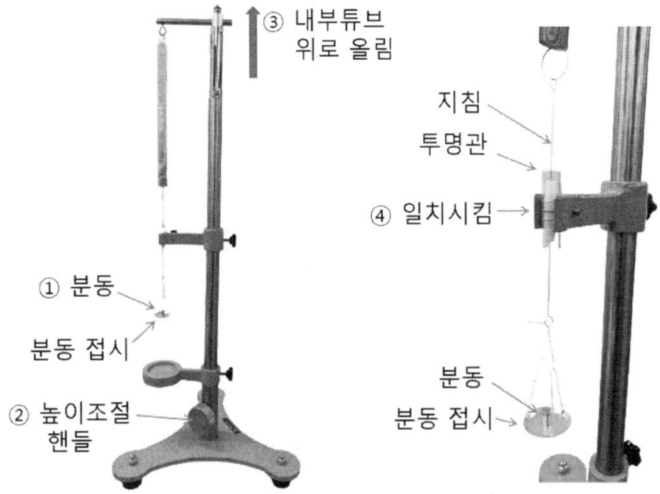

그림 8 Jolly의 용수철저울과 분동 접시

[실험 02 고체의 비중 측정]

① 그림 9와 같이 지지대 H에 용수철, 지침, 고리 달린 접시를 차례로 연결한다.

② 비커 받침대 D 위에 수준기를 올려놓고 수평조절 나사 L을 돌려 장치가 수직이 되도록 조절한다.

③ 고정나사 A, B를 사용하여 H, I, D가 일직선상에 놓이도록 조절한다. 이때 비커 받침대 D는 가능한 아래쪽으로 위치하도록 한다.

④ 높이 조절 핸들 K를 돌려 지침의 가운데 표식이 투명관의 중심에 오도록 조절한다. 이때의 눈금 n_0를 읽고 기록한다.

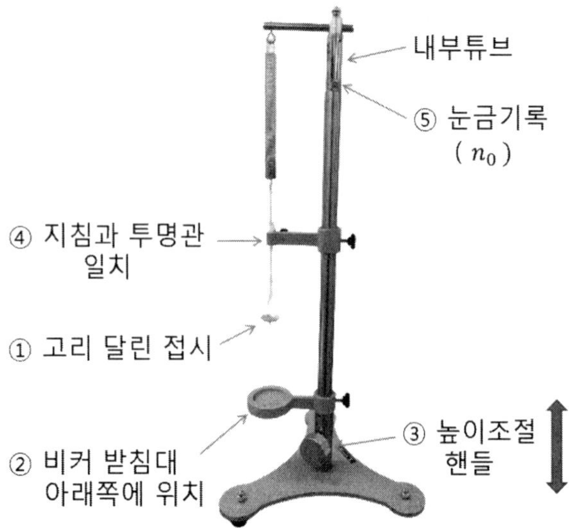

그림 9 고체 비중 측정 기본 장비

⑤ 그림 10과 같이 비중 측정용 시료를 고리 달린 접시 위에 올려놓는다. 시료의 무게 때문에 용수철이 아래쪽으로 늘어날 것이다. 높이조절 핸들 K를 사용하여 지침이 다시 투명관의 중심에 올 때까지 돌린다. 지침이 안정되면 이때의 눈금 n_1을 읽고 기록한다.

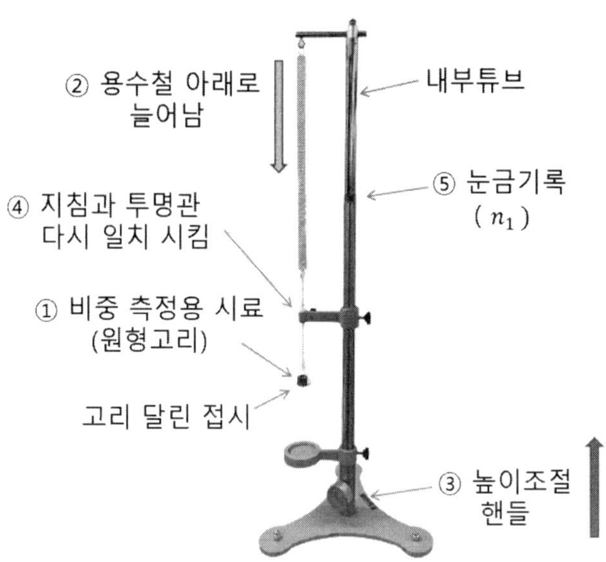

그림 10 측정용 시료와 높이 조절

⑥ 그림 11과 같이 비커에 실온에 가까운 물을 준비하고, 비커 받침대에 올려놓는다. 이때의 물의 온도와 실험이 한번 끝난 후의 물의 평균온도를 기록한다.

⑦ 비중 측정용 시료를 고리 달린 접시 아래쪽 고리에 걸고, 시료가 물속에 완전히 잠기도록 비커 받침대를 올린다.

⑧ 높이 조절용 핸들 K를 돌려 지침이 투명관의 중심에 오도록 한다. 이때 시료가 물속에 완전히 잠긴 상태가 되도록 비커 받침대를 위아래로 같이 움직여 줘야 한다.

⑨ 지침이 안정되면 이때의 눈금 n_2를 읽는다.

⑩ 이상의 데이터로부터 식 (2.2)를 참고하여 고체 시료의 비중을 구한다. 물의 온도에 따른 비중 값은 부록 표를 참고하도록 한다.

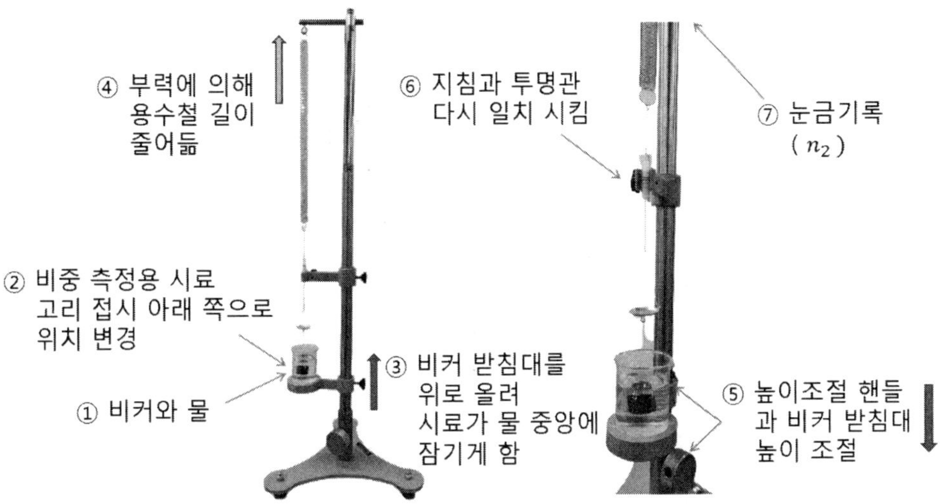

그림 11 고체의 비중 측정

⑪ 앞의 과정을 5번 이상 반복 실험하고, 평균값을 구한다. 매번 실험 시 고체 시료에 물기가 없도록 깨끗이 닦아야 한다.

⑫ 고체 시료를 바꾸어 이 실험을 반복한다.

[실험 03 액체의 표면장력 측정]

① 분동 접시를 제거하고 표면장력용 원형 고리를 매단다. 원형 고리는 표면이 깨끗하고 이물질이 없도록 깨끗이 씻어져 있어야 한다.

② 그림 12와 같이 비커에 물을 채운 후 B를 조정하여 고리가 물의 표면에 닿기 직전까지 올린 다음 고정한다.

③ 높이조절 핸들 K를 천천히 돌려 원형 고리가 액체의 표면에 닿는 순간 멈추고, 그때의 눈금을 읽는다.

④ 다시 높이조절 핸들 K를 조절하여 고리를 표면에서 위로 서서히 잡아당긴다. 고리가 표면에서 완전히 떨어질 때의 저울의 눈금을 읽는다. 이 과정을 5번 반복하여 기록한다.

⑥ 원형 고리를 바꾸어 ①~④실험을 반복하고 표에 기록한다.

⑤ 실험실의 온도를 측정한다.

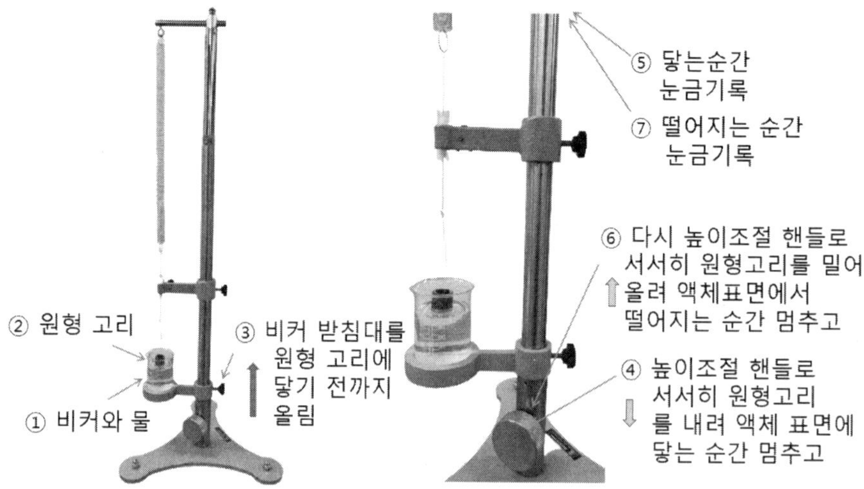

그림 12 표면장력 측정

7. 다른 실험방법 구상

[실험구상 01 비행기 날 수 있는 원리를 조사해 보고 설명해 본다.]

- 그림으로 표현해 본다.
- 원리를 설명해 본다.

Korean Air, B777-300 2016, lasta29

그림 13 비행기 이륙

[실험구상 02 부력의 원리를 이해할 수 있는 실험을 구상해 본다.]

- 실험 장치도를 그려본다.
- 실험방법을 설명해 본다.

실험 10 고체의 비중과 액체의 표면장력 측정 결과보고서

담당교수 : ________________ 교수님

실험일	월 일	제출일	월 일
학번		이름	
( )조 조원이름	• • •		

[실험 01 용수철 상수 측정]

1. 측정값

표 1

질량	추 증가시 눈금	추 감소시 눈금	평균 눈금	힘 $F=mg$
0.0 g				
1.0 g				
2.0 g				
3.0 g				
4.0 g				
5.0 g				

2. 계산 및 분석

앞의 첫 번째 측정으로부터 y축을 mg로 하고 x축을 늘어난 길이로 하여 그래프를 그려라.

이의 관계가 선형으로 변하는지를 보아라. 훅의 법칙에 의하여 $mg = k\Delta x$가 성립하므로, 이 직선의 기울기가 용수철의 힘상수에 해당한다. 최소제곱법을 이용하여 이를 구하라.

$k =$______________ N/m

[실험 02 고체의 비중 측정]

A. 시료명 : ____________________ 온도 : ____________________

S_T : ________________

1. 측정값

표 2

횟수	n_0	n_1	n_2	S
1				
2				
3				
4				
5				
			평균	

2. 계산 및 분석

※ 고체의 비중은 식

$$S= \frac{(n_1-n_0)k}{[(n_1-n_0)-(n_2-n_0)]k} S_T= \frac{(n_1-n_0)}{(n_1-n_2)} S_T$$ 를 이용하여 구하고 기록한다.

시료 1에서 측정한 비중을 참고 2 금속의 비중과 비교하여 표준치와의 오차를 구하라.

표준치와의 오차 = ______________________ %

B. 시료명 : ______________________ **온도 :** ______________________

S_T : ____________________

1. 측정값

표 3

횟수	n_0	n_1	n_2	S
1				
2				
3				
4				
5				
			평균	

2. 계산 및 분석

시료 2에서 측정한 비중을 참고 2 금속의 비중과 비교하여 표준치와의 오차를 구하라.

표준치와의 오차 = ______________________ %

C. 시료명 : ______________ 온도 : ______________

S_T : ______________

1. 측정값

표 4

횟수	n_0	n_1	n_2	S
1				
2				
3				
4				
5				
			평균	

2. 계산 및 분석

시료 3에서 측정한 비중을 참고 2 금속의 비중과 비교하여 표준치와의 오차를 구하라.

표준치와의 오차 = ______________ %

[실험 03 액체의 표면장력 측정]

A. 원형 고리의 종류 : ______________________________

1. 측정값

표 5

원형고리 종류		원형고리 반지름	m
원형고리 외경	m	원형고리 내경	m

표 6

횟수	처음눈금	고리가 떨어질 때 눈금	눈금차
1			
2			
3			
4			
5			
평균			

2. 계산 및 분석

a) 물의 표면장력을 계산하라.

$$T = \frac{mg}{2\pi(r_1 + r_2)} - \frac{(r_1 - r_2)}{2} h\rho g \ = \ \_\_\_\_\_\_\_\_\_\_\_\_\_\_\_\_\_\_ \ \mathrm{N/m}$$

b) 상대오차를 구하시오.

상대오차 = ________________________ %

B. 원형 고리의 종류 : ______________________________

1. 측정값

표 7

원형고리 종류		원형고리 반지름	m
원형고리 외경	m	원형고리 내경	m

표 8

횟수	처음눈금	고리가 떨어질 때 눈금	눈금차
1			
2			
3			
4			
5			
평균			

2. 계산 및 분석

a) 물의 표면장력을 계산하라.

$$T = \frac{mg}{2\pi(r_1 + r_2)} - \frac{(r_1 - r_2)}{2} h\rho g \ = \ \_\_\_\_\_\_\_\_\_\_\_\_\_\_\_\_ \ \mathrm{N/m}$$

b) 상대오차를 구하시오.

상대오차 = ______________________ %

C. 원형 고리의 종류 : ____________________

1. 측정값

표 9

원형고리 종류		원형고리 반지름	m
원형고리 외경	m	원형고리 내경	m

표 10

횟수	처음눈금	고리가 떨어질 때 눈금	눈금차
1			
2			
3			
4			
5			
평균			

2. 계산 및 분석

a) 물의 표면장력을 계산하라.

$$T = \frac{mg}{2\pi(r_1 + r_2)} - \frac{(r_1 - r_2)}{2} h\rho g = \underline{\qquad\qquad\qquad} \text{ N/m}$$

b) 상대오차를 구하시오.

상대오차 = ____________________ %

[실험구상 01 비행기 날 수 있는 원리를 조사해 보고 설명해 본다.]

실험 제목 : ______________________________

• 실험 장치도(그림으로 표현)	• 원리 설명

[실험구상 02 부력의 원리를 이해할 수 있는 실험을 구상해 본다.]

실험 제목 : ______________________________

• 실험 장치도(그림으로 표현)	• 실험방법 설명(번호로 구분)

〈질문〉

■ 아래 질문에 답하시오.

답변할 때는 자료를 찾아보고 토론을 해본 후 스스로 정리해보면 해결해야 할 문제에 대한 이해도가 높아지고 응용력도 향상됩니다.

1) 본 실험에서 오차의 원인은 무엇인가?
2) 오차를 줄일 수 있는 아이디어를 생각해 보고 방법을 서술하라.
3) 액체의 표면장력은 온도가 올라가면 어떻게 되는가? 그 이유를 설명하라.
4) 액체 표면 위의 공기를 제거하여 진공으로 하면 액체의 표면장력은 어떻게 되는가? 그 이유를 설명하라.
5) 아르키메데스 원리, 파스칼의 원리, 베르누이 원리를 설명하라.
6) 밀도가 $1.019\times10^{3}\,\mathrm{kg/m^{3}}$인 액체 속 23.0m 지점에서 압력을 유효숫자 세 자리로 구하라. 단 대기압은 없다고 가정한다.
7) 유압 지렛대를 이용하여 무게가 $27{,}700\,\mathrm{N}$인 물체를 들어 올리려고 한다. A_1과 A_2의 반지름은 각각 3.80 cm와 18.0 cm이고, 모양은 원형이다. 압축 공기를 이용하여 A_1에 압력을 가하면 유압 지렛대 속의 이상적인 유체를 통해 피스톤 A_2에 전달된다. a) 물체를 들어 올리기 위해 압축 공기가 A_1에 가한 힘을 구하라. b) 이 힘을 얻기 위한 공기의 압력을 구하라.

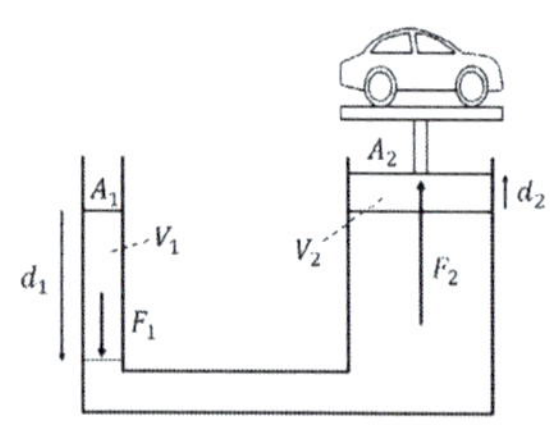

8) 표면이 대기와 접촉하고 있는 물이 가득 찬 물통바닥 근처에 꼭지가 달려있다. 꼭지는 물 표면에서부터 $h = 2.80\,\mathrm{m}$ 아래에 있다. 꼭지가 수평으로 열려 있을 때 베르누이 방정식을 이용하여 물이 나오는 속도를 구하라.

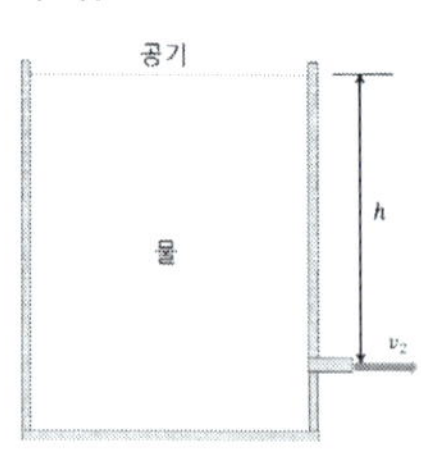

▷ 답변 :

〈실험 결과 요약〉

■ 서론 본론 결론 형식으로 자유롭게 기술하세요.

논문형식의 기술적 글쓰기(Technical Writing)를 통해서 주장하는 내용에 대한 의미전달 능력을 향상시킬 수 있고 창의적 생각 또한 키워나갈 수 있습니다.

실험제목 : 작성자 신원 : 〈서론〉   〈본론〉   〈결론〉   〈참고문헌〉

1. 압력(pressure)

물체에 정지한 유체가 가하는 힘은 물체의 모든 표면에 수직으로 작용한다. 이는 정지 상태의 유체는 층밀리기 변형력이나 인장 변형력을 유체 속의 물체에 가하지 않기 때문이다. 그래서 아래 그림 1과 같이 수조 속에 들어 있는 물체는 모든 방향으로부터 압력을 받게 된다.

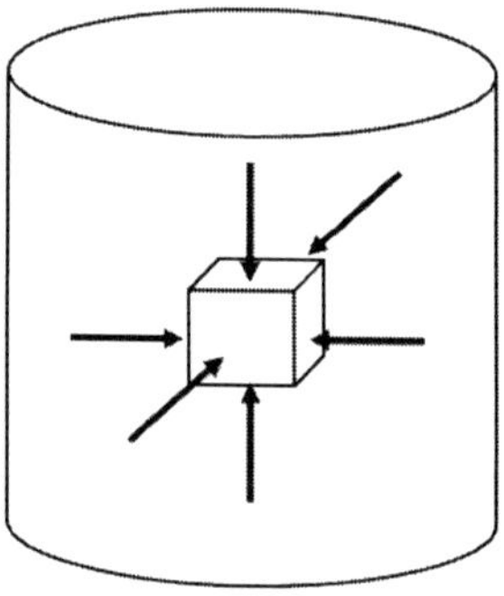

그림 1 수조 속 물체

이와 같은 경우 압력은

$$P = \frac{\Delta F}{\Delta A} \tag{1}$$

와 같이 표현되는데, 이는 이론적으로 압력은 면의 면적 ΔA가 무한히 작을 때의 극한값이기 때문이다. 일반적으로는 평평한 면 A에 수직으로 가해지는 힘을 F라하고 그 힘이 균일하다고 하면 압력 P는 면적당 작용하는 수직 힘

$$P = \frac{F}{A} \tag{2}$$

으로 정의되고, SI 단위는 파스칼(pascal, $\mathrm{Pa} = \mathrm{N/m^2}$)이다.

2. 밀도(density)

부피가 같은 얼음과 철을 상상해 보자. 어느 쪽이 더 무거울까? 이와 같은 상식적인 질문에 대한 답은 밀도(density)라는 물리량과 연관되어 있다. 어떤 물체의 평균 밀도의 정의는 그 물체의 전체 질량을 그 물체의 전체 부피로 나눈 것이다. 이 정의를 이용하여 얼음과 철의 문제를 다시 생각해 보자. 이번에는 질량이 같은 경우 어느 쪽이 부피가 더 클까? 위 질문에 대한 답은 그림 2와 그림 3처럼 천칭을 가지고 생각해 보면 쉽게 이해할 수 있다.

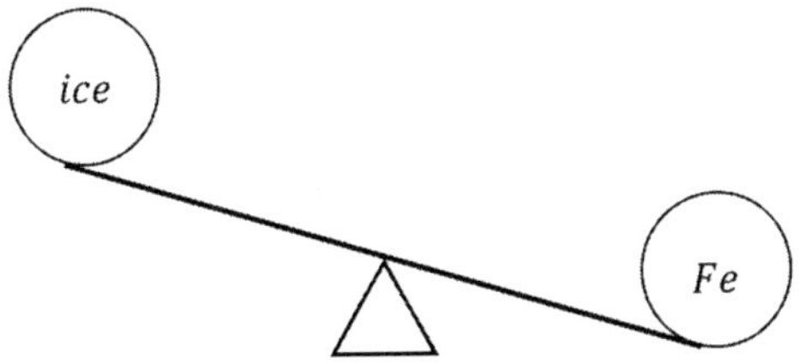

그림 2 부피가 같은 경우

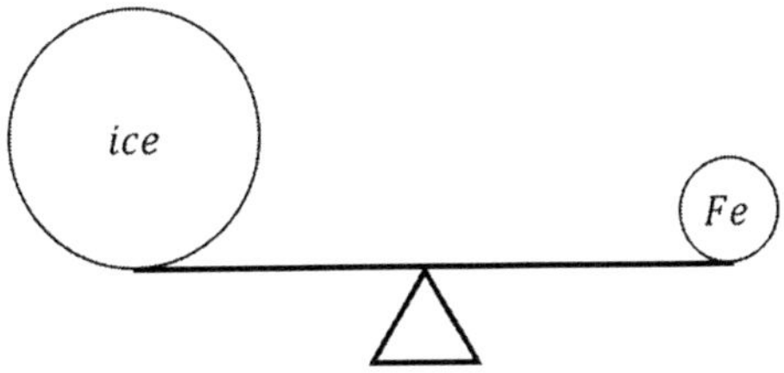

그림 3 질량이 같은 경우

밀도 ρ의 정의는 단위 부피당 질량으로

$$\rho = \frac{m}{V} \tag{1}$$

로 정의되고, SI 단위는 kg/m^3이다. 이와 같은 개념이 필요한 이유는 입자의 운동을 다룰 때 힘과 질량의 개념이 중요하였다면, 위치에 따라 특성이 변하는 유체를 다룰 때는 압력과 밀도라는 물리량을 사용하면 편리하기 때문이다.

실험 11 고체의 선팽창계수와 막대의 영률 측정

1. 실험 목표

금속 막대를 이용하여 열에 의한 선팽창계수 α의 값을 측정하고자 한다. 금속에 열을 가하면 원자 진동의 평균 진폭이 커져서 원자 간의 평균 거리가 커진다. 이를 실험으로 알아보고 선팽창계수를 구하여 본다. 또한 금속 막대의 중앙에 추를 달아 휘어지게 한 후 휨의 정도를 측정하여 주어진 재료의 영률(탄성계수)을 계산해본다.

2. 학습 목표

3. 기본개념에 대한 이해

◆ 이상 기체 법칙

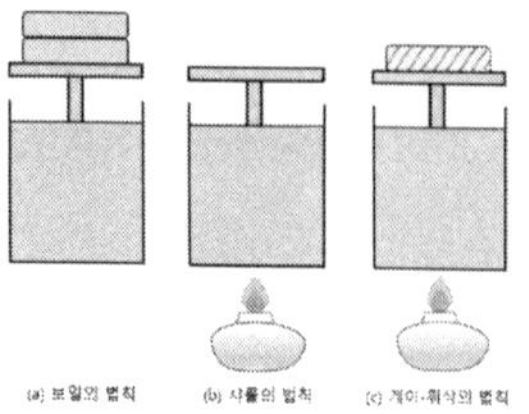

- 이상 기체 상태 방정식 :

$$PV = nRT$$

$R = 8.314\,\mathrm{J/mol \cdot K}$

기체 보편 상수

- 볼츠만 상수 도입 :

$$k_B = \frac{R}{N_A}$$

$k_B = 1.38 \times 10^{-23}\,\mathrm{J/K}$

$$PV = Nk_BT$$

- 보일의 법칙 : $P_1V_1 = P_2V_2$
  → 온도 일정
- 샤를의 법칙 : $\dfrac{V_1}{T_1} = \dfrac{V_2}{T_2}$
  → 압력 일정
- 게이-뤼삭의 법칙 : $\dfrac{P_1}{T_1} = \dfrac{P_2}{T_2}$
  → 부피 일정

❖ **심화학습**
물체에 온도를 높이면 부피가 팽창하게 되는데 이를 **열팽창(thermal expansion)**이라고 한다. 열팽창의 원인은 물체를 구성하는 원자나 분자 간의 평균 거리의 변화 때문에 발생한다. 선팽창과 부피팽창에 대해서 조사해 보고 **관계식을 유도**해 보자.

◆ 이상기체가 한 일

▪ 등온 팽창과정에서 이상 기체가 한 일

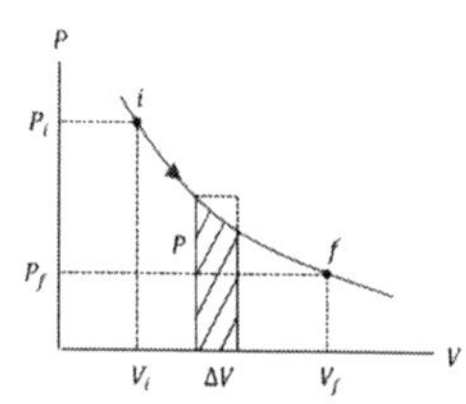

[P − V diagram]

$$W = \int_{V_i}^{V_f} P\,dV \quad \Leftarrow \quad P = nRT/V$$

$$W = \int_{V_i}^{V_f} \frac{nRT}{V}\,dV$$

$$= nRT\int_{V_i}^{V_f} \frac{dV}{V}$$

$$= nRT[\ln V]_{V_i}^{V_f}$$

➢ **기체가 한 전체 일**

$$W = nRT\ln\left(\frac{V_f}{V_i}\right)$$

✓ 기체 팽창
$V_f > V_i \rightarrow W > 0$

✓ 기체 압축
$V_f < V_i \rightarrow W < 0$

❖ **심화학습**
외력이 이상기체에 한 일에 대해서 조사해 보고 **방정식을 유도**해 본다.

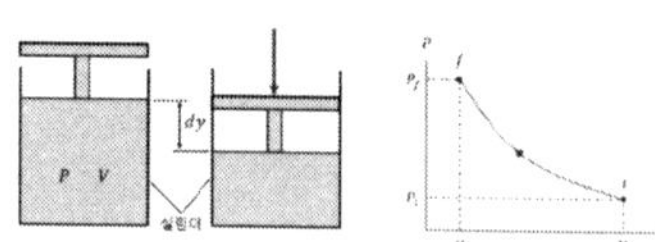

4. 이론 및 원리

4.1 온도(Temperature)

열적 현상을 정량적으로 취급하기 위해서는 온도와 열 그리고 내부 에너지의 개념 등을 이해해야 하는데 온도에 대해서 알아보자. 온도(temperature) T는 SI 기본 물리량 중 하나로서 단위는 K(kelvin)이다. 온도에는 더 이상 내릴 수 없는 한계 온도가 존재한다. 이러한 온도를 절대 영도(absolute zero)라고 한다. 절대 영도는 섭씨로는 -273.15 ℃ 이고 화씨로는 -459.67 °F 에 해당 된다. 절대 영도에서는 이상 기체의 부피가 0이 된다. 138억 년 전 우주가 탄생할 때 평균 온도는 10^{39}K였고, 우주가 팽창하면서 냉각되어 현재의 평균 온도는 2.7K 이다. 과학적 온도에서는 켈빈 온도를 사용한다. 그러나 일상생활에서는 섭씨온도(Celsius temperature)와 화씨온도(Fahrenheit temperature)를 사용한다.

섭씨온도란 물의 어는점을 0°C, 끓는점을 100°C로 정의하고 어는점과 끓는점 사이 간격을 100등분 한 온도이다. 화씨온도는 물의 어는점을 32°C, 끓는점을 212°C로 정의하고 간격을 180등분 한 온도이다. 섭씨온도 T_C와 화씨온도 T_F 사이에는

$$T_F = \frac{9}{5} T_C + 32° \qquad (1.1)$$

와 같은 관계가 있다. 섭씨온도의 단위는 ℃ 이고 화씨온도의 단위는 °F 이다.

4.2 고체의 선팽창계수

대부분의 물체는 온도가 상승함에 따라 그 물체를 형성하고 있는 분자들의 열운동에 의해 팽창을 한다. 따라서 금속 막대는 열을 받으면 그 길이가 늘어날 것이다. 여러 개의 금속 막대를 이용하여 열에 의한 선팽창계수 a의 값을 측정할 수 있다. 어떤 금속 막대의 0℃의 길이를 L_0라 하면, 온도에 따라 그 길이가 변하므로 T °C에서 이 막대의 길이 L은

$$L = L_0 (1 + \alpha T + \beta T^2 + \gamma T^3 + \dots\dots\dots) \qquad (2.1)$$

으로 나타낼 수 있다. 여기서 α, β, γ, … 는 물질의 특성에 관계되는 상수이다. 이때

β, γ, $\cdots$ 는 α에 비해 극히 작아 무시할 수 있으므로, 위 식은

$$L = L_0(1 + \alpha T) \tag{2.2}$$

와 같이 된다. 여기서 α는 고체의 선팽창계수로 정의되는 물질 고유의 상수이다. 그러면 온도가 T_1에서 T_2로 변할 때 금속 막대의 길이는 각각

$$L_1 = L_0(1 + \alpha T_1) \tag{2.3}$$

$$L_2 = L_0(1 + \alpha T_2)$$

가 되므로, 이의 비율은

$$\frac{L_2}{L_1} = \frac{(1 + \alpha T_2)}{(1 + \alpha T_1)} = (1 + \alpha T_2)(1 - \alpha T_1 + \alpha^2 T_1^2 - \alpha^3 T_1^3 + \ldots) \tag{2.4}$$

$$\simeq 1 + \alpha(T_2 - T_1)$$

이다. 여기서 고체의 선팽창계수는 보통 10^{-5}/℃ 정도이므로 α^2, α^3 $\cdots$항은 무시하였다. 따라서 0°C가 아니더라도 임의의 온도 변화 $(T_2 - T_1)$과 그때의 길이 L_1과 L_2만을 측정하면, 이 금속 막대의 선팽창계수 α를 다음과 같이 구할 수 있다.

$$\alpha = \frac{(L_2 - L_1)}{L_1(T_2 - T_1)} = \frac{1}{L_1}\frac{\Delta L}{\Delta T} \tag{2.5}$$

한편, 부피 팽창의 경우 계수 β를 쓰는데, 이것은

$$\Delta V = \beta V \Delta t \tag{2.6}$$

으로 나타낼 수 있다. 고체의 부피 팽창 계수 β와 고체의 선팽창계수 α의 관계는 등방성 물질의 경우 다음과 같다.

$$\beta \simeq 3\alpha \tag{2.7}$$

4.3 막대의 영률

탄성체에 길이 방향으로 힘을 가하면 변형이 생기고, 이에 따라 물체 내부에 변형력이 생긴다. 그리고 이 둘(변형, 변형력) 사이에는 비례 관계가 성립된다. 이때의 비례 계수를 영률(Young's modulus)이라고 하며, 길이에 대한 탄성계수라 할 수 있다.

$$Y = \frac{\text{변형력}}{\text{변형}} = \frac{F/A}{\Delta l / l_0} \tag{3.1}$$

그림 1과 같이 너비 b, 두께 a인 단면을 갖고 영률이 Y인 물질인 사각 막대를 거리 L만큼 떨어진 받침날 위에 놓고 중심 위치에 질량이 m인 추를 달면, 휘어지기와 층밀리기 힘에 의해 그림 1과 같이 휘어진다. 이렇게 중심 위치에서 휘어진 크기 d는 휨 이론에 의해서 다음과 같은 관계를 갖는다.

$$d = \frac{L^3 mg}{4a^3 bY} = \frac{L^3 g}{4a^3 bY} m \tag{3.2}$$

$$m = \left(\frac{4a^3 b}{L^3 g} Y \right) d \tag{3.3}$$

여기서 g는 중력 가속도이다. 식 (3.3)을 이용하여 질량 m과 변형 d에 대한 그래프로부터 영률을 구할 수 있다.

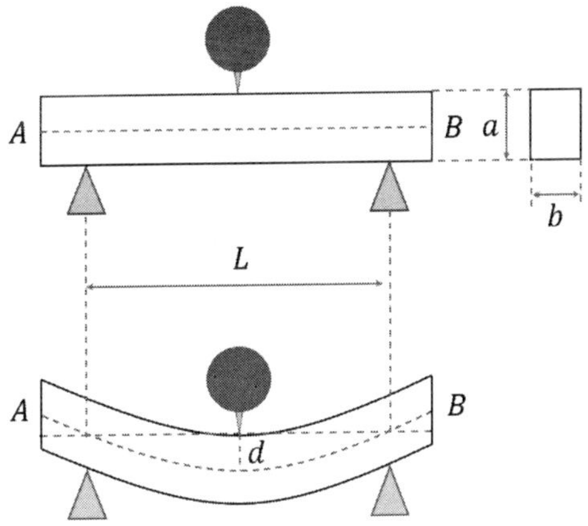

그림 1 막대의 변형

5. 실험장비

• 시료 받침대와 다이얼 게이지

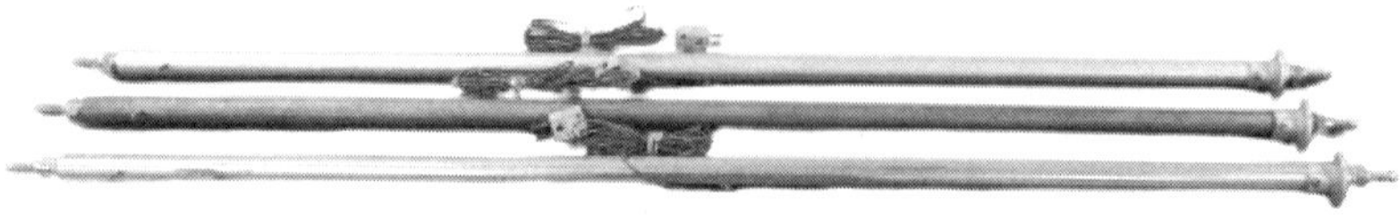

• 금속 막대(철, 구리, 알루미늄) : 길이 L 약 750mm

• 수증기 발생 장치

• 실리콘 호스

• 디지털 온도계

• 비커

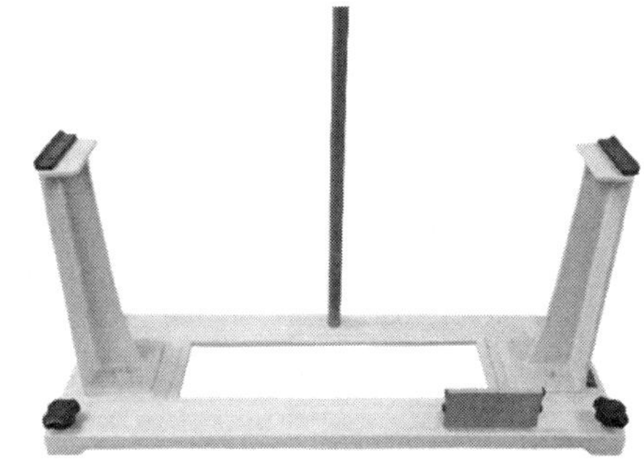

• Ewing 장치 본체

• 시료 막대(철, 구리, 황동)

• 추걸이와 추

• 마이크로미터와 고정대

• 줄자

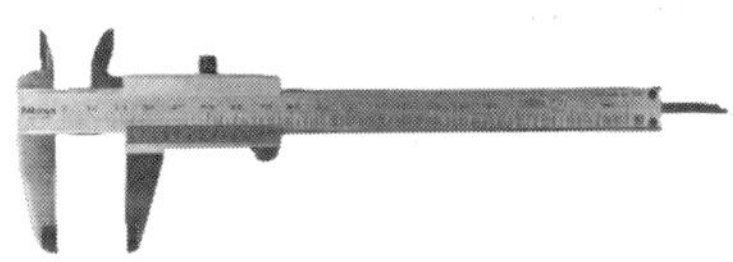

• 버니어 캘리퍼스

6. 실험방법

◎ 주의 사항

i) 고무관은 절대 접히지 않도록 주의한다. 고무관이 접혀있을 경우 수증기가 막혀서 폭발할 가능성이 있으므로 특히 주의하여야 한다.

ii) 시료에 무리한 힘을 가하면 시료가 휘어질 우려가 있으므로 조심하여야 한다.

iii) 실험 중에는 시료와 고무관이 뜨거우므로 조심히 만져야 한다.

iv) 디지털 온도계가 음수의 값을 나타내거나, 값을 나타내지 않을 경우에는 센서 접촉 불량이다. 따라서 접촉 불량이 일어나지 않도록 주의하여야 한다.

v) 사용 후 시료와 고무관은 고무관의 상함 방지 및 시료의 녹 방지를 위해 잘 말려서 보관해야 한다.

[실험 01 고체의 선팽창계수 측정]

① 그림 2처럼 선팽창계수 측정 장치를 설치한다.

② 금속 막대의 길이 L을 잰 후 선 팽창 계수 측정 장치에 설치한다. 금속 막대의 길이를 측정할 때는 실리콘 호스 연결부분은 제외한다.

③ 그림 3과 같이 다이얼 게이지와 시료가 잘 닿았는지 확인하고 다이얼 게이지의 영점을 조절한다.

④ 증기 발생기에 물을 2/3 정도 채운 후 선 팽창 계수 측정 장치와 고무관으로 연결한다.

⑤ 그림 4와 같이 금속 시료에 디지털 온도계를 장치한다.

⑥ 가열된 수증기가 나오는 위치에 고무관을 연결하여 비커로 받쳐 놓는다.

⑦ 수증기 발생기를 가열하기 전의 온도 t_1과 다이얼 게이지의 눈금 a_1을 읽는다.

⑧ 가열기를 작동하여 100°C 정도로 가열한다. 그때의 온도 t_2와 다이얼 게이지의 눈금 a_2을 정확히 읽어 평균값을 얻는다.

⑨ 식 (2.5)을 이용하여 선팽창계수를 계산한다.

⑩ 실험 장치를 식힌 후 다른 시료를 택하여 위의 과정을 되풀이하여 선팽창계수를 측정한다.

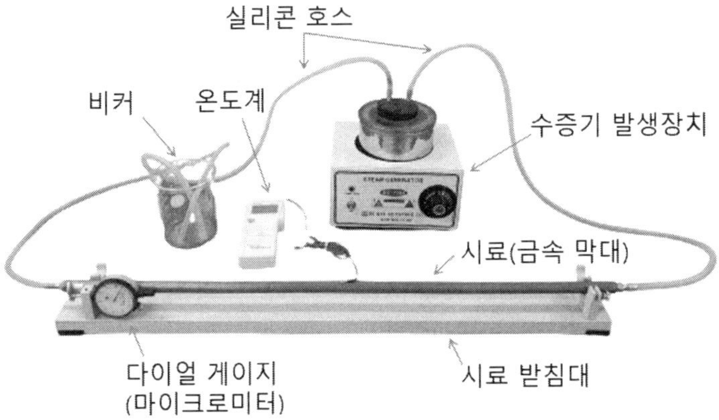

그림 2 선팽창 실험 장치

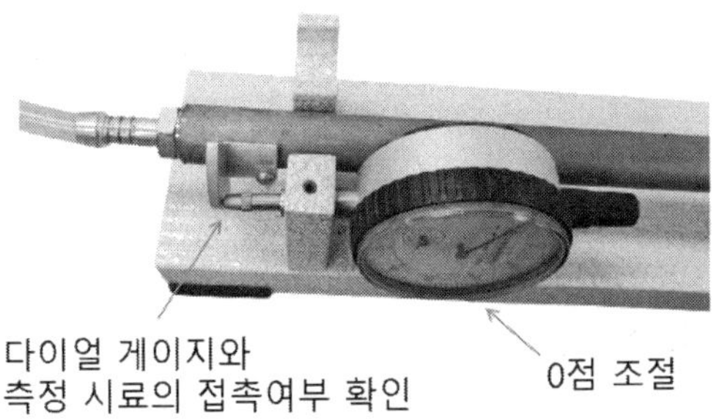

그림 3 다이얼 게이지

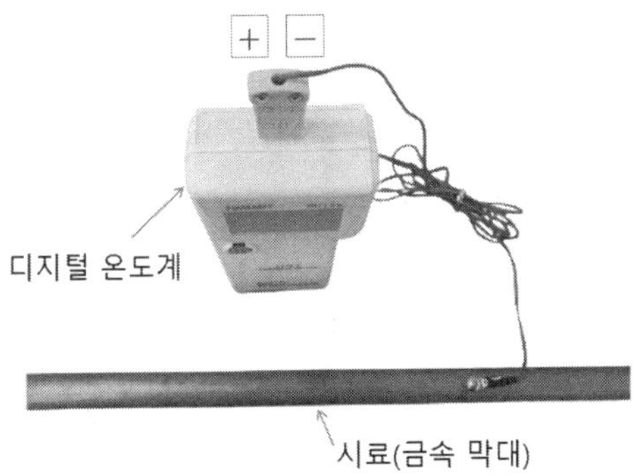

그림 4 디지털 온도계

표 1 상온에서 여러 가지 물질의 평균 팽창 계수

물질	평균 선팽창 계수$[(°C)^{-1}]$	물질	평균 부피팽창 계수$[(°C)^{-1}]$
알루미늄	24×10^{-6}	아세톤	1.5×10^{4}
황동과 청동	19×10^{-6}	벤젤	1.24×10^{-4}
콘크리트	12×10^{-6}	에틸알코올	1.12×10^{4}
구리	17×10^{-6}	휘발유	9.6×10^{4}
유리(보통)	9×10^{-6}	글리세린	4.85×10^{4}
유리(파이렉스)	3.2×10^{-6}	수은	1.82×10^{4}
불변강(니켈-철 합금)	0.9×10^{-6}	송진	9.0×10^{4}
납	29×10^{-6}	공기[a](0°C)	3.67×10^{4}
강철	11×10^{-6}	헬륨	3.665×10^{4}

※ 기체는 열적 과정에 따라 팽창의 양이 달라지기 때문에 부피 팽창 계수의 값이 정해져 있지 않다. 여기에 주어진 기체에 대한 값은 정압 팽창을 가정한 값이다.

[실험 02 막대의 영률 측정]

① 시료 막대의 너비 b와 두께 a, 그리고 받침날 사이의 거리 L을 각각 3회 반복 측정하여 그 평균값을 기록한다.

② 그림 5와 같이 마이크로미터를 받침대를 이용하여 장착한다.

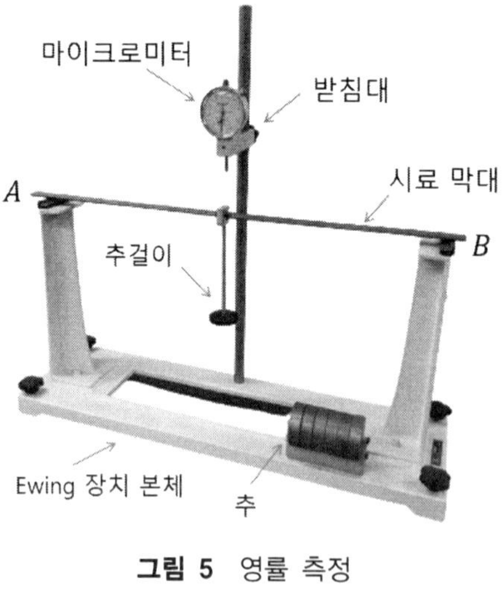

그림 5 영률 측정

③ 측정할 시료를 평행한 받침날 A와 B 위에 시료 막대를 올려놓는다.

④ 그림 6과 같이 시료 막대 중심점에 마이크로미터의 끝이 닿게 설치한다.

⑤ 추걸이를 시료 막대 위에 올려놓은 후, 마이크로미터의 눈금을 읽고 이를 기준 위치 d_0로 기록한다.

⑥ 추걸이에 추(질량 m_1, m_2, m_3, m_4)를 더해가며 마이크로미터의 눈금 d_1, d_2, d_3, d_4를 기록한다. 이때 누적된 추의 무게가 그 시료 막대의 탄성 한계를 넘지 않게 한다.

⑦ 이를 반복하여 기록한다.

⑧ 이번에는 추의 질량을 하나씩 감소시켜가며 마이크로미터의 눈금을 기록한다. 이때 질량은 ⑤에서 이용한 값의 중간이 되게 한다.

⑨ 이를 반복하여 기록한다.

⑩ 막대 시료를 바꾸어 반복 실험한다.

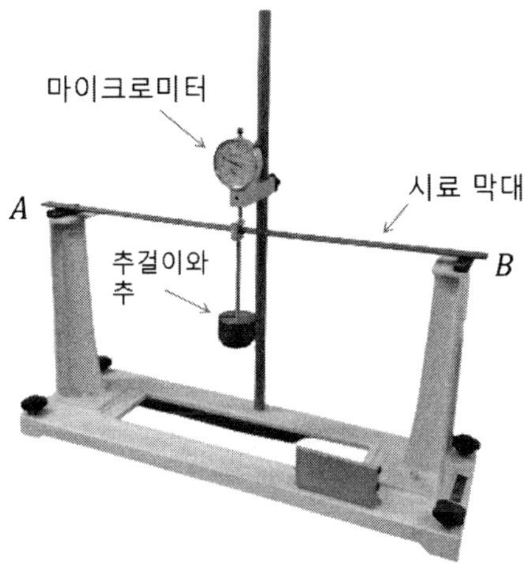

그림 6 영률 측정

7. 다른 실험방법 구상

[실험구상 01 등적기체온도계 실험을 구상해 보고 원리를 설명해 본다.]

- 등적기체온도계를 구조를 설명해 본다.
- 원리를 설명해 본다.

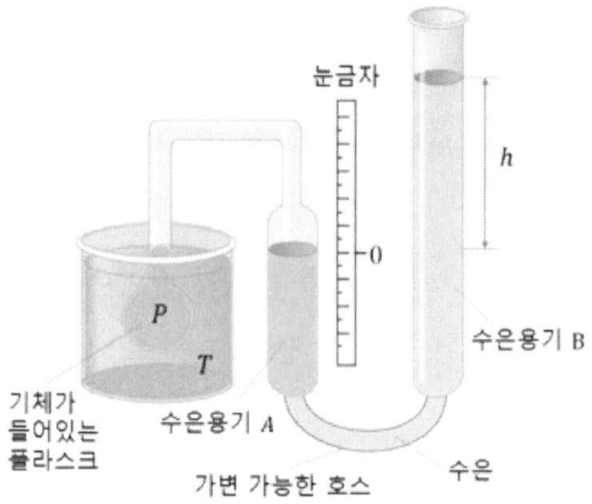

그림 07 등적기체온도계

[실험구상 02 역대 영구기관(perpetual motion machine) 장치를 조사해 보고 불가능한 이유를 설명해 본다.]

- 영구기관 구조도를 그려본다.
- 불가능한 이유를 설명해 본다.

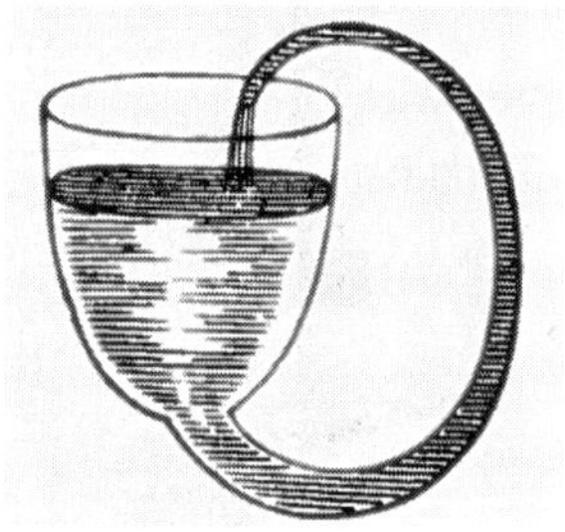

그림 8 Boyle's Self Flowing Flask

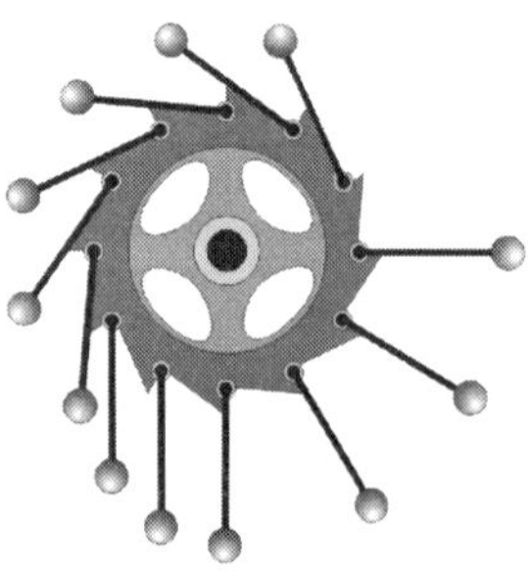

그림 9 Perpetuum1 2005, Dims

실험 11 고체의 선팽창계수와 막대의 영률 측정 결과보고서

담당교수 : ______________ 교수님

실험일	월 일	제출일	월 일
학번		이름	
( )조 조원이름	• • •		

[실험 01 고체의 선팽창계수 측정]

A. 시료 : ______________ 길이 : ( )

1. 측정값

표 1

횟수	온도			다이얼 게이지 눈금			$L \cdot \Delta t$	$\alpha = \Delta L/(L \cdot \Delta t)$
	t_1	t_2	Δt	a_1	a_2	ΔL		
1								
2								
3								
4								
5								
평균								

2. 계산 및 분석

① 각각의 시료에 대하여 온도변화 Δt와 늘어난 길이 Δl을 이용하여 선팽창 계수 α를 계산한다.

$$\alpha = \Delta L/(L \cdot \Delta t) =$$

② 위에서 계산한 결과와 표 1의 값을 비교하여 상대오차를 구하시오.

상대오차 = %

B. 시료 : ____________________ 길이 : ( )

1. 측정값

표 2

횟수	온도			다이얼 게이지 눈금			$L \cdot \Delta t$	$\alpha = \Delta L/(L \cdot \Delta t)$
	t_1	t_2	Δt	a_1	a_2	ΔL		
1								
2								
3								
4								
5								
평균								

2. 계산 및 분석

① 각각의 시료에 대하여 온도변화 Δt와 늘어난 길이 Δl을 이용하여 선팽창계수 α를 계산한다.

$$\alpha = \Delta L/(L \cdot \Delta t) =$$

② 위에서 계산한 결과와 표 1의 값을 비교하여 상대오차를 구하시오.

상대오차 = %

C. 시료 : ____________________ 길이 : (   )

1. 측정값

표 3

횟수	온도			다이얼 게이지 눈금			$L \cdot \Delta t$	$\alpha = \Delta L/(L \cdot \Delta t)$
	t_1	t_2	Δt	a_1	a_2	ΔL		
1								
2								
3								
4								
5								
평균								

2. 계산 및 분석

① 각각의 시료에 대하여 온도변화 Δt와 늘어난 길이 Δl을 이용하여 선팽창계수 α를 계산한다.

$$\alpha = \Delta L/(L \cdot \Delta t) =$$

② 위에서 계산한 결과와 표 1의 값을 비교하여 상대오차를 구하시오.

상대오차 =   %

[실험 02 막대의 영률 측정]

A. 시료 : ______________________

1. 측정값

시료 막대의 너비 b : ____________m

시료 막대의 두께 a : ____________m

받침날 사이 거리 L : ____________m

기준 위치 d_0 : ____________m

표 4 추 질량 증가하며

횟수	m_1 (kg)	d_1(m) / $d_0-d_1(m)$	m_2 (kg)	d_2(m) / d_0-d_2(m)	m_3 (kg)	$d_3(m)$ / d_0-d_3(m)	m_4 (kg)	d_4(m) / d_0-d_4(m)
1								
2								
3								

* m_1, m_2, m_3, m_4는 추걸이에 올려놓은 추의 누적된 질량을 의미한다.

표 5 추 질량 감소하며

횟수	m_1 (kg)	d_1(m) / $d_0-d_1(m)$	m_2 (kg)	d_2(m) / d_0-d_2(m)	m_3 (kg)	$d_3(m)$ / d_0-d_3(m)	m_4 (kg)	d_4(m) / d_0-d_4(m)
1								
2								
3								

2. 계산 및 분석

a) 휘어진 길이 d에 따른 질량 m의 관계를 그래프로 그린다.

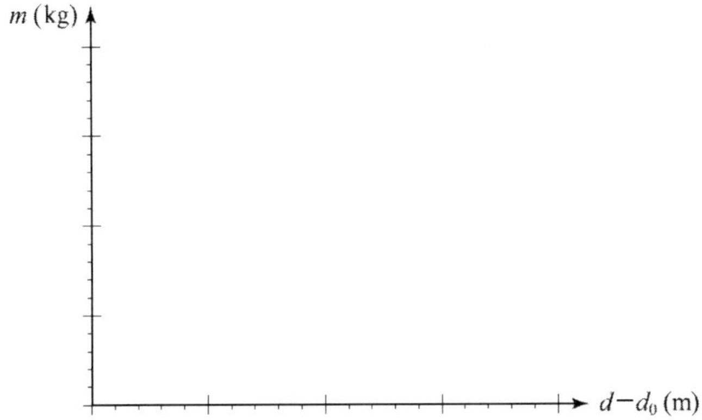

b) 최소제곱법을 이용하여 직선의 기울기를 구하고, 이로부터 영률 Y를 구한다.

표 6

시료명	직선의 기울기	Y(영률)=(기울기)$\left(\frac{L^3 g}{4a^3 b}\right)$

c) 부록의 금속의 물리적 성질의 표를 참고하여 막대 시료의 영률 Y의 참고값을 알아낸 후, 실험값과 참고값 사이의 상대오차를 계산한다.

표 7

시료명	$Y_{실험값}$ ($\times 10^{11}$ N/m^2)	$Y_{참고값}$ ($\times 10^{11}$ N/m^2)	상대오차 (%)

B. 시료 : ____________________

1. 측정값

시료 막대의 너비 b : ____________m

시료 막대의 두께 a : ____________m

받침날 사이 거리 L : ____________m

기준 위치 d_0 : ____________m

표 8 추 질량 증가하며

횟수	m_1 (kg)	d_1(m) / $d_0-d_1(m)$	m_2 (kg)	d_2(m) / d_0-d_2(m)	m_3 (kg)	$d_3(m)$ / d_0-d_3(m)	m_4 (kg)	d_4(m) / d_0-d_4(m)
1								
2								
3								

* m_1, m_2, m_3, m_4는 추걸이에 올려놓은 추의 누적된 질량을 의미한다.

표 9 추 질량 감소하며

횟수	m_1 (kg)	d_1(m) / $d_0-d_1(m)$	m_2 (kg)	d_2(m) / d_0-d_2(m)	m_3 (kg)	$d_3(m)$ / d_0-d_3(m)	m_4 (kg)	d_4(m) / d_0-d_4(m)
1								
2								
3								

2. 계산 및 분석

a) 휘어진 길이 d에 따른 질량 m의 관계를 그래프로 그린다.

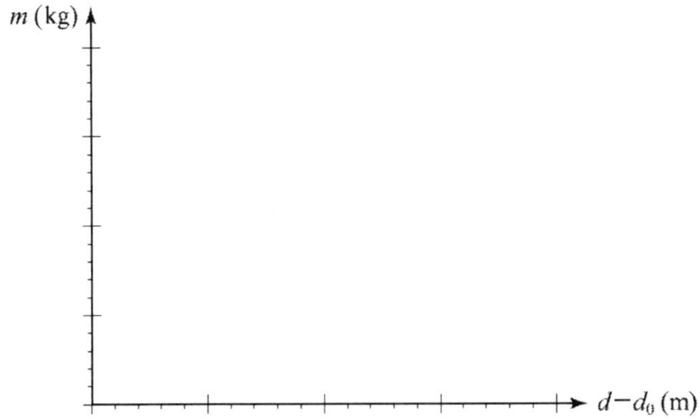

b) 최소제곱법을 이용하여 직선의 기울기를 구하고, 이로부터 영률 Y를 구한다.

표 10

시료명	직선의 기울기	Y(영률)=(기울기)$\left(\frac{L^3 g}{4a^3 b}\right)$

c) 부록의 금속의 물리적 성질의 표를 참고하여 막대 시료의 영률 Y의 참고값을 알아낸 후, 실험값과 참고값 사이의 상대오차를 계산한다.

표 11

시료명	$Y_{실험값}$ $(\times 10^{11}\,\mathrm{N/m^2})$	$Y_{참고값}$ $(\times 10^{11}\,\mathrm{N/m^2})$	상대오차 (%)

C. 시료 : ____________________

1. 측정값

시료 막대의 너비 b : ____________m

시료 막대의 두께 a : ____________m

받침날 사이 거리 L : ____________m

기준 위치 d_0 : ____________m

표 12 추 질량 증가하며

횟수	m_1 (kg)	d_1(m)	m_2 (kg)	d_2(m)	m_3 (kg)	d_3(m)	m_4 (kg)	d_4(m)
		d_0-d_1(m)		d_0-d_2(m)		d_0-d_3(m)		d_0-d_4(m)
1								
2								
3								

* m_1, m_2, m_3, m_4는 추걸이에 올려놓은 추의 누적된 질량을 의미한다.

표 13 추 질량 감소하며

횟수	m_1 (kg)	d_1(m)	m_2 (kg)	d_2(m)	m_3 (kg)	d_3(m)	m_4 (kg)	d_4(m)
		d_0-d_1(m)		d_0-d_2(m)		d_0-d_3(m)		d_0-d_4(m)
1								
2								
3								

2. 계산 및 분석

a) 휘어진 길이 d에 따른 질량 m의 관계를 그래프로 그린다.

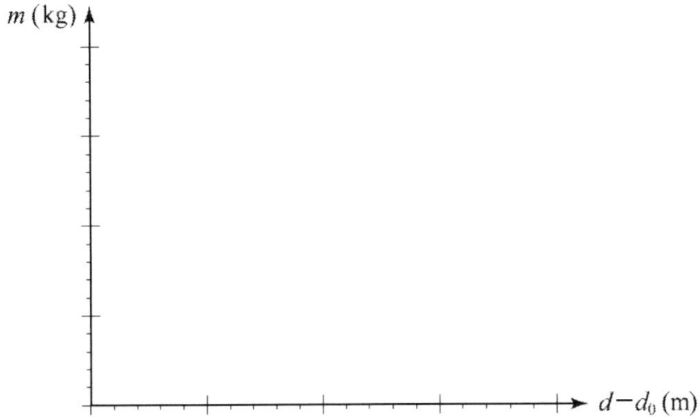

b) 최소제곱법을 이용하여 직선의 기울기를 구하고, 이로부터 영률 Y를 구한다.

표 14

시료명	직선의 기울기	Y(영률)=(기울기)$\left(\frac{L^3 g}{4a^3 b}\right)$

c) 부록의 금속의 물리적 성질의 표를 참고하여 막대 시료의 영률 Y의 참고값을 알아낸 후, 실험값과 참고값 사이의 상대오차를 계산한다.

표 15

시료명	$Y_{실험값}$ ($\times 10^{11}$N/m^2)	$Y_{참고값}$ ($\times 10^{11}$N/m^2)	상대오차 (%)

[실험구상 01 등적기체온도계 실험을 구상해 보고 원리를 설명해 본다.]

실험 제목 : ______________________________

• 실험 장치도(그림으로 표현)	• 원리 설명

[실험구상 02 역대 영구기관(perpetual motion machine) 장치를 조사해 보고 불가능한 이유를 설명해 본다.]

실험 제목 : ______________________________

• 영구기관 구조도	• 불가능한 이유

〈질문〉

■ 아래 질문에 답하시오.

답변할 때는 자료를 찾아보고 토론을 해본 후 스스로 정리해보면 해결해야 할 문제에 대한 이해도가 높아지고 응용력도 향상됩니다.

1) 본 실험에서 오차의 원인은 무엇인가?
2) 오차를 줄일 수 있는 아이디어를 생각해 보고 방법을 서술하라.
3) 등방성 고체의 선팽창계수와 부피팽창계수 사이의 관계식을 유도하라.
4) 등적체적 온도계의 원리를 설명하고, 이 당시 정의된 Kelvin 온도(절대온도)에 대해서 설명하라.
5) 수면으로부터 250 m 아래에서 부피 3.50 cm3의 기포가 발생하여 상승한다. 기포가 상승하는 동안 기포 내부의 분자 수와 온도는 일정하다. 기포가 표면에 도달할 때 부피를 구하라. 물의 밀도는 $1.00 \times 10^3\,\mathrm{kg/m^3}$, 대기압은 $1.013 \times 10^5\,\mathrm{Pa}$이다.
6) 이상 기체가 부피 $3.50\,\mathrm{L}$인 용기에 들어있다. 온도는 22.0 °C이고 압력이 $3.50 \times 10^5\,\mathrm{Pa}$이다. a) 용기 안 기체의 몰수를 구하라. b) 기체가 피스톤을 밀어내어 압력은 대기압으로 내려갔고, 부피는 팽창하여 $5.50\,\mathrm{L}$가 되었다. 나중 온도를 구하라.
   기체 상수는 $R = 8.31\,\mathrm{J/mol \cdot K}$ 이고, 대기압은 $1.01 \times 10^5\,\mathrm{Pa}$이다.
7) P-V 그래프를 참조하여 질문에 답하라. 계가 $i1f$를 따라 변할 때 $Q = 67\,\mathrm{J}$이고, 경로 $i2f$를 따라 변할 때 $Q = 82\,\mathrm{J}$와 $W = 42\,\mathrm{J}$이다. a) 경로 $i1f$에서 W값과 b) 경로 fi에서 $W = -22\,\mathrm{J}$ 일 때 Q 값과 c) $E_{int,i} = 38\,\mathrm{J}$일 때 $E_{int,f}$ 값을 구하고 d) $E_{int,1} = 45\,\mathrm{J}$일 때, $i1$ 경로에서 Q를 구하라.

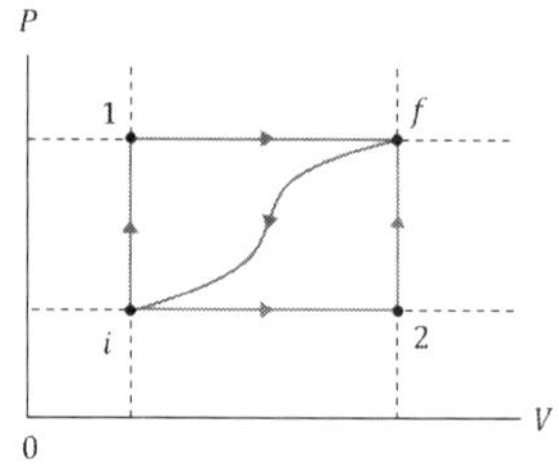

8) 영률의 개념을 설명하라.
9) 고체의 영률 값들을 조사해보고 우리 실험에서 측정된 값과 비교하라.
10) 영률 외에도 고체의 탄성 변형에는 층밀리기 탄성률(shear modulus), 부피탄성률(bulk modulus)이 있다. 각 개념에 대해서 설명하라.

▷ 답변 :

〈실험 결과 요약〉

◘ 서론 본론 결론 형식으로 자유롭게 기술하세요.

논문형식의 기술적 글쓰기(Technical Writing)를 통해서 주장하는 내용에 대한 의미전달 능력을 향상시킬 수 있고 창의적 생각 또한 키워나갈 수 있습니다.

실험제목 :
작성자 신원 :

〈서론〉

〈본론〉

〈결론〉

〈참고문헌〉

심화학습

〈열역학 제1법칙(The First Law of Thermodynamics)〉

열역학 제1법칙(The first law of thermodynamics)은 어떤 계의 내부 에너지ΔE_{int}의 변화량은 계에 절단된 열 Q에서 계가 외부에 해준 일 W을 빼준 양과 같다는 것이다. 즉

$$\Delta E_{int} = Q - W \tag{1}$$

이다. 그래서 계의 내부 에너지는 열의 형태로 에너지가 더해지면 증가하게 되고 계가 일을 하게 되면 감소한다. 계의 상태가 미세하게 변한다고 하면 열역학 제1법칙은

$$dE_{\text{int}} = dQ - dW \tag{2}$$

와 같이 쓸 수 있다. 여기서 ΔE_{int}는 상태 함수이므로 완전 미분량이다. 그러나 dQ와 dW는 경로에 의존하는 불완전 미분량이다.

계가 하는 일과 계에 가해지는 일은 크기는 같고 부호는 반대이다. 위 식을 계에 가하는 일 W_{on}로 변경하여 쓰면

$$dE_{\text{int}} = dQ + dW_{on} \tag{3}$$

으로 표현된다.

열역학 제1법칙의 특수한 경우를 고려해 보자. 첫째, 단열 과정은 계가 열적으로 완전히 차단되어 열에너지가 전달되지 않는 경우이다. 즉 $Q = 0$인 경우이므로

$$\Delta E_{\text{int}} = -W \tag{4}$$

이다. 계가 일을 하면 계의 내부 에너지는 감소하고, 일이 계에 가해지면 내부 에너지는 증가한다.

둘째, 등적 과정이 있다. 등적 과정에서는 계의 부피 변화가 없으므로 계는 일을 할 수 없게 된다. 즉 $dV=0$ 이므로 $dW=pdV=0$가 되어

$$\Delta E_{\text{int}} = Q \tag{5}$$

이다. 등적 과정에서 계가 열을 흡수하면 계의 내부 에너지는 증가하고 열을 잃으면 내부 에너지는 감소한다.

셋째, 순환 과정은 계가 열과 일을 교환한 후 처음 상태로 되돌아오는 과정으로 계의 내부 에너지의 변화가 없다. $\Delta E_{\text{int}} = 0$ 이 되어

$$Q = W \tag{6}$$

이다. 순환 과정 동안 알짜일과 열로 전달된 알짜에너지는 같다.

넷째, 단열 자유 팽창 과정이 있는데 외부와 열적으로 차단되어 열의 전달도 없고 계가 일도 하지 않는 경우이다. $Q = W = 0$이 되어

$$\Delta E_{\text{int}} = 0 \tag{7}$$

이 된다.

마지막 상태로 고립계가 있는데 고립계는 외부와 완전히 차단되어 있는 경우이다. 고립계에도 Q와 W는 0이 되어

$$\Delta E_{\text{int}} = 0 \tag{8}$$

이 되고, 내부 에너지 변화는 없게 된다.

실험 12

단순 조화 진동과 단진자

1. 실험 목표

조화 진동자의 진동 주기를 지표면과 수평인 면과 임의의 각도가 주어진 면에서 측정하고, 이론값과 비교한다. 또한 물리학에서 가장 먼저 관측된 물리량 중의 하나인 지구의 중력가속도 g를 단진자를 이용하여 측정한다.

2. 학습 목표

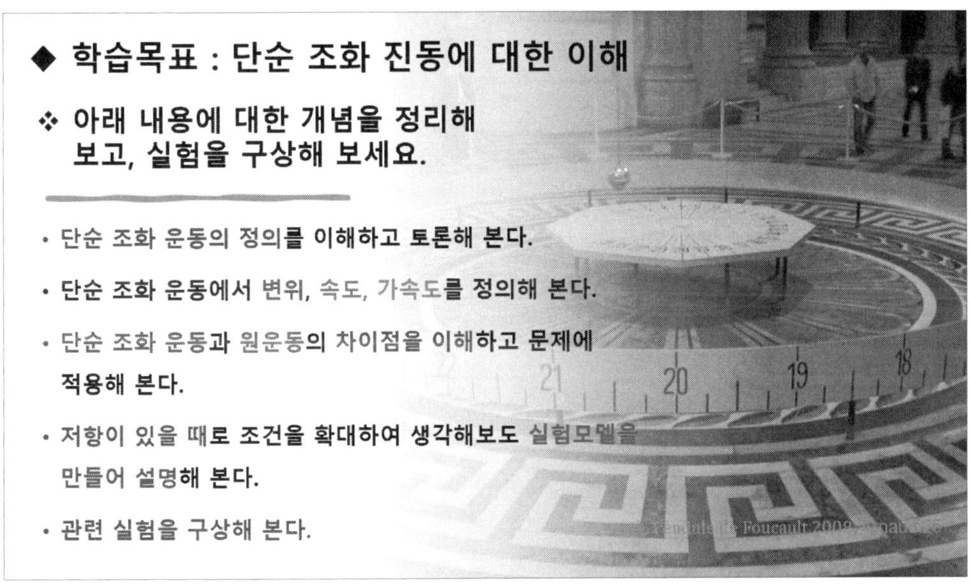

3. 기본개념에 대한 이해

◆ 단순 조화 운동

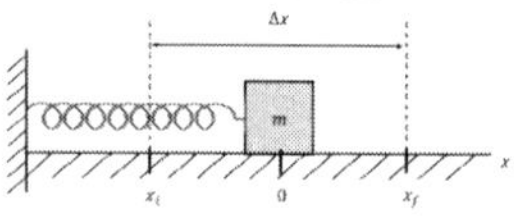

▪ 훅의 법칙(Hooke's law)

$$F_s = -kx$$

✓ − 부호 : **복원력(restoring force)**
✓ x : **평형 위치로부터의 변위**
✓ k : **용수철 상수(N/m)**

• 뉴턴의 제2법칙

$$ma = -kx$$

$$a = -\left(\frac{k}{m}\right)x$$

➢ **가속도 → 힘**

i) x → **물체의 변위에 비례하고**

ii) **음의부호**(−) → 평형위치 쪽으로 향하는 운동(**변위와 반대 방향**)

iii) **괄호 안 ( ) → 각진동수** ω^2

• 단순 조화 운동 (simple harmonic motion)

❖ **심화학습**
단순 조화 운동에서 운동 에너지와 위치 에너지를 정의해 보고 단순 조화 진동자의 **전체 역학적 에너지**를 유도해 보자.

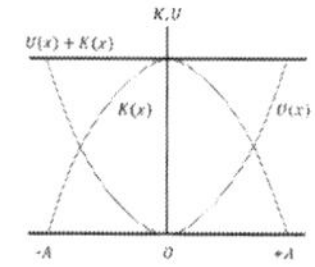

◆ 진자

▪ 단진자

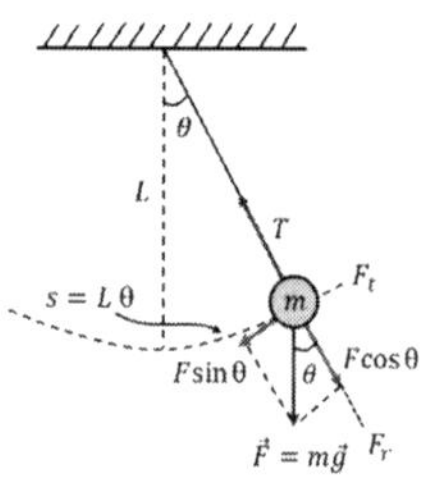

$$\begin{cases} F_r = T - mg\cos\theta = 0 \\ F_t = -mg\sin\theta = m\dfrac{d^2 s}{dt^2} \end{cases}$$

$$-mg\sin\theta = m\frac{d^2(L\theta)}{dt^2} = mL\frac{d^2\theta}{dt^2}$$

$$\frac{d^2\theta}{dt^2} = -\frac{g}{L}\sin\theta$$

$$\frac{d^2\theta}{dt^2} = -\frac{g}{L}\theta \Leftrightarrow a = -(\omega^2)x$$

• **단진자의 주기** :
✓ 질량에 무관하고
✓ 줄의 길이와 중력 가속도에만 의존

• 각진동수: $\omega = \sqrt{\frac{g}{L}}$

• 주기: $T = 2\pi\sqrt{\frac{L}{g}}$

❖ **심화학습**
진동현상에는 **단진자** 외에 **물리 진자**와 **비틀림 진자**도 있다. 운동 방정식을 세워 보고 **각진동수**와 **주기**를 유도해 보자.

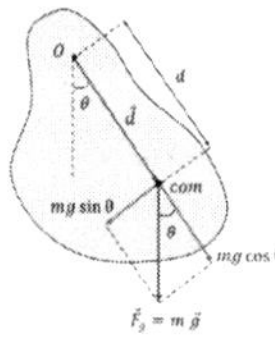

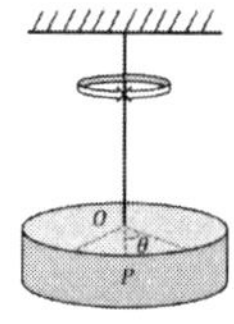

4. 이론 및 원리

4.1 단순 조화 운동(Simple Harmonic Motion)의 정의

그림 1에서 용수철의 변위가 0이면 물체는 평형 위치(equilibrium position)에 있게 된다. 그러나 물체의 위치가 변하게 되면 용수철이 변위에 비례하는 힘을 물체에 작용하게 된다. 즉 이 계는 훅의 법칙(Hooke's law)

$$F_s = -kx \tag{1.1}$$

을 따라서 운동하게 된다. 식에서 음의 부호가 의미하는 것은 이 힘이 항상 평형 위치를 향하고 물체의 변위와 반대 방향임을 뜻한다. 그래서 이 힘을 복원력(restoring force)이라 한다.

이제 뉴턴의 제2법칙을 적용해 보면

$$ma_x = -kx \tag{1.2}$$

가 되고, 가속도에 대해서 정리하면

$$a_x = -\frac{k}{m}x \qquad (1..3)$$

이 된다. 이 식과 같이 물체의 가속도가 위치에 비례하고 물체 변위와 반대 방향으로 향하는 운동을 단순 조화 운동(simple harmonic motion)이라 한다.

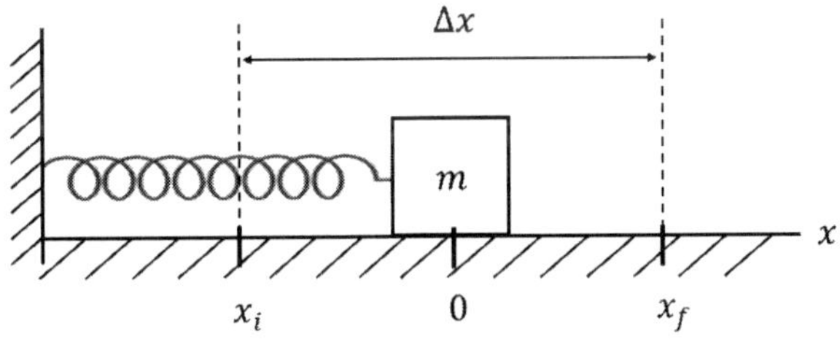

그림 1 용수철 진동

4.2 물체의 단순 조화 운동

위에서 논한 가속도에 관한 식을 미분 방정식 형태로 써보자.

$$a + \frac{k}{m}x = 0 \tag{2.1}$$

이고, 가속도 a는 d^2x/dt^2으로 나타낼 수 있으므로

$$\frac{d^2x}{dt^2} + \frac{k}{m}x = 0 \tag{2.2}$$

이 된다. 여기서 k/m를 ω^2이라 하면

$$\frac{d^2x}{dt^2} + \omega^2 x = 0 \tag{2.3}$$

이다. ω는 각진동수(angular frequency)라고 한다. 이 미분 방정식의 해는

$$x(t) = A\cos(\omega t + \phi) \tag{2.4}$$

이다. A는 물체의 최대 변위를 나타내는 진폭(amplitude)을 뜻한다. 진폭은 물체가 처음 운동을 시작할 때 초기 위치에 의해 결정되는 양의 상수이다. 괄호 안의 $(\omega t + \phi)$는 위상(phase)이라 하고, 괄호 안의 ϕ는 초기 조건에 의해서 결정되는 상수로써 위상각(phase angle) 또는 위상상수(phase constant)라고 한다. 그리고 각진동수 ω는 주기 T, 진동수 f와 다음과 같은 관계가 있다.

$$\omega = \frac{2\pi}{T} = 2\pi f \tag{2.5}$$

각진동수의 SI 단위는 rad/s이다.

위에서 변위 $x(t)$를 구했다. 이제 단순 조화 운동에서 속도와 가속도를 구해 보자. 위 식을 시간에 대해서 미분하면 속도를 구할 수 있는데

$$\begin{aligned} v = \frac{dx}{dt} &= \frac{d}{dt}[A\cos(\omega t + \phi)] \\ &= -\omega A\sin(\omega t + \phi) \end{aligned} \tag{2.6}$$

이다. 가속도를 구하기 위해서 속도를 다시 시간에 대해서 미분하면

$$\begin{aligned} a &= \frac{dv}{dt} = \frac{d}{dt}[-\omega A \sin(\omega t + \phi)] \\ &= -\omega^2 A \cos(\omega t + \phi) \end{aligned} \tag{2.7}$$

이다. 위 식에서 $A\cos(\omega t + \phi)$는 변위 $x(t)$이므로

$$a = -\omega^2 x \tag{2.8}$$

이다. 또한 위에서 정의했듯이 각진동수 ω는

$$\omega = \sqrt{\frac{k}{m}} \tag{2.9}$$

로 쓸 수 있고, 진동이 얼마나 빨리 진행하는지를 나타낸다.

주기 T는

$$T = \frac{2\pi}{\omega} = 2\pi\sqrt{\frac{m}{k}} \tag{2.10}$$

이고, 진동수는

$$f = \frac{1}{T} = \frac{1}{2\pi}\sqrt{\frac{k}{m}} \tag{2.11}$$

이다. 따라서 주기와 진동수는 입자의 질량과 용수철 상수에만 의존한다는 것을 알 수 있다. 진폭 A나 위상각 ϕ에는 의존하지 않는다. 다시 말해서 입자의 질량 m이 작아지거나 용수철 상수 k값이 클수록 진동수는 커지고, 주기는 짧아진다.

4.3 단진자 운동

단진자란 무게를 무시할 수 있는 길이 l인 끈(실)의 한쪽 끝이 고정되고 다른 한 끝에 매달린 질량 m인 물체가 그림 2에서 보는 바와 같이 연직면 내에서 주기 운동을 하는 진자를 말한다. 실제에 있어서 물체는 실의 길이에 비해 그 반지름을 무시할 수 있는 작은 구형이며, 실의 무게는 물체의 무게에 비해 극히 적어 무시할 수 있어야 한다. 따라서 진자 운동은 세 기본 물리량인 진자의 길이, 운동의 주기, 진폭에 의하여 설명된다.

진자의 길이 l은 물체의 질량중심으로부터 고정점까지의 거리로 측정된다. 주기는 완전

히 한 번의 왕복 운동을 하는 데 걸리는 시간이며, 진폭은 평형 위치로부터 측정한 최대 변위로 정의된다.

식 (3.1)은 한 번 왕복하는데 걸리는 시간인 주기 T가

$$T = \frac{2\pi}{\omega} = 2\pi\sqrt{\frac{l}{g}} \tag{3.1}$$

인 단순 조화 운동을 나타내는 함수이다.

식에서 보는 바와 같이 단진자의 주기는 추의 질량에 무관하고 다만 진자의 길이 l과 중력가속도 g에만 관계된다. 다시 말하면, 진자가 있는 위치에서 g는 일정하므로 주기는 진자의 길이에만 관계된다고 할 수 있다. '길이가 같은 진자는 같은 주기를 갖는다'는 등시성을 알아볼 수 있다. 식 (3.1)의 양변을 제곱하여 정리하면,

$$T^2 = \frac{4\pi^2}{g} l \tag{3.2}$$

이 된다. 따라서 l과 T를 측정해서 직교 좌표 그래프용지의 x축에 l을, y축에 T^2을 나타내어 그리면, 직선의 실험 곡선을 얻을 수 있다. 이 직선의 기울기로부터 중력가속도 g 값을 구할 수 있다. 또는 식 (3.2)에서 중력가속도 g는

$$g = 4\pi^2 \frac{l}{T^2} \tag{3.3}$$

이므로 이 식에서 주기 T와 진자의 길이 l을 알면 중력가속도 g의 값을 알 수 있다.

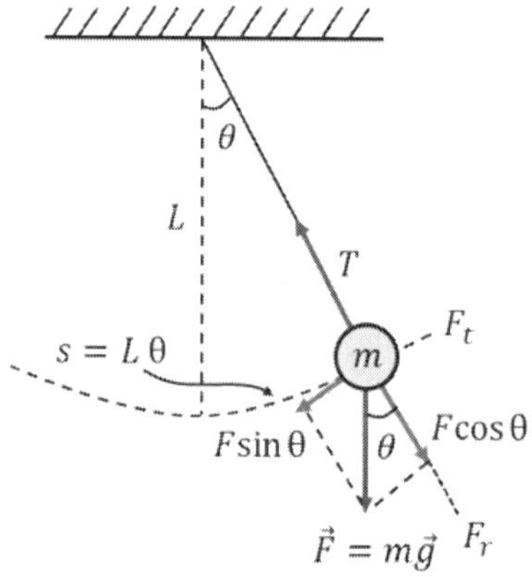

그림 2 단진자

5. 실험장비

• 에어 트랙	• 송풍기
	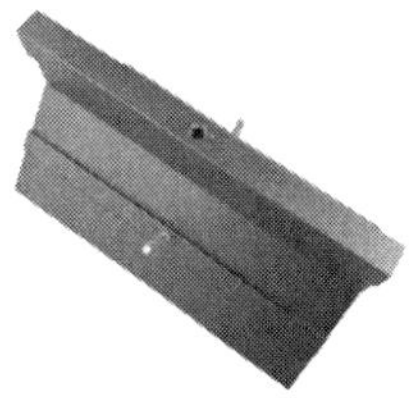
• 도르래	• 글라이더

• 용수철	• 연결고리
	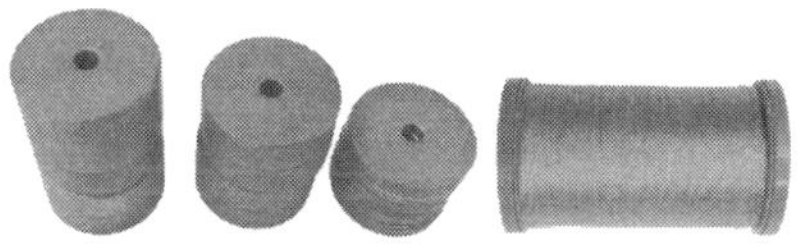
• 추걸이와 추	• 분동과 끈(실)

• 서포트 잭	• 전자저울

<table>
<tr><td rowspan="7">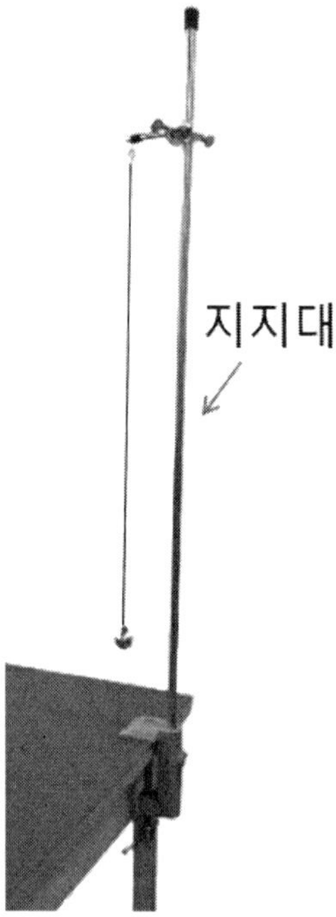</td><td></td><td></td></tr>
<tr><td>• 구형 추</td><td>• 고리축</td></tr>
<tr><td></td><td>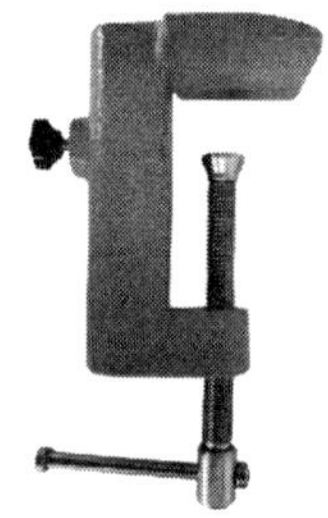</td></tr>
<tr><td>• 직각 클램프</td><td>• 클램프</td></tr>
<tr><td>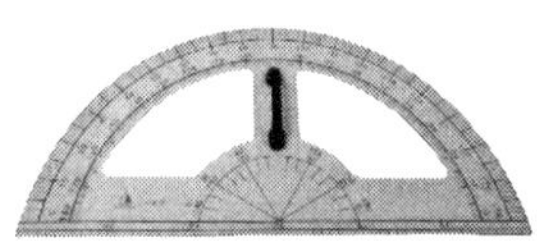</td><td></td></tr>
<tr><td>• 각도기</td><td>• 초시계</td></tr>
<tr><td></td><td></td></tr>
<tr><td>• 단진자 실험</td><td>• 줄자</td><td>• 끈(실)</td></tr>
</table>

6. 실험방법

◎ 주의 사항

i) 용수철이 과도하게 늘어나지 않도록 주의한다.
ii) 글라이더를 잡아당겼다가 놓을 때 무리하게 잡아당기지 않는다.
iii) 글라이더에 질량을 얹을 때는 그림 3처럼 좌우 대칭되게 얹는다.
iv) 글라이더의 무게는 글라이더에 장착된 모든 부품을 포함하여 측정한다.

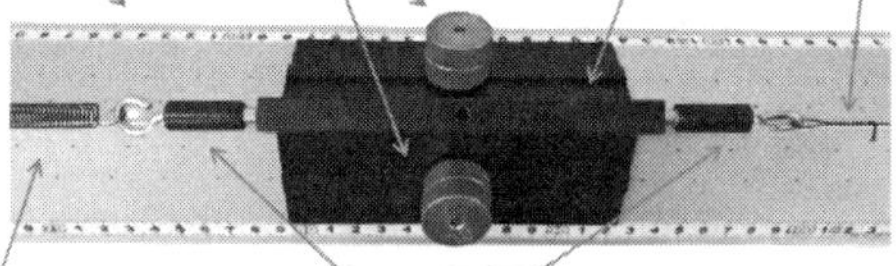

그림 3 위쪽에서 내려다본 그림

[실험 01 용수철 상수 측정

용수철에 매달린 질량 m인 물체의 이론적인 진동 주기는 다음과 같다.

$$T = 2\pi\sqrt{\frac{m}{k}}$$

여기서, T는 왕복 운동에 소요되는 시간이고, k는 용수철 상수이다. Hooke의 법칙에 의하면, 용수철에 의해 물체에 작용 되는 힘은 용수철이 압축되거나, 늘어난 길이에 비례하고 이를 식으로 표현하면 $F = kx$가 된다. 따라서 용수철 상수는 여러 가지 다른 크기의 힘을 용수철에 작용하여 그때마다 늘어나거나, 압축되는 용수철의 길이를 재고. 이것을 길이와 힘에 대한 좌표로 표시한 후, 그 기울기를 재면 된다.

① 저울을 사용하여 고리를 포함한 글라이더의 질량을 재고, 그 값을 기록한다.
② 에어트랙을 올려놓고 트랙의 수평을 조절한다. 그리고 트랙의 한쪽 끝에 도르래를

고정한다. 트랙의 수평은 두 글라이더를 올려놓고 글라이더가 자유로이 움직일 수 있는 상태에서 두 글라이더가 한쪽으로 쏠리지 않는 상태로, 글라이더가 마찰 없이 움직이는 것은 마찰음의 유무로 판단할 수 있다.

③ 그림 4와 같이 용수철을 글라이더에 그리고 용수철의 다른 쪽 끝을 트랙의 끝에 고정한다.

④ 실을 글라이더의 끝에 매고, 다른 끝을 그림 3과 같이 추걸이에 묶는다.

⑤ 용수철의 평형위치를 기록한다.

⑥ 추걸이에 추를 놓아 무게를 더하여 새로운 평형위치를 기록한다. 이런 과정을 무게가 다른 추에 대해서 반복한다. 이때 용수철이 너무 늘어나지 않도록 주의한다.

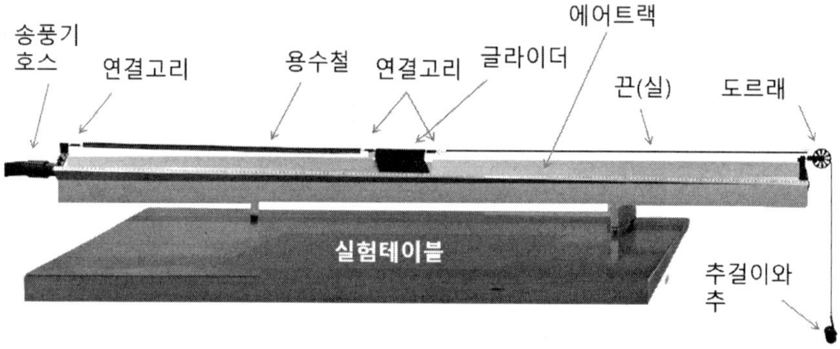

그림 4 용수철 상수 측정

[실험 02 평면 위에서 진동자의 주기 측정]

① 그림 5와 같이 추걸이에 0.150 kg 또는 0.200 kg의 추를 달고 글라이더를 평형위치에서 일정한 거리만큼 잡아당긴 후, 글라이더를 놓아 진동하는 글라이더가 5번 왕복 운동하는 시간을 기록한다.

② ①의 과정을 5번 이상 반복하고, 잡아당기는 거리를 일정하게 한다.

③ 글라이더의 양쪽에 0.030 kg의 추 두 개를 싣고, 위의 실험을 반복하여 기록한다.

④ 글라이더의 양쪽에 0.060 kg의 추 두 개를 싣고, 위의 실험을 반복하여 기록한다.

⑤ 글라이더의 양쪽에 0.080 kg의 추 두 개를 싣고, 위의 실험을 반복하여 기록한다.

⑥ 글라이더의 양쪽에 0.100 kg의 추 두 개를 싣고, 위의 실험을 반복하여 기록한다.

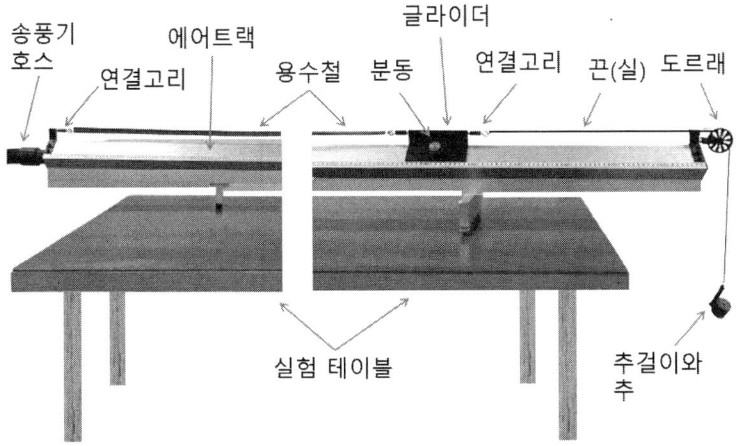

그림 5 진동자의 주기 측정

[실험 03 경사면 위에서 진동자의 주기 측정]

A. 이론적인 주기 측정

① 저울을 사용하여 글라이더의 질량을 재고, 그 값을 기록한다.

② 글라이더에 용수철을 그림 6과 같이 연결한다. 그리고 용수철의 다른 쪽 끝을 트랙의 끝에 고정한다.

③ 용수철을 붙인 후 서포트 잭을 통하여 트랙의 한쪽 끝을 높여 경사지게 한다. 송풍기를 작동시켜 글라이더와의 마찰을 없애면 트랙의 끝이 올라감에 따라 용수철이 늘어날 것이다. 용수철이 트랙 길이에 절반 이상 늘어나지 않게 트랙의 경사각을 유지한다. 이 각을 측정하여 기록한다.

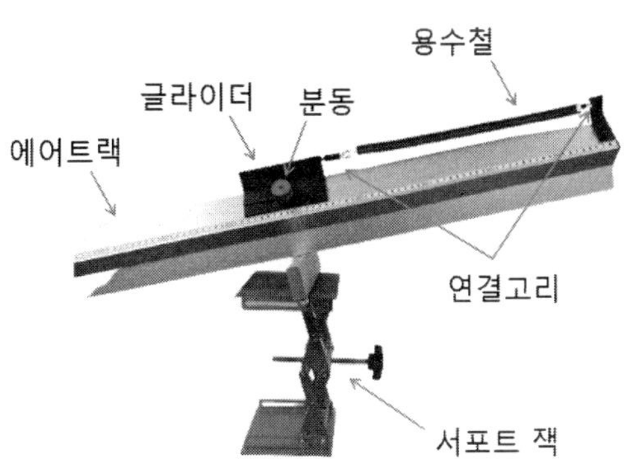

그림 6 이론적 주기 측정

④ 평형위치를 기록한다.

⑤ 질량을 글라이더 위에 더하고 새로운 위치를 기록하라. 용수철이 과도하게 늘어나지 않도록 주의하며 다른 질량을 가지고 반복하여 실험한다. 글라이더에 질량을 더할 경우 좌우 대칭이 되도록 한다.

B. 실험적인 주기 측정

① 그림 7처럼 추걸이에 0.150kg또는 0.200kg의 추를 달고 글라이더를 평형위치에서 임의의 길이만큼 움직여 진동하게 한다. 5번째 진동까지의 시간을 기록한다.

② 글라이더를 진동하게 하는 위치(진폭)을 같게 하여 5회 이상 반복한다.

③ 경사각을 바꾸며 ②,③의 절차를 반복한다.

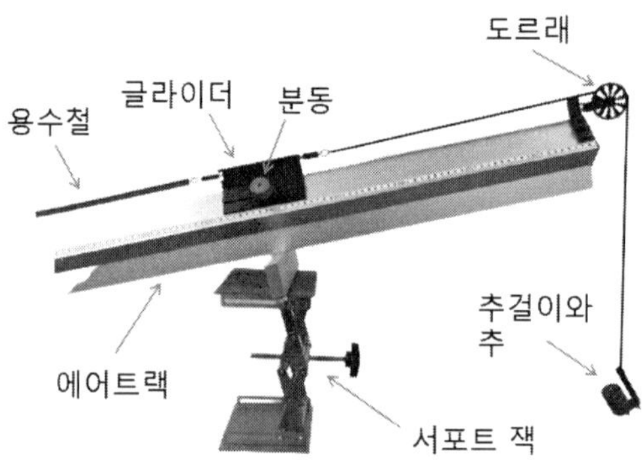

그림 7 실험적 주기 측정

[실험 04 단진자를 이용한 중력 가속도 측정]

◎ 주의 사항

i) 구형 추를 끈을 연결할 때는 그림 8과 같이 나사를 풀고 매듭을 만든 후 다시 나사를 조인다.

ii) 단진자의 각도를 작게 한다. 이 실험에서는 5° 이내만 되면 된다. $\sin\theta$가 θ와 같아질 때는 θ는 5° 이내만 되면 θ는 0.0873이 되고 $\sin\theta$는 0.0872가 되어 약 1%의 차이밖에 나지 않기 때문이다.

iii) 진자의 길이가 1 m에서 너무 벗어나면 실험의 오차가 커지므로 주의한다.

iv) 진자가 주기운동 할 때 타원운동이 일어나지 않도록 한다.

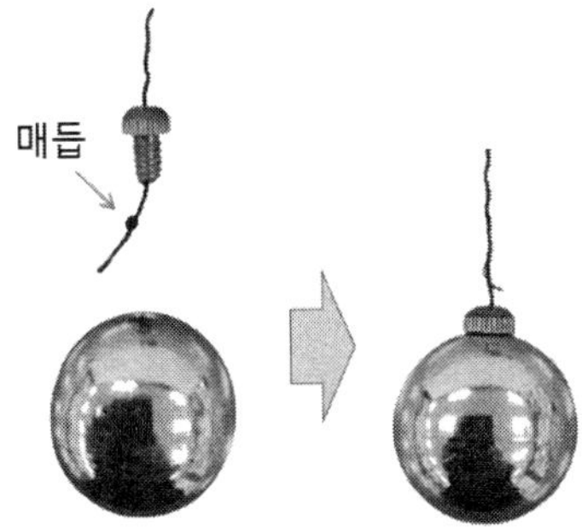

그림 8 구형 추

① 그림 9와 같이 단진자 시스템을 꾸미고 진자의 길이를 정하여 고정시킨다. 추의 반지름을 포함하여 측정한다.
② 단진자의 각도를 θ(5° 이하)만큼 벌린 후, 각도를 기록한다.
③ 단진자를 놓아 진자가 연직면 상에서 진동하도록 한다.
④ 단진자가 계속 진동하고 있는 상태에서 주기 T를 초시계로 측정하여 기록한다.
⑤ 진자의 길이를 다시 조정하여 고정시킨다. 추의 반지름을 포함하여 측정한다.
⑥ 실험방법 ②~④를 반복하여 주기 T를 측정한다.
⑦ 진자의 길이를 다시 조정하여 고정시킨다. 추의 반지름을 포함하여 측정한다.
⑧ 실험방법 ②~④를 반복하여 주기 T를 측정한다.

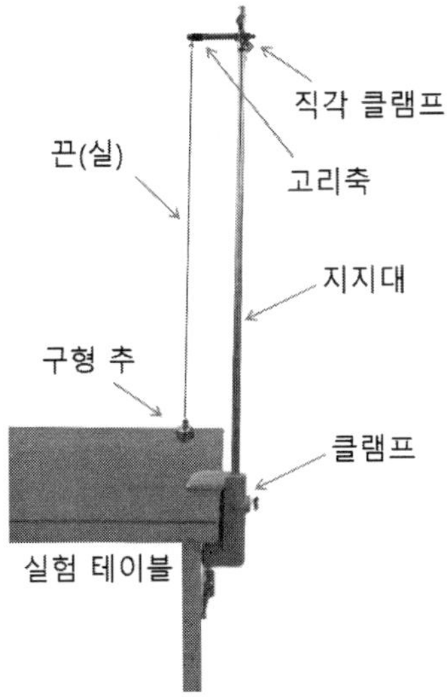

그림 9 단진자

7. 다른 실험방법 구상

[실험구상 01 비틀림 진자의 주기를 측정할 수 있는 실험방법을 구상해 본다.]

- 실험장치도를 그려본다.
- 실험방법을 설명하고 원리를 논해본다.

[실험구상 02 감쇠 조화 진동에서 진폭을 측정할 수 있는 실험방법을 구상해 본다.]

- 실험장치도를 그려본다.
- 실험방법을 설명해 보고 그래프로 표현해 본다.

실험 12 단순 조화 진동과 단진자 결과보고서

담당교수 : ________________ 교수님

실험일	월 일	제출일	월 일
학번		이름	
(　)조 조원이름	• • •		

[실험 01 용수철 상수 측정]

1. 측정값

표 1

가해진 추의 질량	위치(x)	변형거리($x-x_0$)	힘 (mg)	평균
0.050				
0.100				
0.150				
0.200				

2. 계산 및 분석

* 표를 이용하여 힘-변위 그래프를 그리고, 용수철 상수를 구하라. (표 1의 결과를 거리 대 힘의 좌표로 나타내고, 각 점을 잇는 가장 똑바른 직선을 그리고, 그 직선의 기울기를 구한다. 그 기울기가 용수철 상수 k가 된다.)

$k =$ ____________________ N/m

[실험 02 평면 위에서 진동자의 주기 측정]

1. 측정값

표 1

	5회 왕복하는데 걸리는 시간					평균 횟수	진동주기 $T=2\pi\sqrt{\frac{m}{k}}$	상대 오차
	1회	2회	3회	4회	평균			
글라이더								
글라이더 + $30\times 2=60g$								
글라이더 + $60\times 2=120g$								
글라이더 + $80\times 2=160g$								
글라이더 + $100\times 2=200g$								

2. 계산 및 분석

* 글라이더의 질량과 용수철 상수를 이용하여, 식 (1)을 이용하여 주기를 계산하시오.

$$T= 2\pi\sqrt{\frac{m}{k}} = \_\_\_\_\_\_\_\_\_\_\_\_\_\_\_\_\_\_\_\_ s$$

[실험 03 경사면 위에서 진동자의 주기 측정]

A. 이론적인 주기 측정

1. 측정값

표 3 글라이더의 질량 : ( ), 평형위치(x_0 : ( ), 경사각 : (도)

가해진 추의 질량	위치(x)	변형거리($x-x_0$)	힘 (mg)	평균
$60\times 2=120g$				
$80\times 2=160g$				
$100\times 2=200g$				

2. 계산 및 분석

① 표의 결과를 이용하여 힘-변위 그래프를 그리고 그 기울기로부터 용수철의 유효 상수 k를 구하여라.

$k=$ ______________ N/m

② 글라이더의 질량과 용수철 상수를 이론적인 식에 대입하여 주기를 계산하여라.

$$T=2\pi\sqrt{\frac{m}{k}}=\text{\_\_\_\_\_\_\_\_\_\_\_\_\_\_}\ \text{s}$$

B. 실험적인 주기 측정

표 4

경사각 (θ)	5회 왕복하는데 걸리는 시간						진동주기 T
	1회	2회	3회	4회	5회	평균	

* 이론적 주기 측정에서 구한 값과 실험적 주기 측정에서 구한 주기를 비교하여 상대오차를 구하시오.

상대오차 = ____________________ %

[실험 04 단진자를 이용한 중력 가속도 측정]

A. 진자의 길이 : ______________m

1. 측정값

표 5 (　　°)

실의 길이 l_1	m
추의 반지름 r	m
진자의 길이 $l = l_1 + r$	m
진 폭	m

횟수	주기 T(s)
30	
60	
90	
120	
150	
평균	

2. 계산 및 분석

* 진자 길이 l에 대한 주기 T의 평균값으로 중력가속도 g를 계산하시오.

$$T = 2\pi\sqrt{\frac{l}{g}} \Rightarrow g = 4\pi^2\frac{l}{T^2} = \_\_\_\_\_\_\_\_\_\_\_\_ (\text{m/s}^2)$$

B. 진자의 길이 : ____________m

1. 측정값

표 5 (°)

실의 길이 l_1	m
추의 반지름 r	m
진자의 길이 $l = l_1 + r$	m
진 폭	m

횟수	주기 T(s)
30	
60	
90	
120	
150	
평균	

2. 계산 및 분석

* 진자 길이 l에 대한 주기 T의 평균값으로 중력가속도 g를 계산하시오.

$$T = 2\pi\sqrt{\frac{l}{g}} \Rightarrow g = 4\pi^2\frac{l}{T^2} = \_\_\_\_\_\_\_\_\_\_\_\_ (\text{m/s}^2)$$

C. 진자의 길이 : ______________m

1. 측정값

표 5 (°)

실의 길이 l_1	m
추의 반지름 r	m
진자의 길이 $l = l_1 + r$	m
진 폭	m

횟수	주기 T(s)
30	
60	
90	
120	
150	
평균	

2. 계산 및 분석

1) 진자 길이 l에 대한 주기 T의 평균값으로 중력가속도 g를 계산하시오.

$$T = 2\pi\sqrt{\frac{l}{g}} \Rightarrow g = 4\pi^2\frac{l}{T^2} = \underline{\qquad\qquad\qquad} \text{(m/s}^2\text{)}$$

2) l을 x축으로 하여 T^2 대 l의 그래프를 그리시오.

3) 이 그래프의 기울기로부터 중력가속도 g를 계산하시오.

$$g_{측정값} = \frac{4\pi^2}{(기울기)} = \underline{\qquad\qquad\qquad} \mathrm{m/s^2}$$

4) 상대오차 $= \dfrac{|g_{측정값} - 9.8|\mathrm{m/s^2}}{9.8\mathrm{m/s^2}} \times 100 = \underline{\qquad\qquad\qquad}\%$

[실험구상 01 비틀림 진자의 주기를 측정할 수 있는 실험방법을 구상해 본다.]

실험 제목 : ______________________________

• 실험 장치도(그림으로 표현)	• 실험방법 설명(번호로 구분)

• 원리 설명

[실험구상 02 감쇠 조화 진동에서 진폭을 측정할 수 있는 실험방법을 구상해 본다.]

실험 제목 : ______________________________

• 실험 장치도(그림으로 표현)	• 실험방법 설명(번호로 구분)

• 그래프와 의미

〈질문〉

■ 아래 질문에 답하시오.

답변할 때는 자료를 찾아보고 토론을 해본 후 스스로 정리해보면 해결해야 할 문제에 대한 이해도가 높아지고 응용력도 향상됩니다.

1) 본 실험에서 오차의 원인은 무엇인가?
2) 오차를 줄일 수 있는 아이디어를 생각해 보고 방법을 서술하라.
3) 단순조화 진동의 개념을 설명하라.
4) 본 실험에서 글라이더에 실는 질량이 무거워 짐에 따라 진동주기가 어떻게 변하는지를 알아보고, 그 이유를 설명하라.
5) 본 실험에서 용수철을 평형위치에서 잡아당기는 거리가 변하면 주기는 어떻게 되는지 설명하라.
6) 경사각에 따라서 주기가 달라지를 설명하라.
7) 단진자를 이용하여 1초를 정의해 보려고 한다. 실험방법을 구상해 보고 설명하라.
8) 단순 조화 진동에서 변위는 $x(t) = A\cos(\omega t + \phi)$이다. 이를 이용하여 a) 운동에너지 b) 위치에너지 c) 역학적 에너지를 유도하라.
9) 수평 용수철의 끝에서 진동하는 물체의 변위가 아래와 같을 때 a) 진폭 b) 진동수 c) 주기 d) 가속도의 최댓값을 구하라.

$$x = (0.250)\cos\left(\frac{\pi}{8.00}t\right)$$

10) 마찰이 없는 수평면 위에 용수철 상수가 $13.5\ \mathrm{N/m}$인 가벼운 용수철에 질량이 $0.650\ \mathrm{kg}$인 물체가 연결되어 진동하고 있다. a) 최대 진폭이 4.50 cm일 때 계의 전체 에너지와 b) 물체의 최대 속도를 구하라.

▷ 답변 :

〈실험 결과 요약〉

■ 서론 본론 결론 형식으로 자유롭게 기술하세요.

논문형식의 기술적 글쓰기(Technical Writing)를 통해서 주장하는 내용에 대한 의미전달 능력을 향상시킬 수 있고 창의적 생각 또한 키워나갈 수 있습니다.

실험제목 :

작성자 신원 :

〈서론〉

〈본론〉

〈결론〉

〈참고문헌〉

〈감쇠 단순 조화 진동(Damped Simple Harmonic Motion)〉

진동하는 물체는 액체에 의해서 감쇠력(damping force) $\vec{F_d}$를 받는다. 감쇠력이 물체의 속도 v에 비례한다고 가정하면

$$\vec{F_d} = -b\vec{v} \tag{1}$$

이다. 여기서 b는 액체의 특성과 물체에 의존하는 감쇠상수(damping constant)이다. 용수철이 물체에 작용하는 힘은 $F_s = -kx$ 이고 복원력이다. 또한 중력은 상대적으로 약하여 무시할 수 있다고 가정하자. 뉴턴의 제2법칙을 이용하면

$$-bv - kx = ma_x \tag{2}$$

이다. 가속도와 속도를 시간 변화율로 다시 쓰면 미분 방정식

$$m\frac{d^2x}{dt^2} + b\frac{dx}{dt} + kx = 0 \tag{3}$$

이 된다.

이 미분 방정식의 해는

$$x(t) = Ae^{\frac{b}{2m}t}\cos(\omega t + \phi) \tag{4}$$

이다. 각진동수는

$$\omega = \sqrt{\frac{k}{m} - \left(\frac{b}{2m}\right)^2} \tag{5}$$

이다. 여기서 k/m를 ω_0로 놓으면

$$\omega = \sqrt{\omega_0 - \left(\frac{b}{2m}\right)^2} \tag{6}$$

가 된다. 식의 ω_0는 저항이 없을 때의 각진동수를 나타내고 고유 진동수(natural

frequency)라고 한다. 저항력의 크기가 $b/2m < \omega_0$일 때를 저감쇠(underdamped)라 하고, b가 $b_c/2m = \omega_0$인 임계값 b_c에 도달했을 때를 임계 감쇠(critically damped)라 한다. $v/2m > \omega_0$인 경우는 과감쇠(overdamped)라고 하는데 액체의 점성이 커서 저항력이 복원력보다 매우 큰 경우에 해당된다.

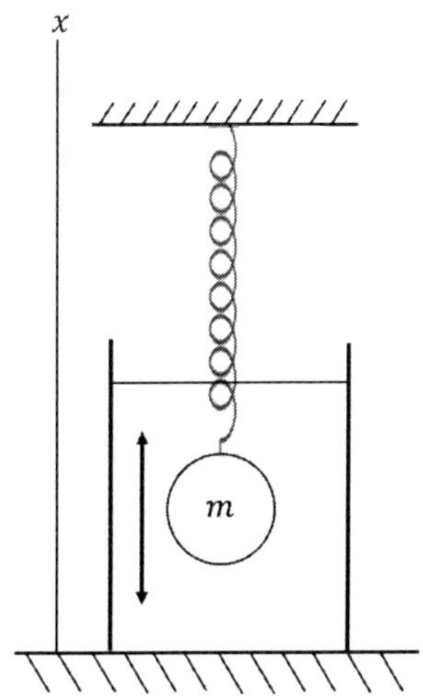

그림 1 감쇠 진동

실험 13 정상파 생성과 진동수 측정

1. 실험 목표

줄의 한쪽 끝에 파형 발생장치를 연결하고 진동을 시켜, 줄의 고정된 다른 끝으로 이동하는 진행파와 그곳에서 반사된 똑같은 진동수를 갖는 반사파가 만드는 정상파(standing waves)를 만들어 보고, 정상파의 발생 조건인 경계조건을 알아본다. 줄의 정상파의 고유파장(또는 고유진동수)과 매질의 물리적 특성인 줄의 장력과 어떤 관계에 있는지 알아본다. 또한 파동과 관련된 물리 현상들을 이해한다.

2. 학습 목표

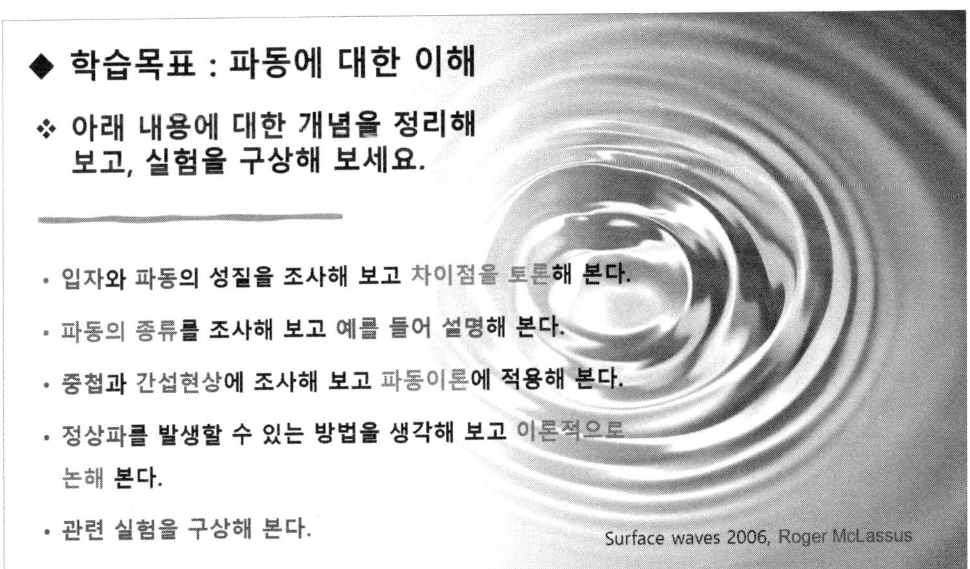

3. 기본개념에 대한 이해

◆ 정상파(Standing Waves)

- 같은 진폭, 진동수 및 파장을 가지면서 → 서로 반대 방향으로 진행하는 두 사인형 파동 함수를 고려

$y_1(x, t) = A\sin(kx + \omega t)$ $y_2(x, t) = A\sin(kx - \omega t)$

✓ 두 합성파동은 중첩의 원리에 의하여

$$y(x, t) = y_1(x, t) + y_2(x, t)$$

$$y(x, t) = A\sin(kx + \omega t) + A\sin(kx - \omega t)$$

$$y(x, t) = A[(\sin kx \cos\omega t + \cos kx \sin\omega t) + (\sin kx \cos\omega t - \cos kx \sin\omega t)]$$

$y(x, t) = [2A\sin kx]\cos\omega t$: 정상파의 파동 함수

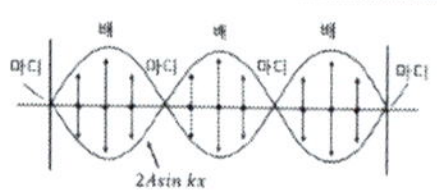

❖ 심화학습
피리와 같은 공기 관도 정상파를 만든다. 양쪽이 열린 관과 한쪽 끝이 닫힌 관으로 구분하여 파동의 모양을 조사해보고 진동수를 유도해보자.

4. 이론 및 원리

4.1 파동(waves)

공간에 국소화된 점 질량체를 모형화한 입자(particles)의 개념에서는, 한 위치에서 다른 위치로 에너지(또는 정보)를 전달할 때, 입자가 직접 공간을 이동하여 전달한다. 그러나 소리, 빛 그리고 바다의 수면 등의 물리적 현상들은 파동(waves)의 형태로 에너지를 전달한다. 파동은 매질을 이루고 있는 입자들이 각각의 평형점을 중심으로 진동 운동을 하고 주변에 이웃한 입자들에 영향을 주어 연쇄적인 진동을 만들어서, 전체적인 매질이 공간상의 일정한 주기성(= 파장)을 띤 조화운동(harmonic motion)인 요동(disturbance)을 만들어 에너지를 전달한다. 이는, 마치 경기장의 관중들이 연쇄적으로 개별적으로 일어났다 앉으면서(= 진동운동) 만드는 관중의 파도운동과 같다. 이러한 공간상의 매질을 통해 전달되는 파동을 역학적 파동(mechanical waves)이라고 한다. 이에 반하여 빛과 같이 매질이 없는 진공 속에서도 전달되는 전자기파도 있다.

한 매질 속에서 진행하던 파동이 다른 매질과 만나면 그 경계에서 파동은 반사, 굴절,

편광 등과 같은 다양한 현상들을 발생한다. 이 중에는 회절, 편광 등과 같이 입자의 개념으로 설명할 수 없는 파동만의 만드는 현상(= 파동성, wavelike properties)도 있다. 한 파동이 그 진행경로에서 한 입자 또는 어떤 장애물을 만나거나, 같은 매질에서도 한 파동과 다른 파동이 매질내의 한 공간의 점에서 만나면(= 파동간의 충돌, collision), 입사파와 반사파가 서로 중첩이 되면서 회절, 산란 같은 현상을 만든다.

이 실험에서는 역학적 파동 중에 줄을 통과하는 파동을 학습한다. 양쪽 끝이 고정된 하나의 줄에 외부진동자로 진동을 시켜주면, 어떤 특정조건(= 경계조건 또는 양자조건)이 만족될 때만 줄이 진동자의 에너지를 모두 흡수하는 공명현상이 나타난다. 공명현상은 외부진동수가 줄의 고유진동수와 같을 때 일어난다. 줄이 고유진동수로 진동할 때는, 일정한 수의 배(crests)와 마디(nodes)가 생기면서 줄에 전체적으로 조화를 이루는 조화파형(harmonics)들이 나타난다. 이와 같은 조화를 이룬 파동을 정상파(standing waves)라고 한다.

4.2 파동의 간섭(interference of waves)

그림 1와 같이 파동이 중첩될 때 나타나는 간섭(interference)이라는 현상에 대해서 생각해 보자. 문제를 단순화시키기 위해서 두 개의 사인 모양의 파동이 서로 같은 방향으로 진행하고 있다고 가정하자. 두 파동의 파장과 진폭 그리고 진동수는 서로 같고 단지 위상만 다르다고 하자.

위상만 서로 다른 두 파동은

$$y_1(x,t) = A\sin(kx - \omega t) \tag{2.1}$$

와

$$y_2(x,t) = A\sin(kx - \omega t + \phi) \tag{2.2}$$

로 기술할 수 있다. ϕ는 위상 상수이고, $k = \frac{2\pi}{\lambda}$, $\omega = 2\pi f$ 이다.

두 파동 y_1과 y_2의 위상차를 구해보면

$$(kx - \omega t + \phi) - (kx - \omega t) = \phi \tag{2.3}$$

이다. 두 파동의 위상차 값인 ϕ가 일정할 때 두 파동은 가간섭성(coherence) 파동이라고 하는데 이는 간섭이 일어날 가능성이 많다는 뜻이다. 그러나 ϕ가 일정하지 않으면 비간섭성(incoherence) 파동이라 하는데 간섭이 일어나기 어렵다는 뜻이다.

이제 중첩의 원리를 이용하여 두 파동을 더하여 합성 파동을 만들어 보자. 합성 파동을 $y(x,t)$라 하면

$$y(x,t) = y_1(x,t) + y_2(x,t) \tag{2.4}$$

에서

$$y(x,t) = A\sin(kx - \omega t) + A\sin(kx - \omega t + \phi) \tag{2.5}$$

이다. 식에서 $\alpha = (kx - \omega t)$, $\beta = (kx - \omega t + \phi)$라 놓고, 삼각 함수 공식 중에서 $\sin\alpha + \sin\beta = 2\sin\frac{\alpha+\beta}{2}\cos\frac{\alpha-\beta}{2}$를 이용하면

$$y(x,t) = 2A\left[\sin\left(\frac{(kx-\omega t)+(kx-\omega t+\phi)}{2}\right)\cos\left(\frac{(kx-\omega t)-(kx-\omega t+\phi)}{2}\right)\right] \tag{2.6}$$

이다. 정리하면

$$y(x,t) = 2A\sin\left(kx - \omega t + \frac{\phi}{2}\right)\cos\left(-\frac{\phi}{2}\right) \tag{2.7}$$

이다. 코사인 함수는 우함수이므로 위 식을 다시 쓰면 합성 파동 $y(x,t)$는

$$y(x,t) = 2A\cos\frac{\phi}{2}\sin\left(kx - \omega t + \frac{\phi}{2}\right) \tag{2.8}$$

이다. 식에서 알 수 있듯이 합성 파동도 사인형 파동이고 진폭은 $\left|2A\cos\frac{\phi}{2}\right|$이고 위상은 $\frac{\phi}{2}$이다.

만약 위 식에서 위상 상수가 $\phi = 0$ 이면

$$y(x,t) = 2A\sin(kx - \omega t) \tag{2.9}$$

가 되어, 합성 파동의 진폭이 간섭한 두 파동 진폭의 두 배로 커지게 된다. 이와 같은 경우를 완전 보강 간섭(fully constructive interference)이라고 한다. 다른 예로 위상 상수가 $\phi = \pi\, rad(180^o)$이거나 π의 홀수 배이면 간섭하는 두 파동의 위상이 정반대가

되어

$$y(x,t)=0 \tag{2.10}$$

이 된다. 즉 합성 파동의 진폭은 0이 된다. 이와 같은 형태의 간섭을 완전 상쇄 간섭(fully destructive interference)이라고 한다.

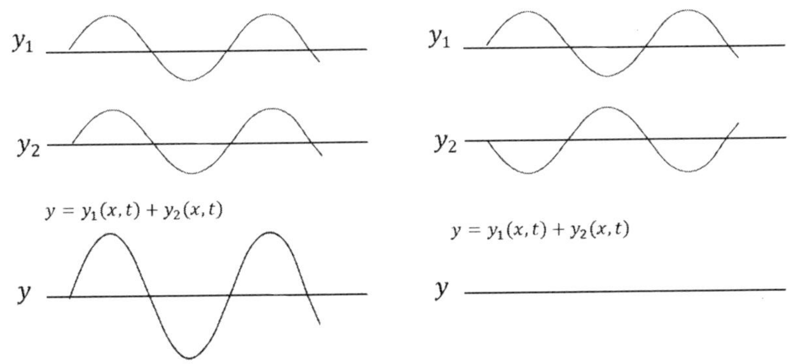

그림 1 파동의 중첩

4.3 줄의 정상파(standing waves of a string)

양끝이 고정된 탄성이 있는 줄의 한 끝을 강제로 진동시켜주면, 입사파가 줄을 따라 진행하다가 고정된 다른 끝에서 반사된다. 따라서 진동수(frequency)와 진폭(amplitude)이 같은, 서로 반대 방향으로 진행하는 입사파와 반사파가 발생 된다. 이때 원래의 두 진행파의 속성이 사라지고, 그림 1과 같이 줄의 양끝의 경계 안에서 속박된 줄 전체가 조화롭게 파형을 만든 고정된 정상파가 생긴다. 즉, 줄의 모든 요소들이 위치에 따라 진폭만 다르고 같은 진동수를 갖는 단순 조화 진동 운동(simple harmonic oscillation)을 한다. 이것은 줄의 길이와 줄의 장력에 따라 결정되는 특정한 고유파장 또는 고유 진동수만 허용되어 나타나기 때문이다.

줄의 길이 L가 일정할 때는 줄의 장력 T_n이 특정한 값일 때만 허용되는 배(crest)의 개수($n=1,\ 2,\ 3,\ \cdots$)를 갖는 정상파가 나타난다. 배가 하나일 때의 허용된 파를 기본 정상파(fundamental wave)라고 하고 이때 파장은 줄의 길이의 두 배이다. 줄의 장력을 증가시켜주면 배의 개수가 하나씩 점차적으로 늘어나면서 더 짧은 파장을 갖는 정상파(harmonics)들이 생긴다. 따라서 정상파의 허용된 파장 λ_n은,

$$\lambda_n = \frac{2L}{n} = \frac{\lambda_1}{n}, \quad n = 1, 2, 3, \cdots \tag{3.1}$$

이다. 여기서 n은 정상파의 배의 개수이다. 파장들은 $n=1$을 기본파장으로 하는 조화수열 순으로 허용된다. 이렇게 불연속적으로 허용되어 나타나는 정상파의 조화 파장 또는 진동들(harmonics)을 양자화(quantization)되었다고 한다.

표 2 고정된 줄의 정상파: 팽팽히 당겨진 줄의 평형 상태($n=0$), 양자화($n=1, 2, 3, \cdots$)된 줄의 정상파들

차수	조화 정상파	배의 수	마디 수	조화파장	조화진동수
		n	$n-1$	$\lambda_n = \frac{2L}{n} = \frac{\lambda_1}{n}$	$f_n = \frac{v}{\lambda_n} = \frac{n}{L}\sqrt{\frac{T}{\mu}} = nf_1$
$n=0$		0		평형상태	
$n=1$		1	0	$\lambda_1 = 2L$	$f_1 = \frac{v}{\lambda_1} = \frac{1}{2L}\sqrt{\frac{T}{\mu}}$
$n=2$		2	1	$\lambda_2 = \frac{2L}{2} = \frac{\lambda_1}{2}$	$f_2 = \frac{v}{\lambda_2} = \frac{1}{L}\sqrt{\frac{T}{\mu}} = 2f_1$
$n=3$	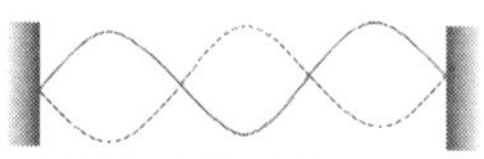	3	2	$\lambda_3 = \frac{2L}{3} = \frac{\lambda_1}{3}$	$f_3 = \frac{v}{\lambda_3} = \frac{3}{2L}\sqrt{\frac{T}{\mu}} = 3f_1$

길이가 L이고 선밀도가 μ인 줄의 장력이 T일 때, 줄을 통하여 전달되는 횡파의 속력 v은 물리적으로 다음과 같이 주어진다.

$$v = \sqrt{\frac{T}{\mu}} \tag{3.2}$$

임의의 사인파형의 파동의 속력은 수학적으로 $v = \lambda f$로 주어지므로(여기서 f는 진동수이다), 줄의 허용된 고유진동수 f_n 또한 양자화되고

$$f_n = \frac{v}{\lambda_n} = \frac{n}{2L}\sqrt{\frac{T}{\mu}} = nf_1, \quad n = 1, 2, 3, \cdots \tag{3.3}$$

로 주어진다. 양단이 고정된 줄이 이렇게 정상파가 양자화되어 있기 때문에, 외부에서 줄에 강제로 파동을 통과시킬 때 줄이 허용된(= 양자화된) 진동수만 통과시킨다. 이는 진동자의 공명현상과 유사하다.

5. 실험장비

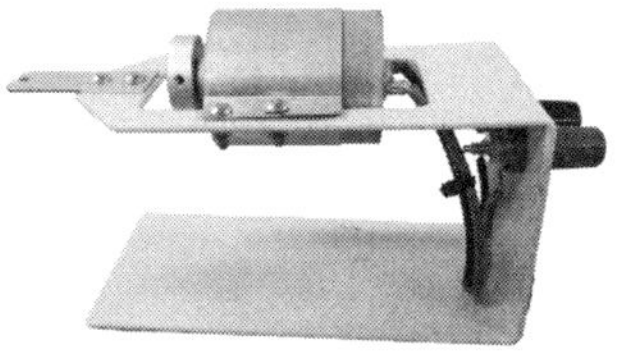	
• 모터	• 클램프 달린 도르래

• 전원공급장치	• 고리 달린 추

• 클램프	• 줄

• 전선	• 줄자

6. 실험방법

◎ 주의 사항

i) 파형 발생장치(모터)와 도르래는 클램프를 이용하여 실험 테이블에 단단히 고정해 놓아야 한다. 고정이 느슨하면 정상파 생성에 영향을 준다.

ii) 줄은 높이는 테이블 면과 수평을 맞추어야 한다.

iii) 실험 중 모터가 심하게 흔들릴 때는 실험을 중단한다. 실험 장치에 무리가 갈 수 있다.

[실험 01 정상파 형성과 진동수 측정]

① 그림 2와 같이 실험 테이블의 가장자리에 파형 발생장치(모터)를 클램프를 이용하여 고정한다.

② 클램프 달린 도르래를 실험 테이블의 반대쪽 끝에 설치한다. 도르래 끝에 추를 매달 수 있도록 파형 발생장치와 추를 실로 연결한다. 이때 실의 길이를 1 m가 되도록 장치한다.

③ 그림 3과 같이 모터에 전원공급 장치를 연결하고 전압을 약 1.0V(0.8A)로 조절한 후 150 g의 추를 매달고 줄의 파형을 관찰한다.

④ 줄의 파형을 관찰하며, 배와 마디가 구분이 확연히 드러날 때까지 전압을 서서히 올린다.

⑤ 정상파가 형성되면 그때의 추의 질량, 마디의 수, 그리고 정상파의 전체 길이를 기록한다.

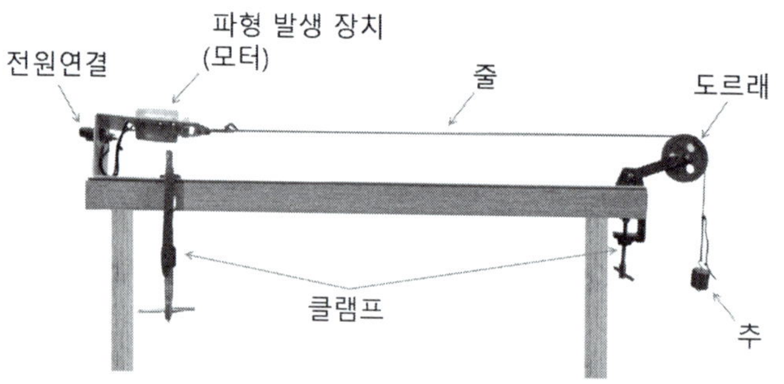

그림 2 정상파 생성 실험장치

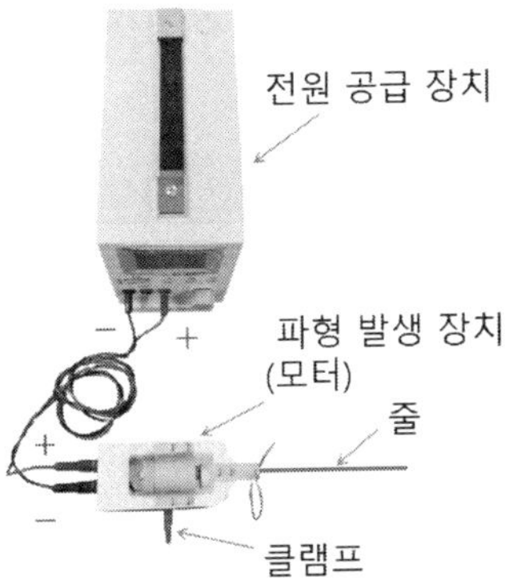

그림 3 전원 공급 장치 연결

⑥ 식 (3.3)을 이용하여 그때의 진동수를 구한다.

⑦ 마디의 수가 하나 더 늘어난 정상파가 생길 때까지 전압을 서서히 올린다. 정상파가 형성되면 앞의 과정과 같이 결괏값을 기록한다.

⑧ 추의 질량을 증가시키면서 실험을 반복한다.

⑨ 실의 길이를 1 m보다 길게 하여 위 실험을 반복한다.

7. 다른 실험방법 구상

[실험구상 01 파동 현상을 이용하여 만들 수 있는 장치를 구상해 본다.]

- 장치 구조도를 그려본다.
- 원리를 설명해 본다.

12 Stringed Standard Acoustic Guitar 2017, Ashish Kamathi

그림 4 12 현 기타

[실험구상 02 전자기파의 파장을 측정할 수 있는 실험방법을 구상해 본다.]

- 실험 구조도를 그려본다.
- 이론과 원리를 설명해 본다.

실험 13 정상파 생성과 진동수 측정

결과보고서

담당교수 : ______________ 교수님

실험일	월 일	제출일	월 일
학번		이름	
( )조 조원이름	• • •		

[실험 01 정상파 형성과 진동수 측정]

1. 측정값

A. 실의 길이(1 m)

표 1

질량(kg)	장력T(N)	배의 수(n)	정상파의 길이(m)	진동수(실험값, Hz)
150				
200				
250				

*실의 선밀도 $\lambda = 0.0174$ g/cm

B. 실의 길이(m)

표 1

질량(kg)	장력T(N)	배의 수(n)	정상파의 길이(m)	진동수(실험값, Hz)
150				
200				
250				

*실의 선밀도 $\lambda = 0.0174$ g/cm

[실험구상 01 파동 현상을 이용하여 만들 수 있는 장치를 구상해 본다.]

실험 제목 : ______________________________

• 장치 구조도(그림으로 표현)	• 원리 설명

[실험구상 02 전자기파의 파장을 측정할 수 있는 실험방법을 구상해 본다.]

실험 제목 : ____________________

• 실험 장치도(그림으로 표현)	• 이론 설명
• 원리 설명	

〈질문〉

◘ 아래 질문에 답하시오.

답변할 때는 자료를 찾아보고 토론을 해본 후 스스로 정리해보면 해결해야 할 문제에 대한 이해도가 높아지고 응용력도 향상됩니다.

1) 본 실험에서 오차의 원인은 무엇인가?
2) 오차를 줄일 수 있는 아이디어를 생각해 보고 방법을 서술하라.
3) 종파와 횡파의 대표적 예를 들고 그 차이점을 설명하라.
4) 진동수에 관한 식 (3.3)을 유도하라.
6) 본 실험에서 형성된 파동은 정상파(standing wave)이다. 정상파에 대해서 설명하라.
7) 어떤 파동의 파장은 $45.0\,\mathrm{cm}$, 진폭은 $23.0\,\mathrm{cm}$, 진동수는 $15.0\,\mathrm{Hz}$ 이다. 이 파동의 파수 k, 주기 T, 각진동수 ω, 그리고 파동의 속력 v를 구하라.

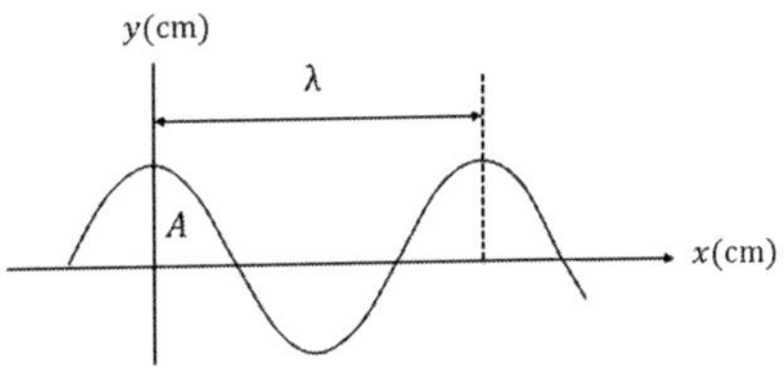

▷ 답변 :

〈실험 결과 요약〉

■ 서론 본론 결론 형식으로 자유롭게 기술하세요.

논문형식의 기술적 글쓰기(Technical Writing)를 통해서 주장하는 내용에 대한 의미전달 능력을 향상시킬 수 있고 창의적 생각 또한 키워나갈 수 있습니다.

실험제목 :

작성자 신원 :

〈서론〉

〈본론〉

〈결론〉

〈참고문헌〉

심화학습

〈공명 진동수(Resonant Frequencies)〉

양쪽 끝이 고정되어 있고 길이가 L인 팽팽한 줄에서 공명 진동수를 구해 보자. 그림 1의 (a)에서와 같이 줄의 중앙에 배가 하나 형성된 첫 번째 조화 모드(mode)를 고려해보자. 양쪽 끝단에서는 줄이 고정되어 있으므로 파동의 변위는 0이 되어 마디가 생긴다. 파장 λ와 줄의 길이 L 사이에는 $\lambda = 2L$의 관계가 있고 이를 식으로 표현하면

$$L = \frac{\lambda_1}{2} \tag{1}$$

이다. 같은 방법으로 그림 (b)과 같이 두 번째 조화 모드에서는

$$L = \frac{2\lambda_2}{2} \tag{2}$$

인 관계가 성립하고, 그림 (c)과 같이 세 번째 조화 모드에서는

$$L = \frac{3\lambda_3}{2} \tag{3}$$

인 관계가 성립한다. 이를 일반화 하여 줄의 길이와 파장 사이의 관계를 표현하면

$$L = \frac{n\lambda_n}{2} \tag{4}$$

이다. n은 n번째 조화 모드를 뜻한다. 위 식을 파장에 관한 식으로 쓰면

$$\lambda_n = \frac{2L}{n} \tag{5}$$

이다.

이제 공명 진동수를 구해보자. 파동의 속도에 관한 식 $v = \lambda f$에서 진동수를 n번째 조화 모드에 관한 식으로 표현하면

$$f_n = \frac{v}{\lambda_n} \tag{6}$$

이다. 여기에 위에서 구한 $\lambda_n = 2L/n$와 줄에서의 파동에 대한 식 $v = \sqrt{T/\mu}$을 대입하면

$$f_n = \frac{\sqrt{T/\mu}}{2L/n} \tag{7}$$

이다. T는 줄의 장력이고, μ는 줄의 선밀도이다. 식을 정리하면 공명 진동수 f_n은

$$f_n = \frac{n}{2L}\sqrt{\frac{T}{\mu}} \tag{8}$$

이다. 또는 선밀도는 $\mu = m/L$이므로

$$f_n = \frac{n}{2L}\sqrt{\frac{T}{(m/L)}} = \frac{n}{2}\sqrt{\frac{T}{mL}} \tag{9}$$

로도 쓸 수 있다.

위 식에서 $n = 1$일 때를 기본 진동수(fundamental frequency)라고 하는데

$$f_1 = \frac{1}{2L}\sqrt{\frac{T}{\mu}} \tag{10}$$

이다. 나머지 공명 진동수들은 진동수가 가장 낮은 기본 진동수의 정수배로 표현된다. 이 고유 모드들을 조화 모드(harmonics)라고 한다.

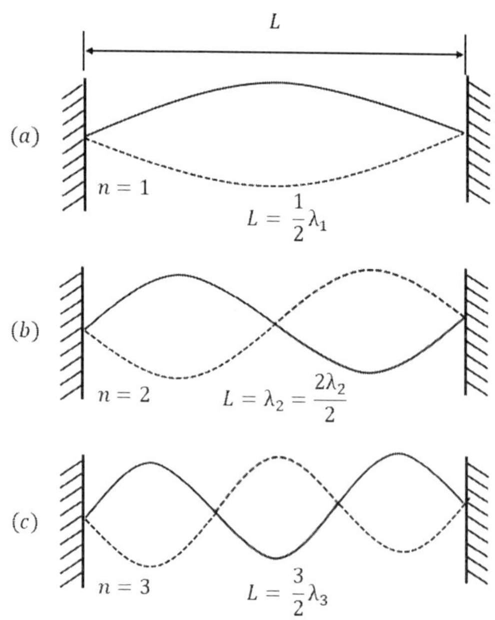

그림 1 조화 모드

PART

IV

부록

부록 A 역학종합 실험장치

1. 실험기구 구성 및 소개

• 실험 판 (1개)

자석이 달린 용수철 저울, 각도기, 도르래, 경사면, 토크 측정 판 등의 부품이 붙을 수 있도록 되어 있다. 보드 마커로 실험 판 위에 쓸 수 있도록 되어 있다.

• 용수철 저울 (1개)

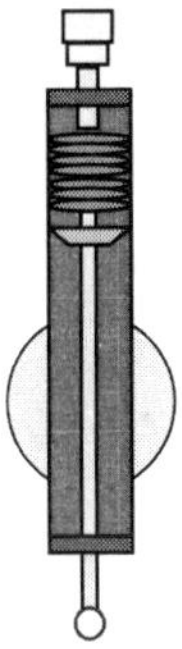

용수철 저울은 그램과 밀리미터 단위로 측정 가능하다. 하지만 정확한 무게를 측정하려면 질량 추와 센티미터 눈금을 이용하여 보정하여 사용하라. 용수철 저울을 사용 할 때에는 항상 저울 상단의 영점 조절 나사를 이용하여 영점을 조정한 후 사용하도록 하여라.

• 평균 대 (1개)

중앙에 회전 축이 있고 양쪽 끝에 추를 달 수 있도록 고리가 달려 있다.
평균 대에 추를 달기 전에 항상 양쪽의 연결 고리를 움직여 균형을 잡도록 한다.

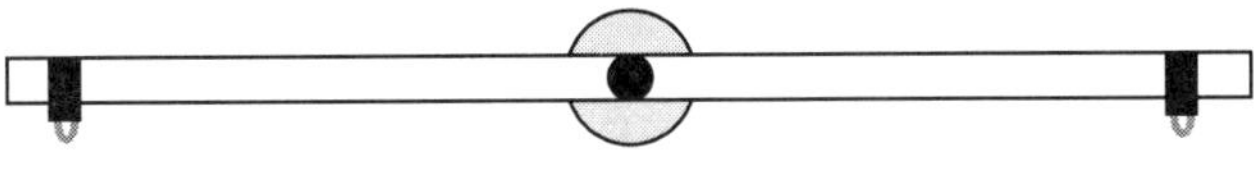

• 질량 걸이 (3개)

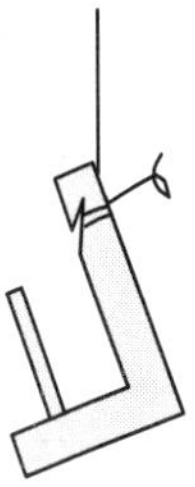

질량을 올려 놓을 수 있다. 끈으로 질량 걸이를 묶을 때에는 질량 걸이에 패어져 있는 홈에 두세 번 끈을 돌리기만 하면 된다.

• **포스 링 (1개)**

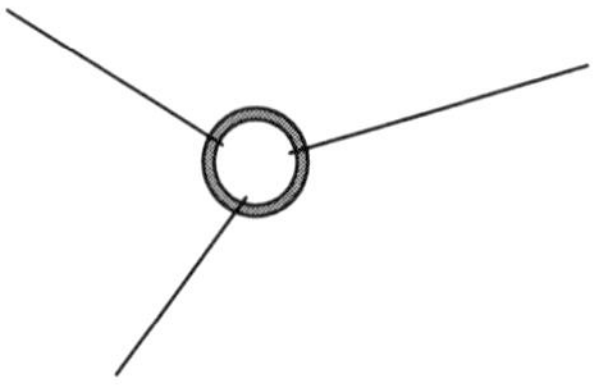

끈이 세 곳에 묶여져 있으며, 끈을 묶을 때에는 너무 단단하게 묶지 않도록 한다. 끈이 단단히 묶여 있으면 링에 작용하는 힘이 한 점에 작용되지 않기 때문이다.

• **토크 지시기 (1개)**

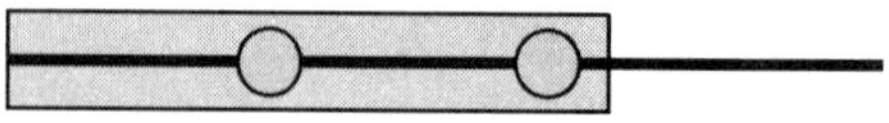

토크 실험에 사용된다.

• **각도 판 (1개)**

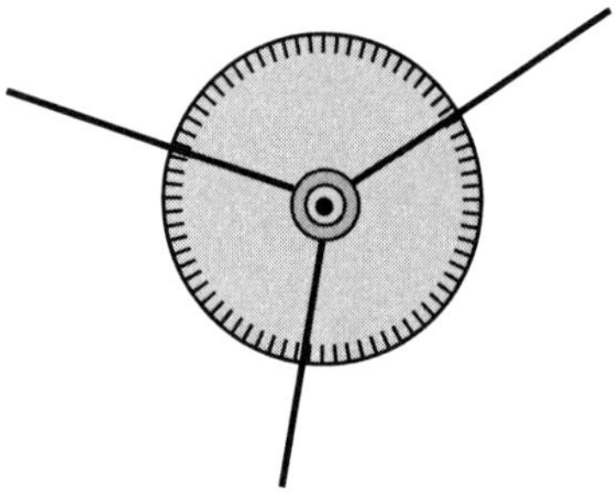

작용된 힘의 방향을 측정하는데 사용된다. 중앙에 고정 핀이 있으며, 그 주변에 원이 그려져 있다. 이 원에 포스 링의 위치하여야 포스 링의 중심이 각도 판의 중앙이 된다. 포스 링이 원 위에 제대로 위치되었는가를 알아 보기위해서 실험 판을 한 번 쳐주면서 실험을 하도록 한다.

• **구름 질량 (1개)**

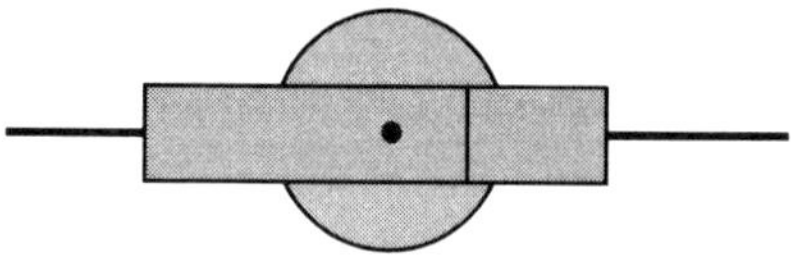

두 방향의 힘을 작용할 수 있도록 브라켓이 있다. 한 쪽 방향의 힘을 작용할 때는 브라켓이 질량 중심에 대해 평형이 이루어졌는가를 확인하여 힘이 분산되지 않도록 한다.

• **경사면 (1개)**

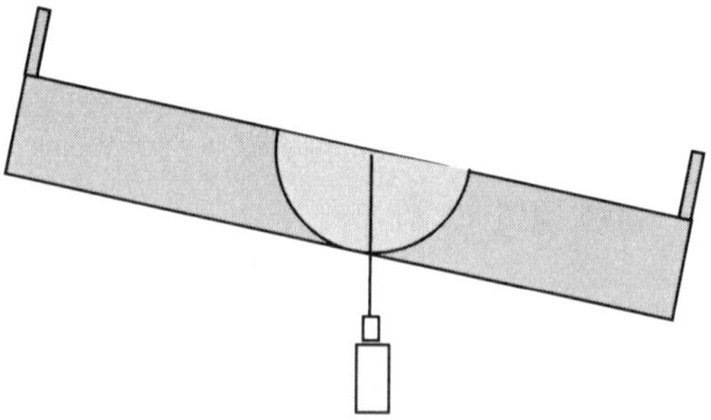

경사각을 알 수 있도록 작은 추와 각도기가 달려 있다.

• **도르래**

작은 도르래 (2개), 큰 도르래 (1개)

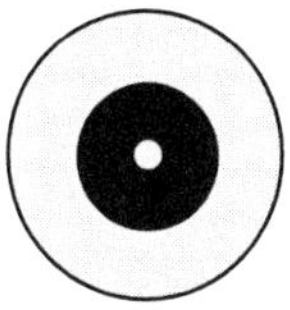

• **도르래 뭉치(1)**

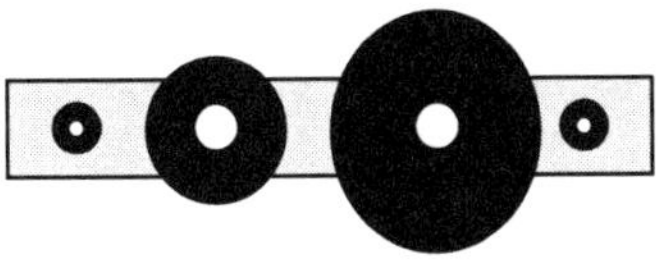

• **마찰 블록 (1개)**

한 쪽 면에는 실리콘 테이프를 붙여서 바닥의 마찰이 적도록 하였다.

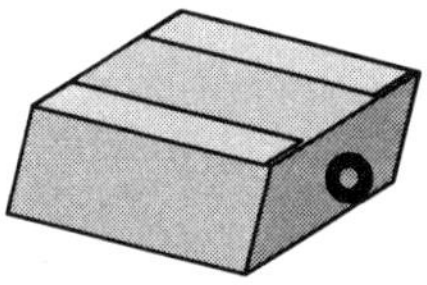

• **토크 측정 판 (1개)**

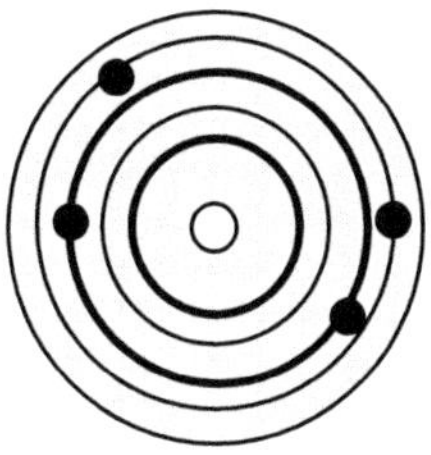

• **평면 질량 (1개)**

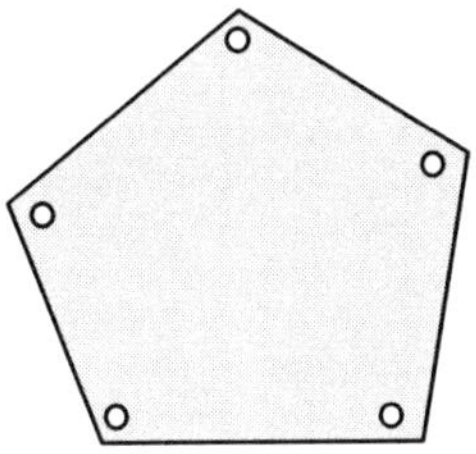

• **질량 추**

100g(2), 50g(2), 20g(2), 10g(2), 5g(2)

• **실패(1)**

실험에 사용되는 끈 : 끈을 사용 할 때에는 항상 끝 부분을 불로 지져서 끈이 손상되는 것을 방지 하도록 하여라.

2. 역학종합 실험장치 관련 실험

실험 1 : Hooke의 법칙

실험 2 : 힘의 합력과 평형력

실험 3 : 힘의 분해

실험 4 : 빔 밸런스 측정

실험 5 : 토크 (평행한 힘)

실험 6 : 토크 (비평행 힘)

실험 7 : 질량 중심 찾기

실험 8 : 물체의 평형

실험 9 : 경사면

실험 10 : 미끄럼 마찰

실험 11 : 단순조화운동 (스프링에 매달린 질량)

실험 12 : 단순조화운동 (진자)

실험 13 : 지레

실험 14 : 경사면

실험 15 : 도르래

부록 B 바꿈인자표

길 이	cm	m	in	ft	mi
1 cm	1	0.01	0.3937	0.03281	6.214×10^{-6}
1 m	100	1	39.37	3.281	6.214×10^{-4}
1 in	2.540	0.0254	1	0.0833	1.578×10^{-5}
1 ft	30.48	0.3048	12	1	1.894×10^{-4}
1 mi	1.69×10^{5}	1609	6.336×10^{4}	5280	1

넓 이	cm^2	m^2	in^2	ft^2	a
1 cm^2	1	0.0001	0.155	1.076×10^{-3}	2.6417×10^{-4}
1 m^2	10^4	1	1550	10.76	0.01
1 in^2	6.452	6.452×10^{-4}	1	0.006954	6.452×10^{-6}
1 ft^2	929.0	0.0929	144	1	9.29×10^{-4}
1 a	10^6	100	1.55×10^{5}	1.076×10^{3}	1

부 피	cm^3	m^3	in^3	ft^3	gal
1 cm^3	1	10^{-6}	0.06102	3.531×10^{-5}	2.6417×10^{-4}
1 m^3	10^6	1	6.102×10^{4}	35.31	2.6417×10^{2}
1 in^3	16.39	1.639×10^{-5}	1	5.787×10^{-4}	4.329×10^{-3}
1 ft^3	28320	0.02832	1728	1	7.480
1 gal	3.7854×10^{3}	3.7854×10^{-3}	2.31×10^{3}	0.1337	1

질 량	g	kg	slug	oz	lb
1 g	1	0.001	6.853×10^{-5}	3.527×10^{-2}	2.205×10^{-3}
1 kg	1000	1	6.853×10^{-2}	35.27	2.205
1 slug	1.459×10^{4}	14.59	1	514.8	32.17
1 oz	28.35	2.835×10^{-2}	1.943×10^{-3}	1	6.259×10^{-2}
1 lb	453.6	0.4536	3.108×10^{-2}	16	1

열전도계수	$kcal/m^2\cdot h\cdot ℃$	$Btu/ft^2\cdot h\cdot °F$	$J/m^2\cdot h\cdot ℃$	$W/(m^2\cdot K)$
	1	0.2048	4187	1.163
	4.882	1	2.044×10^{4}	5.678
	2.389×10^{-4}	4.893×10^{-5}	1	2.778×10^{-4}
	0.8598	0.1761	3599	1

압 력	kgf/cm^2	bar	pa	atm	mH_2O	mHg	lb/in^2
1 kgf/cm^2	1	0.980665	0.980665E5	0.9678	10.000	0.7356	14.22
1 bar	1.0197	1	10^5	0.9869	10.197	0.7501	14.50
1 pa	1.0197×10^{-5}	10^{-5}	1	0.9869×10^{-5}	1.0197×10^{-4}	7.501×10^{-6}	1.450×10^{-4}
1 atm	1.0332	1.01325	1.01325×10^5	1	10.33	0.760	14.70
1 mH_2O	0.10000	0.09806	9.80665×10^3	0.09678	1	0.07355	10422
1 mHg	1.3595	1.3332	1.332×10^5	1.3158	13.60	1	19.34
1 lb/in^2	0.07031	0.06895	6.895×10^3	0.06805	0.7031	0.05171	1

부피 유량	L/s	L/min	m^3/s	m^3/min	m^3/h	ft^3/s
1 ℓ/s	1	60	10^{-3}	0.06	3600	0.03532
1 ℓ/min	0.01666	1	1.66666×10^{-5}	10^{-3}	0.06	0.00059
1 m^3/s	10^3	6×10^4	1	60	3600	35.31
1 m^3/min	16.6666	10^3	1.66666×10^{-2}	1	60	0.5885
1 m^3/h	2.77777×10^{-4}	16.666	2.77777×10^{-4}	1.66666×10^{-2}	1	0.00981
1 ft^3/s	28.32	1.69833×10^3	2.832×10^{-2}	1.69833	101.9	1

일 에너지 열량	J	kgf · m	kW · h	kcal	fr · lbf	Btu
	1	0.10197	2.778×10^{-7}	2.389×10^{-4}	0.7376	9.480×10^{-4}
	9.807	1	2.724×10^{-6}	2.343×10^{-3}	7.233	9.297×10^{-3}
	3.6E6	3.671×10^5	1	860.0	2.655×10^6	3413
	4186	426.9	1.163×10^{-3}	1	3087	3.968
	1.356	0.1383	3.766×10^{-7}	3.239×10^{-4}	1	1.285×10^{-3}
	1055	107.6	2.930×10^{-4}	0.2520	778.0	1

열전도율	kcal/m · h · ℃	Btu/fr · h · ℉	W/(m · K)
	1	0.6720	1.163
	1.488	1	1.731
	0.8600	0.5779	1

일 률	kW	kgf · m/s	PS	HP	kcal/s	ft · lbf/s	Btu/s
	1	101.97	1.3596	1.3405	0.2389	737.6	0.9480
	9.807×10^{-3}	1	1.333×10^{-2}	1.315×10^{-2}	2343×10^{-3}	7.233	9.297×10^{-3}
	0.7355	75	1	0.9859	0.1757	542.5	0.6973
	0.746	76.07	1.0143	1	0.1782	550.2	0.7072
	4.186	426.09	5.691	5.611	1	3087	3.968
	1.356×10^{-3}	0.1383	1.843×10^{-3}	1.817×10^{-3}	3.239×10^{-4}	1	1.285×10^{-3}
	1.055	107.6	1.434	1.414	0.2520	778.0	1

비 열	J/(kg · K)	kcal/(kg · ℃)	Btu/(lb · °F)
1 J/(kg · K)	1	2.3885×10^{-4}	2.3885×10^{-4}
1 kcal/(kg · ℃)	4.1868×10^{3}	1	2.3885×10^{-4}
1 Btu/(lb · °F)	4.1868×10^{3}	1	1

길 이

단 위	cm	m	in	ft	yd	mile	자(尺)	間	정(町)	里
1 cm	1	0.01	0.3937	0.0328	0.0109	–	0.033	0.0055	0.00009	–
1 m	100	1	39.37	3.2808	1.0936	0.0006	3.3	0.55	0.00917	0.00025
1 in	2.54	0.254	1	0.0833	0.0278	–	0.0838	0.0140	0.0002	–
1 ft	30.48	0.3048	12	1	0.3333	0.00019	1.0058	0.1676	0.0028	–
1 yd	91.438	0.9144	36	3	1	0.0006	3.0175	0.5029	0.0083	0.0002
1 mile	160930	1609.3	63360	5280	1760	1	5310.8	885.12	14.752	0.4098
1 자	30.303	0.303	11.93	0.9942	0.3314	0.0002	1	0.1667	0.0028	0.00008
1 間	181.818	1.818	71.582	5.965	1.9884	0.0011	6	1	0.0167	0.0005
1 정	10909	109.091	4294.9	357.91	119.304	0.0678	360	60	1	0.0278
1 里	392727	3927.27	154619	12885	4295	2.4403	12960	2160	36	1

무 게

단 위	g	kg	ton	그레인	온 스	lb	돈	근	관
1 g	1	0.001	0.000001	15.432	0.03527	0.0022	0.26666	0.00166	0.000266
1 kg	1000	1	0.001	15432	33.273	2.20459	266.666	1.6666	0.2666
1 ton	1000000	1000	1	–	35273	2204.59	266666	1666.6	266.666
1 그레인	0.06479	0.00006	–	1	0.00228	0.00014	0.01728	0.00108	0.000017
1 온스	28.3495	0.02835	0.000028	437.4	1	0.06525	7.56	0.0473	0.00756
1 lb	453.592	0.45359	0.00045	7000	16	1	120.96	0.756	0.12096
1 돈	3.75	0.00375	0.000004	57.872	0.1323	0.00827	1	0.00625	0.001
1 근	600	0.6	0.0006	9259.556	21.1647	1.32279	160	1	0.16
1 관	3750	3.75	0.00375	57872	132.28	8.2672	1000	6.25	1

부 피

단 위	홉	되	말	cm^3	m^3	L	in^3	ft^3	yd^3	gal
1 홉	1	0.1	0.01	180.39	0.00018	0.18039	11.0041	0.0066	0.00023	0.04765
1 되	10	1	0.1	1803.9	0.00180	1.8039	110.041	0.0637	0.00234	0.47656
1 말	100	10	1	18039	0.01803	18.039	1100.41	0.63707	0.02359	4.76567
1 cm^3	0.00554	0.00055	0.00005	1	0.000001	0.001	0.06102	0.00003	0.00001	0.00026
1 m^3	5543.52	554.325	55.4352	1000000	1	1000	61027	35.3165	1.30820	264.186
1 ℓ	5.54352	0.55435	0.05543	1000	0.001	1	61.027	0.03531	0.00130	0.26418
1 in^3	0.09083	0.00908	0.0091	16.387	0.000016	0.01638	1	0.00057	0.00002	0.00432
1 ft^3	156.966	15.6666	1.56966	28316.8	0.02831	28.3169	1728	1	0.03703	7.48051
1 yd^3	4238.09	423.809	42.3809	7645.11	0.76451	764.511	46656	27	1	201.974
1 gal	20.9833	2.0983	0.20983	3785.43	0.00378	3.78543	231	0.16368	0.00495	1

넓 이

단 위	평방자	평	단보	정보	m^2	a(아르)	ft^2	yd^2	acre
1 평방자	1	0.02778	0.00009	0.000009	0.09182	0.00091	0.98841	0.10982	–
1 평	36	1	0.00333	0.00033	3.3058	0.03305	35.583	3.9537	0.00081
1 단보	10800	300	1	0.1	991.74	9.9174	10674.9	1186.1	0.24506
1 정보	108000	3000	10	1	9917.4	99.174	106794	11861	2.4506
1 m^2	10.89	0.3025	0.001008	0.0001	1	0.01	10.764	1.1958	0.00024
1 a	1089	30.25	0.10083	0.01008	100	1	1076.4	119.58	0.02471
1 ft^2	1.0117	0.0281	0.00009	0.000009	0.092903	0.000929	1	0.1111	0.000022
1 yd^2	9.1055	0.25293	0.00084	0.00008	0.83613	0.00836	9	1	0.000207
1 acre	44071.2	1224.12	0.40806	0.40806	4046.8	40.468	43560	4840	1

온 도

섭씨(℃) → 화씨(℉)	℉ = {(9/5)×℃}+32
화씨(℉) → 섭씨(℃)	℃ = (5/9)×(℉−32)

원소 주기율 표

금속 ← 전이원소

주기	1A	2A	3A	4A	5A	6A	7A	8	8
1	1 $_{1}$H 수 소 Hydrogen 1.0079Ⓖ (1)								
2	1 $_{3}$Li 리 륨 Lithium 6.94(1) (1)	2 $_{4}$Be 베릴륨 Beryllium 9.01218 (2, 2)							
3	1 $_{11}$Na 나트륨 Sodium 22.98977 (2, 8, 1)	2 $_{12}$Mg 마그네슘 Magnesium 24.305 (2, 8, 2)							
4	1 $_{19}$K 칼 륨 Sodium 39.09(8) (2, 8, 8, 1)	2 $_{20}$Ca 칼 슘 Calcium 40.08 (2, 8, 8, 2)	3 $_{21}$Sc 스칸듐 Scandium 44.9559 (2, 8, 9, 2)	4,3 $_{22}$Ti 타탄늄 Titanium 47.9(0) (2, 8, 10, 2)	5,4,3,2 $_{23}$V 바나듐 Vanadium 59.941(4) (2, 8, 11, 2)	6,3,2 $_{24}$Cr 크 롬 Chromium 51.996 (2, 8, 13, 1)	7,6,4,2,3 $_{25}$Mn 망 간 Manganese 54.9380 (2, 8, 13, 2)	2,3 $_{26}$Fe 철 Iron 55.84(7) (2, 8, 14, 2)	2,3 $_{27}$Co 코발트 Cobalt 58.9332 (2, 8, 15, 2)
5	1 $_{37}$Rb 루비듐 Rubidium 85.467(8) (2, 8, 18, 8, 1)	2 $_{38}$Sr 스트론튬 Strontium 87.62 (2, 8, 18, 8, 2)	3 $_{39}$Y 이트륨 Yttrium 88.9059 (2, 8, 18, 9, 2)	4 $_{40}$Zr 지르코늄 Zirconium 91.22 (2, 8, 18, 10, 2)	5,3 $_{41}$Nb 니오브 Niobium 92.9064 (2, 8, 18, 12, 1)	6,5,4,3,2 $_{42}$Mo 몰리브덴 Molybdenum 95.9(4) (2, 8, 18, 13, 1)	7 $_{43}$Tc 테크네튬 Technetium – (2, 8, 18, 14, 1)	2,3,4,6,8 $_{44}$Ru 루테늄 Ruthenium 101.0(7) (2, 8, 18, 15, 1)	2,3,4 $_{45}$Rh 로 듐 Rhodium 102.9055 (2, 8, 18, 16, 1)
6	1 $_{55}$Cs 세 슘 Cesium 132.9054Ⓛ (2, 8, 18, 18, 8, 1)	2 $_{56}$Ba 바 륨 Barium 137.3(4) (2, 8, 18, 18, 8, 2)	3 $_{57}$La 란 탄 Lanthanum 138.905(5) ** (2, 18, 18, 8, 9, 2)	4 $_{72}$Hf 하프늄 Hafnium 178.4(9) (2, 8, 18, 32, 10, 2)	5 $_{73}$Ta 탄탈 Tantalum 180.947(9) (2, 8, 18, 32, 11, 2)	6,5,4,3,2 $_{74}$W 텅스텐 Wolfram 183.8(5) (2, 8, 18, 32, 12, 2)	7,6,4,2,-1 $_{75}$Re 레 늄 Rhenium 186.207 (2, 8, 18, 32, 13, 2)	2,3,4,6,8 $_{76}$Os 오스뮴 Osmium 190.2 (2, 8, 18, 32, 14, 2)	2,3,4,6 $_{77}$Ir 이리듐 Iriduim 192.2(2) (2, 8, 18, 32, 17)
7	1 $_{87}$Fr 프랑슘 Francium – (2, 8, 18, 32, 18, 8, 1)	2 $_{88}$Ra 라 듐 Radium 226.0254 (2, 8, 18, 32, 18, 3, 2)	3 $_{89}$Ac 악티늄 Actinium – (2, 8, 18, 32, 18, 9, 2)						

*					
란타니드 계열	3,4 $_{58}$Nb 세 륨 Cerium 140.12 (2, 8, 18, 20, 8, 2)	3,4 $_{59}$Pr 프라세오디뮴 Praseodymium 95.9(4) (2, 8, 18, 21, 8, 2)	3 $_{60}$Nd 네오디늄 Neodynium 144.2(4) (2, 8, 18, 22, 8, 2)	3 $_{61}$Pm 프로메튬 Prometheum – (2, 8, 18, 23, 8, 2)	2,3,4 $_{62}$Sm 사마륨 Samarium 150.4 (2, 8, 18, 24, 8, 2)
악티니드 계열	4 $_{90}$Th 토 륨 Thorium 232.0381 (2, 8, 18, 32, 18, 10, 2)	5,4 $_{91}$Pa 프로트악티늄 Protactinium 231.0359 (8, 18, 32, 20, 9, 2)	6,5,4,3 $_{92}$U 우라늄 Uranium 238.029 (8, 18, 32, 21, 9, 2)	6,5,4,3 $_{93}$Np 넵투늄 Neptunium 237.0482 (8, 18, 32, 22, 9, 2)	6,5,4,3 $_{94}$Pu 플루토늄 Plutonium – (2, 8, 18, 32, 23, 9, 2)

<기호 설명>

- 산화수: ±4.2
- 원소기호: C
- 원자번호: 6
- 원소명: 탄 소 Carbon
- 원자량: 12.011
- 원자배치(KLMNOPQ): 2, 4

반 도 체

비 금 속

	1B	2B	3B	4B	5B	6B	7B	0
								0 2He 헬 륨 Helium 4.00260 Ⓖ 2
			3 5B 붕 소 Boron 10.81 2 3	±4.2 6C 탄 소 Carbon 12.011 2 4	±3,5,4,2 7N 질 소 Nitrogen 14.0067 Ⓖ 2 5	−2 8O 산 소 Oxygen 15.999(4) Ⓖ 2 6	−1 9F 플로오르 Fluorine 18.99840 Ⓖ 2 7	0 10Ne 네 온 Neon 20.17(9) Ⓖ 2 8
			3 13Al 알루미늄 Aluminum 26.98154 2 8 3	4 14Si 규 소 Silicon 28.08(6) 2 8 4	±3,4,5 15P 인 Phosphorus 30.07376 2 8 18 32 2 2	6,3,4,−2 16S 황 Sulfur 32.06 2 8 18 32 13 2	±1,4,5,6,7 17Cl 염 소 Chlorine 35.453 Ⓖ 2 8 7	0 18Ar 아르곤 Argon 39.94(8) Ⓖ 2 8 8
2,3 28Ni 니 켈 Nickel 58.70 2 8 16 2	2,1 29Cu 구 리 Copper 63.54(6) 2 8 18 1	2 30Zn 아 연 Zine 65.38 2 8 18 2	3 31Ga 갈 륨 Gallium 69.72 2 8 18 3	4 32Ge 게르마늄 Germanium 72.5(9) Ⓛ 2 8 18 4	±3,5 33As 비 소 Arsenic 74.9216 2 8 18 5	6,4,−2 34Se 셀 렌 Selenium 78.9(6) 2 8 18 6	±1,4,5 35Br 브 롬 Bromine 79.904 Ⓛ 2 8 18 7	0 36Kr 크립톤 Krypton 83.80 Ⓖ 2 8 18 8
3,4 46Pd 팔라듐 Palladium 106.4 2 8 18 18	1 47Ag 은 Silver 107.868 2 8 18 18 1	2 48Cd 카드뮴 Cadmium 112.40 2 8 18 18 2	3 49In 인 듐 Indium 114.82 2 8 18 18 3	4,2 50Sn 주 석 Tin 118.6(9) 2 8 4	±3,5 51Sb 안티몬 Antimony 121.7(5) 2 8 18 18 5	6,4,−2 52Te 텔루륨 Tellurium 127.6(0) 2 8 18 18 6	±1,4,5,7 53I 요오드 Iodine 126.9045 2 8 18 18 7	0 54Xe 크세논 Xenon 131.30 Ⓖ 2 8 18 18 8
2,4 78Pt 백 금 Platinum 195.0(9) 2 8 18 32 17 1	3,1 79Au 금 Gold 196.9665 2 8 18 32 18 1	2,1 80Hg 수 은 Mercury 200.5(9) Ⓛ 2 8 18 32 18 2	3,1 81Tl 탈 륨 Thallium 204.3(7) 2 8 18 32 18 3	4,2 82Pb 납 L ad 207.2 2 8 18 32 18 4	3,5 83Bi 비스무트 Bismuth 208.9804 2 8 18 32 18 5	4,2 84Po 폴로늄 Polonium — 2 8 18 32 18 6	— 85At 아스타틴 Astatine — 2 8 18 32 18 7	0 86Rn 라 돈 Radon — Ⓖ 2 8 18 32 18 8

3,2 63Eu 유로퓸 Europium 151.96 2 8 18 25 8 2	3 64Gd 가돌리늄 Gadolinium 157.2(5) 2 8 18 25 9 2	3,4 65Tb 테르븀 Terbium 158.9254 2 8 18 27 8 2	3 66Dy 디스프로슘 Dysprosium 162.5(0) 2 8 18 28 8 2	3 67Ho 홀 뮴 Holmium 164.9304 2 8 18 29 8 2	3 68Er 에르븀 Erbium 167.2(6) 2 8 18 30 8 2	3,2 69Tm 툴 륨 Thulium 168.9342 2 8 18 31 8 2	3,2 70Yb 이테르븀 Ytterbium 173.0(4) 2 8 18 32 8 2	0 71Lu 루테튬 Lutetium 174.97 2 8 18 32 9 2
6,5,4,3 95Am 아메리슘 Americium — 2 8 18 32 24 9 2	3,1 96Cm 큐 륨 Curium — 2 8 18 32 25 9 2	4,3 97Bk 버클륨 berkelium — 2 8 18 32 26 9 2	3 98Cf 칼리포르늄 Califomium — 2 8 18 32 27 9 2	— 99Es 아인시타이늄 Einsteinium — 2 8 18 32 28 9 2	— 100Fm 페르뮴 Fermium — 2 8 18 32 29 9 2	— 101Md 멘델레븀 Mendelevium — 2 8 18 32 30 9 2	— 102No 노벨륨 Nobelium — 2 8 18 32 32 8 2	— 103Lw 로렌슘 Lawrencium — 2 8 18 32 32 9 2

※ 단, 104 · 105 · 106은 생략했음.

부록 D 금속의 물리적인 성질

1) 원소

원자 번호 Z와 원소 기호		원소명 (물질명)	밀도 ρ (20°C) [g/cm³]	탄성률 [10^{10}N/m²=10^{11} dyn/cm²] Young률 Y	음속 υ [m/s]	선팽창계수 a (0°~100°C) [10^{-5}K⁻¹]	비열 [kJ/kg·K]	(20℃) [cal/g·K]	[C]	녹는점 [k.J/kg]	녹음열 [cal/g]	열전도도 [10^2w m.K]	(20℃) [cal/cm·s·K]	저항률 ρ (20℃) [10^{-2}Ω mm²/m]	저항의 온도계수 [10^{-3}k⁻¹]	원자 번호 Z
	Z															
30	Zn	아 연	7.14	9.3	3700	2.62	0.39	0.092	419	112	27	1.1	0.26	5.8	3.7	30
13	Al	알루미늄	2.70	7.0	5100	2.4	0.90	0.21	658	390	93	2.2	0.52	2.7	4.3	13
51	Sb	안티몬	6.67	7.8	3400	1.1	0.21	0.050	630	163	39	0.18	0.042	41.7	4.7	51
92	U	우라늄	18.7	13	–	–	0.12	0.028	1130	–	–	–	–	–	–	92
48	Cd	카드뮴	8.64	7.1	2310	3.2	0.23	0.055	321	57	13.7	0.92	0.22	7.46	4.2	48
20	Ca	칼 슘	1.55	2.0	–	2.2	0.65	0.16	840	328	79	–	–	4.5	3.3	20
79	Au	금	19.3	8.0	1740	1.4	0.13	0.031	1093	66	15.8	3.0	0.72	2.21	4.0	79
47	Ag	은	10.50	7.9	2610	1.9	0.23	0.056	961	105	25	4.2	1.01	1.59	3.8	47
24	Cr	크 롬	7.1	2.5	–	0.85	0.45	0.11	1890	≈300	≈70	0.43	0.10	2.8	–	24
27	Co	코발트	8.8	21	4720	1.3	0.42	0.10	1490	260	62	0.70	0.17	6.8	6.6	27
80	Hg	수 은	13.55	–	–	18(체팽창)	0.14	0.033	−38.9	1107	2.8	–	–	95.8	0.89	80
50	Sn	주 석	7.31	5.5	2600	2.7	0.23	0.054	232	59	–	0.65	0.16	11.5	4.6	50
74	W	텅스텐	19.3	36	–	0.43	0.13	0.032	3370	≈200	≈50	1.7	0.41	5.51	4.5	74
73	Ta	탄 탈	16.6	19	3400	0.65	0.14	0.033	2996	–	–	0.54	0.13	15.5	3.1	73
26	Fe	철	7.86	22	5130	1.2	0.45	0.107	1540	276	66	0.75	0.18	10.5	6.6	26
29	Cu	구 리	8.93	12	3560	1.6	0.39	0.092	1083	205	49	3.9	0.93	1.72	3.9	29
11	Na	나트륨	0.97	–	–	7.1	1.25	0.30	98	115	27	1.3	0.31	4.6	5.5	11
82	Pb	연	11.34	1.5	1320	2.9	0.13	0.031	327	24.7	5.9	0.34	0.093	20.7	4.2	82
28	Ni	니 켈	8.9	20	4970	1.3	0.45	0.108	1450	300	72	0.70	0.17	7.8	6.7	28
78	Pt	백 금	21.37	16.5	2690	0.90	0.13	0.032	1773	110	26	0.71	0.17	10.8	3.8	78
83	Bi	창 연	9.8	3.2	1800	1.3	0.12	0.029	271	54	14	0.09	0.021	119	4.5	83
4	Be	베릴륨	1.84	30	–	1.2	1.07	0.40	1350	–	–	1.7	0.40	6.3	0.4	4
12	Mg	마그네슘	1.74	4.4	4600	2.6	1.02	0.25	651	209	50	1.7	0.41	4.6	4.0	12
42	Mo	몰리보텐	10.2	–	–	0.49	0.26	0.062	2620	–	–	1.4	0.33	5.7	4.0	12

2) 합 금

성분중량비

알루미늄청동(5% Al)	8.1	12	-	1.8	0.42	0.10	1060	—	—	0.84	0.20	94.6 Cu,5 Al,0.4Mn
듀랄루민	2.8	7.2	-	2.4	0.93	0.22	≈650	—	—	1.6	0.38	3∼4Cu, 0.5Mg, 0.25∼1 Mn.나머지 Al
주철	7.2 ~ 5.7	10	-	1.1	0.50	0.12	≈1200	—	—	0.3∼0.5	0.07∼0.12	4C까지
인발	8.1	14.5	-	0.20	0.50	0.12	1450	—	—	0.16	0.039	64Fe, 36Ni
놋쇠(황동)	8.4	10.5	-	2.1	0.38	0.091	915	—	—	0.15	0.27	73Cu. 37Zn
양은(18% Ni)	8.7	12 ~ 15	-	1.7	0.40	0.096	1100	—	—	0.23	0.055	60Cu, 18Ni, 22Zn
연철	7.6	22	-	-	—	−0.11	—	—	—	0.6	0.14	0.04∼0.4C
강철(0.85% C)	7.8	20	-	1.15	0.46	0.091	≈1350	—	—	≈0.45	≈0.11	0.85C
석청동(10% Sn)	8.9	10 ~ 12	-	1.9	0.38		1010	—	—	0.46	0.11	90.75Cu, 8Sn, 0.25P

부록 E 기초 상수표

물리 상수	기호	계산용 값	값	단위	상대오차 (ppm)
진공중의 빛의 속력	c	3.00×10^{8}	299 792 458	m/s	exact
진공투자율($4\pi\times10^{-7}$)	μ_0	1.26×10^{-6}	$1.25663706143\times10^{-6}$	N/A^2, H/m	exact
진공유전율	ε_0	8.85×10^{-11}	$8.85418781762\times10^{-12}$	F/m	exact
기본 전하량	e	1.60×10^{-19}	1.60217653×10^{-19}	C	0.085
전자 질량	m_e	9.11×10^{-31}	9.1093826×10^{-31}	kg	0.17
		5.49×10^{-4}	$5.4857990945\times10^{-4}$	u	0.00044
양성자 질량	m_p	1.67×10^{-27}	1.6726171×10^{-27}	kg	0.17
		1.007	1.00727646688	u	0.00013
	m_p/m_e	1840	1836.15267261		0.00046
중성자질량	m_n	1.68×10^{-27}	1.67492728×10^{-27}	kg	0.17
		1.009	1.00866491560	u	0.00055
뮤온 질량	m_μ	1.88×10^{-28}	1.88353140×10^{-28}	kg	0.17
수소 원자 질량	m_{1H}	1.0078	1.007825035	u	0.011
헬리움 원자 질량	m_{He}	4.0026	4.0026032	u	0.067
전자의 비전하	$-e/m_e$	-1.76×10^{11}	-1.75882012×10^{11}	C/kg	0.086
플랑크 상수	h	6.63×10^{-34}	6.6260693×10^{-34}	J s	0.17
		4.14×10^{-15}	4.13566743×10^{-15}	eV s	0.085
	$h=h/2\pi$	1.05×10^{-34}	1.05457168×10^{-34}		0.17
		6.58×10^{-16}	6.58211915×10^{-16}	eV s	0.085
전자 콤프턴 파장	λ_C	2.43×10^{-12}	$2.426310238\times10^{-12}$	m	0.0067
몰 기체 상수	R	8.31	8.314472	J/mol K	1.7
아보가드로 상수	N_A	6.02×10^{23}	6.0221415×10^{23}	mol^{-1}	0.17
볼츠만 상수	k	1.38×1010^{-23}	1.3806505×10^{-23}	J/K	1.7

대학 기초 물리학실험 I

초판 인쇄 | 2022년 3월 1일
초판 발행 | 2022년 3월 2일

지은이 | 황성태·김상현
펴낸이 | 조승식
펴낸곳 | (주)도서출판 북스힐

등 록 | 1998년 7월 28일 제22-457호
주 소 | 서울시 강북구 한천로 153길 17
전 화 | (02) 994-0071
팩 스 | (02) 994-0073

홈페이지 | www.bookshill.com
이메일 | bookshill@bookshill.com

정가 15,000원

ISBN 979-11-5971-425-2

* 본 저서는 한성대학교 교내연구비 지원 과제임